基礎数学

VIII. 群論

Tony Barnard・Hugh Neill 著

田上 真 訳

東京化学同人

DISCOVERING GROUP THEORY
A Transition to Advanced Mathematics

Tony Barnard
Hugh Neill

© 2017 by Taylor & Francis Group, LLC

All Rights Reserved. Authorised translation from the English language edition published by CRC Press, a member of the Taylor & Francis Group, LLC.

序

　本書 "Discovering Group Theory"（直訳すると "群論の発見"）はもともと "Teach Yourself Mathematical Groups"（数学的群論の自学自習）という名前で，1996 年に Hodder Headline plc から出版されていたものです．この新版では，前の版にはなかったいくつかの新しい題材と，前の版を読んだ読者からの要望に応えて，改訂された説明が加えられています．

　本書では群論の入門コースでよく講義される有用な題材を取扱っています．まず初めの三つの章で，証明，集合，二項演算などの，群論を述べていくうえで基本となる概念を説明していきます．4 章では，後の章でスムーズに使えるように，整数についての多くの結果を与えていきます．また続いて，置換群，二面体群，剰余類のなす群など，群や部分群の多くの例を与えていきます．それから，剰余類を学び，第一同型定理をもって，この本の結びとなります．

　本書を読むにあたって，予備知識はほとんど必要ありません．代数的操作についての少しの知識と，素因数分解などの整数の性質についての少しの知識のみを必要とします．

　本書は自分一人で学びたい人，学ぶうえで自分のまわりに手助けとなる環境があまりない人，抽象数学における証明というものに慣れておらず，高度な数学へ進むための手助けを必要とする大学生などを対象としています．われわれは本書を執筆するにあたって，そのような読者を想定した多くの工夫を施しました．

　本書全体を通して，ところどころ影付きの四角で囲まれた "余談" を入れて，状況を俯瞰したり，また細部を明確にしたりしています．そこでは，たとえば今学んでいることが将来どのように使われるのか，またそれが本書の後の方まで読み飛ばしてもよいものなのかどうか，またさらにはスムーズに読めるように，先の内容との関係などが説明されています．

　本書ではほとんど行間のない（つまり，論理に飛びのない）証明が書かれており，すべての問いに対して完全な答えが書かれています．さらに，証明は段階ごとに，読者がその部分の目的がわかるようにレイアウトされています．

このような形の証明の記述方法によって，読者を具体的思考から抽象数学的思考へ導くということが，本書でわれわれが本当にやりたかったことです．学生達がこれまで数学を勉強したときにやってきたことと言えば，記号を使った計算で，これを微分しなさい，それを解きなさい，これを積分しなさい，などのような，ほとんど何かを演繹するということ（つまり，すでに正しいとわかっているものを論理でつなげていき，まだ知られていない新しい事実を導くこと）を必要としないものであったように思います．しかしながら，純粋数学というのはただの計算ではなく，物事を証明するものであるので，本書では学生が何かしらを証明するということの方法を学べるよう，最大限のサポートをしています．

　新しい用語はそれが出てくるたびに太字体で書かれています．

　それぞれの章の最後に，その章におけるキーポイントの要約が与えられています．その章で，どの事柄が重要なものであったのかを読者に理解してもらうために，この改訂版に新しく設けました．

　われわれは本書を作成するために，協力とサポートをしてくれた出版社に感謝します．特に，原稿の紙媒体版を作成するにあたって，素晴らしい仕事をしてくれた Nova Techset の Karthick Parthasarathy 氏と彼のチームに感謝します．

　2016 年 5 月

Tony Barnard
Hugh Neill

訳者序

　本書は米国の CRC Press が出している数学テキストシリーズの一巻である "Discovering Group Theory" の翻訳です．大学に入り，本格的な数学を学び始めてみて，どうも数学の証明はよくわからないと苦手に感じる人は多いと思います．その理由としては，たとえば何々を証明せよという問題が与えられたときに，どのように手を付けていいか，またはどのように記述していけばよいのかがわからないという声をよく聞きます．本書はそのような証明を苦手とする学生や，数学というものがどのようなものなのかまだあまりわからないが，これから本格的に高度な数学を学んでみたいと考えている方々にとって，最適な本であると思います．

　本書では，そのような読者を想定し，1 章に "証明" という題目があげられ，群論の説明に入る前に，まず "証明" についての詳しい説明がなされています．この章を読むことで，おぼろげだった "証明" に対するイメージをはっきりさせることができるようになると思います．それから，通常の専門書では簡略化されて，普通は飛ばされる項目である "集合"，"二項演算"，"関数" などの，基本的ではあるが，抽象的な概念に対しても，それぞれに章を設け，詳しい説明がなされています．これらの章を読むことで，群論を学ぶうえで必要とされる基盤をしっかり固めながら，学んでいくことができます．

　本書は確かに "群論" について書かれている本ですが，私が思うに，実はこの本の真の目的は群論を学ぶことだけにあるのではなく，非常に抽象的な概念であり，数学的にとても大切である群論の基礎を学んでいく過程を丁寧に踏むことで，数学を苦手とする方々が最も不得手としているであろう "何かを証明するというプロセス自体の習得" にあるのではないかと考えています．また，もちろん本書の主テーマである群論自体も現代数学の基礎であり，現代数学のほとんど重要な定理は群論の言葉を用いて表現されるといっても過言ではない重要な概念です．群論の習得は，これからさらに抽象数学を学ぼうとする方にとって，必須のものになります．本書が少しでも皆様の "群論" および抽象数学における "証明" の習得の一助になることができましたら，大変嬉しく思います．

最後になりましたが，翻訳から本書の原稿作成に至るまで，丁寧で親切なサポートをしてくださった，東京化学同人の住田六連氏，橋本貴子氏に感謝致します．

　　2018年10月

田　上　真

目　　次

1. 証　　明··1
   - 1・1　証明の必要性·············1
   - 1・2　矛盾による証明···········3
   - 1・3　ならば (*If*)，かつそのときに限り (*Only if*)·············4
   - 1・4　定　義···························6
   - 1・5　成り立たないことの証明·········6
   - 1・6　結　論···························7
   - この章で学んだこと·············7
   - 演習問題1·····························7

2. 集　　合··9
   - 2・1　集合とは何か···············9
   - 2・2　集合の例：表記···········9
   - 2・3　集合の表し方············10
   - 2・4　部分集合···················10
   - 2・5　ベン図·······················11
   - 2・6　共通部分と和集合····12
   - 2・7　二つの集合が等しいことの証明···········13
   - この章で学んだこと···········14
   - 演習問題2···························15

3. 二 項 演 算··16
   - 3・1　はじめに···················16
   - 3・2　二項演算···················16
   - 3・3　二項演算の例············17
   - 3・4　演算表·······················18
   - 3・5　二項演算に対するテスト·········19
   - この章で学んだこと···········20
   - 演習問題3···························20

4. 整　　数··21
   - 4・1　はじめに···················21
   - 4・2　割り算アルゴリズム·············21
   - 4・3　互いに素な数の対····22
   - 4・4　素　数·······················23
   - 4・5　整数の剰余類············24
   - 4・6　注意点·······················27
   - この章で学んだこと···········28
   - 演習問題4···························28

5. 群··········30

- 5・1 はじめに··········30
- 5・2 群の二つの例··········30
- 5・3 群の定義··········32
- 5・4 表記についての寄り道······34
- 5・5 群の例··········35
- 5・6 群の役に立つ性質··········37
- 5・7 元の巾乗··········38
- 5・8 元の位数··········39
- この章で学んだこと··········42
- 演習問題5··········42

6. 部分群··········44

- 6・1 部分群··········44
- 6・2 部分群の例··········45
- 6・3 部分群の判定法··········45
- 6・4 一つの元によって生成される部分群······47
- この章で学んだこと··········48
- 演習問題6··········48

7. 巡回群··········50

- 7・1 はじめに··········50
- 7・2 巡回群··········50
- 7・3 巡回群における定義と定理······52
- この章で学んだこと··········53
- 演習問題7··········53

8. 群の直積··········55

- 8・1 はじめに··········55
- 8・2 デカルト積··········55
- 8・3 直積群··········56
- この章で学んだこと··········57
- 演習問題8··········57

9. 関数··········59

- 9・1 はじめに··········59
- 9・2 関数の考察··········59
- 9・3 関数；上記考察の形式化········60
- 9・4 関数の表記と言い回し·········61
- 9・5 例··········61
- 9・6 単射と全射··········62
- 9・7 有限集合の単射と全射··········65
- この章で学んだこと··········67
- 演習問題9··········67

10. 関数の合成··········69

- 10・1 はじめに··········69
- 10・2 合成関数··········69
- 10・3 合成関数の性質··········70
- 10・4 逆関数··········71
- 10・5 関数の結合性··········73
- 10・6 合成関数の逆関数··········74
- 10・7 集合からそれ自身への全単射··········75
- この章で学んだこと··········76
- 演習問題10··········76

11. 同型 ··· 78
11・1　はじめに ································ 78
11・2　同型 ·· 80
11・3　二つの群が同型であることの
　　　　証明 ································ 82
11・4　二つの群が同型でないことの
　　　　証明 ································ 84
11・5　有限アーベル群 ···················· 84
この章で学んだこと ···················· 89
演習問題 11 ································ 89

12. 置換 ··· 91
12・1　はじめに ································ 91
12・2　置換の別の見方 ···················· 92
12・3　置換の計算練習 ···················· 94
12・4　偶置換と奇置換 ···················· 98
12・5　巡回置換 ······························ 102
12・6　互換 ······································ 104
12・7　交代群 ·································· 106
この章で学んだこと ···················· 108
演習問題 12 ································ 108

13. 二面体群 ··· 110
13・1　はじめに ······························ 110
13・2　一般的表記をめざして ········ 112
13・3　一般の二面体群 D_n ·········· 114
13・4　二面体群の部分群 ················ 115
この章で学んだこと ···················· 117
演習問題 13 ································ 117

14. 剰余類 ··· 119
14・1　はじめに ······························ 119
14・2　剰余類 ·································· 119
14・3　ラグランジュの定理 ············ 122
14・4　ラグランジュの定理から
　　　　導かれるもの ···················· 122
14・5　数論への二つの応用 ············ 124
14・6　さらなる剰余類の例 ············ 125
この章で学んだこと ···················· 125
演習問題 14 ································ 126

15. 位数 8 までの群 ······································· 127
15・1　はじめに ······························ 127
15・2　素数位数の群 ······················ 127
15・3　位数 4 の群 ·························· 127
15・4　位数 6 の群 ·························· 128
15・5　位数 8 の群 ·························· 129
15・6　要約 ······································ 131
演習問題 15 ································ 132

16. 同値関係 ··· 133
- 16・1　はじめに ······················· 133
- 16・2　同値関係 ······················· 133
- 16・3　分　割 ························· 135
- 16・4　重要な同値関係 ············· 137
- この章で学んだこと ················· 139
- 演習問題 16 ···························· 139

17. 剰　余　群 ··· 140
- 17・1　はじめに ······················· 140
- 17・2　集合の元としての集合 ········ 142
- 17・3　群の元としての剰余類 ······ 143
- 17・4　正規部分群 ···················· 145
- 17・5　剰余群 ·························· 146
- この章で学んだこと ················· 149
- 演習問題 17 ···························· 149

18. 準　同　型 ··· 150
- 18・1　準同型 ·························· 150
- 18・2　準同型の核 ···················· 152
- この章で学んだこと ················· 154
- 演習問題 18 ···························· 154

19. 第一同型定理 ··· 155
- 19・1　核についてのさらなる説明 ··· 155
- 19・2　核による剰余群 ·············· 156
- 19・3　第一同型定理 ················· 157
- この章で学んだこと ················· 160
- 演習問題 19 ···························· 160

演習問題の解答 ··· 161

索　引 ··· 197

本書で使われている記号

記号	意味・解説	参照箇所†	記号	意味・解説	参照箇所†
$\emptyset$	空集合	p.13	$a \circ b$	二項演算	p.16
Z	整数全体	p.9	$a \equiv b \pmod{n}$	a は n を法として b と合同である	p.24
N	自然数（正整数）全体	p.9	$[a]_n$	a の n を法とする剰余類	p.26
R	実数全体	p.10	e	恒等元	p.33
R$^+$	正の実数全体	p.10	I_A	集合 A 上の恒等関数	p.61
R*	0 以外の実数全体	p.10	$g \circ f$	関数 f と g の合成	p.70
Q	有理数全体	p.10	im f	f の像集合，または値域	p.61
Q$^+$	正の有理数全体	p.10	int x	x 以下の整数のうち最大のもの	p.67
Q*	0 以外の有理数全体	p.10			
C	複素数全体	p.10	$G \cong H$	G と H は同型である	p.81
C*	0 以外の複素数全体	p.10	$\langle x \rangle$	x で生成される部分群	p.48
Z$_n$	n を法とする剰余類全体	p.26, 35	$\langle a_1, a_2, \cdots, a_n \rangle$	$a_1, a_2, \cdots, a_n$ によって生成される部分群	p.85
$a \in A$	a は A の要素である	p.9			
$a \notin A$	a は A の要素ではない	p.9	$\langle S \rangle$	集合 S の元達によって生成される部分群	p.85
$A \subseteq B$	A は B の部分集合である	p.10			
$A \not\subseteq B$	A は B の部分集合ではない	p.10	$\mathrm{Aut}(G)$	G の自己同型群	p.90
			S_n	次数 n の対称群	p.94
$\{\ \}$	集合の要素を並べあげるときに使う	p.10	D_n	二面体群．正 n 角形の対称性の群	p.110
$\min\{a_1, \cdots, a_n\}$	集合 $\{a_1, \cdots, a_n\}$ の中の最小の要素	p.28	$x \sim y$	同値関係．x と y は同値である．	p.133
$\max\{a_1, \cdots, a_n\}$	集合 $\{a_1, \cdots, a_n\}$ の中の最大の要素	p.28	$\bar{a}$	a の同値類	p.135
			$X/\sim$	X のファイバー全体の集合	p.138
$A \cap B$	A と B の共通部分	p.12	ker f	準同型 f の核	p.153
$A \cup B$	A と B の和集合	p.12			

† 定義や詳細は参照箇所に記載されている．

1

証　　明

1・1　証明の必要性

　証明は数学の本質である．数学は確信している基礎的事実を打ち立て，その基礎的事実から，理由づけ，演繹，証明によって，いまだわかっていない状況にある他の事実や結果が，いくつかの特別な場合だけでなく，常に成り立っているということを導き出すものである．

　たとえば，$1\times2\times3=6$, $2\times3\times4=24$, $20\times21\times22=9240$ のように，三つの連続した整数をすべて掛けるとき，その結果はいつも6の倍数になっているということにあなたが気づいているとする．このとき，あなたは三つの連続した整数を掛けると，いつも6の倍数になるという予想を立てることができるかもしれない．そして多くの場合にそのことが実際成り立っていることを確かめることができるかもしれない．しかし，どんな三つの連続した整数をもってきたとしても，そのことが成り立っているということの納得のいく論拠をあなたが与えない限り，それが本当に正しいということを完全に主張することはできない．

　上述の例に対しては，証明はたとえば次のようになる．もし三つの連続した整数があったら，(少なくとも)一つの数は2の倍数であり，一つの数は3の倍数である．よって，その積はいつも6の倍数である．このことによって，上述の予想が正しいことをどんな三つの数に対しても証明できたことになる．

　特別な場合だけの議論では証明をしたことにはならない．特別な場合だけの議論から主張を証明できるのは，すべての可能な場合を列挙でき，それらのすべてに対して，主張を確かめられたときだけである．無限の可能な場合があるのなら，そのようなチェックは不可能である．

　同じような例として，小さな子供達は三角形の内角の和が180度であることを次のように"証明"する．一つの三角形が紙に描かれているとする．その三角形の角の部分を切り取り，それらを図1・1のように合わせると一直線になるので，180度であることがわかりました，または，それぞれの角度を分度器で測り，それらを足し合わせると180度になることがわかりました，という具合である．しかしながら，角の測定の不正確さを差し引いたとしても，どちらの方法も証明にはなっていない．

そこに描かれている三角形という実物に対してだけを確かめているのであり，すべての可能な三角形に対して内角の和が180度になるということを示すことができていないからである．

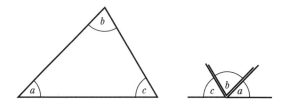

図1・1　三角形の内角の和が180度であることの"証明"

そのように，証明というのは主張がすべての場合で正しいということを実証しなければならないものなのである†．それはその主張が正しいことを実証するために証明者が行わなければならないものである．単に"それが成り立たない例をみつけることができないので，それは正しいに違いない"というだけの議論は十分なものであるとはいえない．

次に主張と証明の二つの例をあげよう．

例 1・1・1　二つの連続した整数の和は奇数であることを証明せよ．

[証明] n が二つの連続した整数の小さい方とする．このとき，$(n+1)$ はそのうちの大きい方の整数であり，それらの和は $n+(n+1)=2n+1$ である．これは2の倍数より1大きいので奇数である．■

> 記号 ■ は証明がそこで完成していることを示すために書かれている．ところどころにこのような記号を付けなければ，証明が終わって次の文章が始まっている箇所がわからなくなることがある．

例 1・1・2　a と b が偶数ならば，$a+b$ は偶数であることを証明せよ．

[証明] もし a が偶数ならば，$a=2m$（m は整数）という形で書くことができる．同様に，$b=2n$（n は整数）と書ける．このとき，$a+b=2m+2n=2(m+n)$ である．m と n は整数なので，$m+n$ も整数である．したがって，$a+b$ は偶数である．■

例1・1・2において，a と b のどちらかが偶数でない場合には $a+b$ の結果がどうな

---

† 訳注：本書において，"主張"とは，成り立っているか否か，まだわかっていないけれども，そのことが成り立っていると思われる事象を説明する文のことである．"証明"とは，上の"主張"が確かに成り立っていることを万人に認めさせるため，正確な論理を用いて，少しの疑いもなく明らかにすることである．

るか，何も述べていないことに注意する．他の三つの場合：① a が偶数で b が奇数，② a が奇数で b が偶数，③ a と b が奇数，の場合については何も述べていない．

> 実際，③ の場合に $a+b$ は偶数になるが，例 1・1・2 の主張は ③ の場合については何も述べていない．

これは日常生活での一般的な主張でも同様に成り立つ．主張 "もし雨が降っているなら，私はレインコートを着る" ということが正しいと仮定する．この主張はもし雨が降っていないなら私が何を着るかについては何も述べていない．降っていなくても，特に，寒かったり，雨が降りそうだったら，着るかもしれないし，着ないかもしれない．

このことは主張と証明について重要な点を示している．もし "P ならば Q である" というような主張の真実性を証明しているとして (P や Q は "a と b は偶数である" や "$a+b$ は偶数である" などのような主張である)，P が正しくないとしたら，Q の正否についてはまったく何も演繹できないということである．

1・2 矛盾による証明

しばしば，主張に対して直接の証明を試みることが難しい場合があり，直接的でないアプローチの方がよい場合がある．次にそのような例をあげよう．

例 1・2・1 a は整数で，a^2 が偶数であるならば，a は偶数である．

[証明] a が奇数であると仮定する．このとき，a は $a=2n+1$ (n は整数) という形で書くことができる．このとき，$a^2=(2n+1)^2$，すなわち $a^2=4n^2+4n+1=2(2n^2+2n)+1$ となり，a^2 は 2 の倍数より 1 だけ大きいので，奇数である．しかしながら a^2 は偶数であるとしているので，矛盾を得る．それゆえに，a が奇数であるという仮定は許されないものである．よって，a は偶数である． ∎

これはしばしば "背理法" とよばれる**矛盾による証明**の一例である．
次に矛盾による証明のもう二つの例をあげよう．

例 1・2・2 $\sqrt{2}$ が無理数であることを証明せよ．

> $\sqrt{2}$ が無理数であるという主張は $\sqrt{2}$ が a/b (a と b は整数) という形で書くことができないということを意味している．

[証明] $\sqrt{2}$ が有理数であると仮定する，すなわち，$\sqrt{2}=a/b$ (a と b は共通の素因数をもたない整数) という形で書けるとする．このとき，両辺を 2 乗して，$a^2=2b^2$ となる．b は整数なので，b^2 もまた整数である．よって，$2b^2$ は偶数である．し

がって，a^2 は偶数であり，例 1・2・1 の結果によって a は偶数である．そしてそれにより $a=2c$（c は整数）という形で書くことができる．関係 $a^2=2b^2$ は $(2c)^2=2b^2$ と書かれ，したがって $2c^2=b^2$ を得，b^2 は偶数であることがわかる．もう一度例 1・2・1 の結果を使って，b が偶数であることが従う†．われわれは今，$\sqrt{2}=a/b$ という仮定によって，a と b はどちらも偶数であり，したがって，a と b は共通の素因数 2 をもつことが導かれることを示した．しかし，これはもともとの仮定である "a と b は共通の素因数をもたない" ということに矛盾しており，もともとの仮定が間違ったものであることがわかる．ゆえに，$\sqrt{2}$ は無理数である． ∎

例 1・2・3 最大の素数は存在しないことを証明せよ．

[**証明**] 最大の素数 p が存在すると仮定する．このとき，$m=(1\times2\times3\times4\times\cdots\times p)+1$ を考える．m の構成法から，m は 2 でも 3 でも 4 でも，p までのどの整数でも割り切ることができない．なぜなら m をこれらの数によって割ると，余りは 1 となるからである．しかしながら，すべての整数は素因数をもっている．したがって，m は p よりも大きい素数によって割り切れなければならない．これは p が最大の素数であるという仮定に反する． ∎

1・3 ならば（*If*），かつそのときに限り（*Only if*）

一つの主張 P が成り立つならば，かつそのときに限り，もう一つ別の主張 Q が成り立つかを問われるときがある．たとえば，"m と n の少なくとも一つが偶数であるならば，かつそのときに限り二つの整数 m と n の積は偶数である" ということを証明せよ，という具合である．

主張 "P が成り立つならば，かつそのときに限り Q は成り立つ" は二つの分かれている主張を同時に書いた略記である．

もし Q が成り立つならば，そのとき P は成り立つ（すなわち，P が成り立つ**ときに限り** Q は成り立つ）

そして

もし P が成り立つならば，そのとき Q は成り立つ（すなわち，P が成り立つ**ならば** Q は成り立つ）

それゆえに，このような場合，証明すべき二つの部分がある．ここに一つの例をあげよう．

---

† 訳注：本書で "従う" は "導かれる" と同義である．

1・3 ならば (If), かつそのときに限り (Only if)

例 1・3・1 m と n の少なくとも一つが偶数であるならば,かつそのときに限り二つの整数 m と n の積は偶数であることを証明せよ.

[証明]

|ならば| m と n の少なくとも一つは偶数であると仮定し,特にそれは m であると仮定する.このとき,$m=2p$ (p は整数) と書ける.よって,$mn=2pn=2(pn)$ である.したがって,mn は偶数である.

> 本書では,"ならば,かつそのときに限り"を示す必要がある証明においては,このように,はじめに"ならば (If)"部分,続いて"そのときに限り (Only if)"部分が書かれている.
> 次に証明の2番目の部分,すなわち,もし mn が偶数であるならば,そのとき m と n の少なくとも一つは偶数であるということの矛盾による証明をあげよう.

|そのときに限り| 主張 "m と n の少なくとも一つは偶数である" が成り立っていないとする.このとき,m も n もどちらも奇数である.二つの奇数の積は奇数である (読者は演習問題 1・1 でこの主張を証明する).これは mn が偶数であることに矛盾する.それゆえに,m と n の少なくとも一つは偶数である. ∎

主張 "P が成り立つならば,かつそのときに限り Q は成り立つ" は,二つの主張 P と Q は**同値**であるともいわれる.

> それゆえに,主張 P と Q が同値であることを証明するためには,それぞれの主張がもう一つの主張から導かれることを証明しなければならない.

主張 P と Q が同値であるということを,"P は Q に対する必要な,かつ十分な条件である" と,別の言い方でいわれることもある.たとえば,数 N が 3 で割り切れる**必要な,かつ十分な条件**は N の各桁の数の和が 3 で割り切れることである.

主張 "P は Q に対する十分な条件である" は次を意味する.

もし P が成り立つならば,そのとき Q は成り立つ.

もし P が成り立つならば,これは Q が成り立つために十分である.

そして,主張 "P は Q に対する必要な条件である" は次を意味する.

もし Q が成り立つならば,そのとき P は成り立つ.

Q は P が成り立たなければ成り立たない.

だから,再び証明すべき二つの部分がある.その例をあげよう.

例 1・3・2 10進法で表された正整数 N が3によって割り切れる，必要な，かつ十分な条件は，N の各桁の数の和が3で割り切れることであることを証明せよ．

[証明] 任意の正整数 N は $N = a_n 10^n + a_{n-1} 10^{n-1} + \cdots + a_1 10 + a_0$ という形で10進法表記される．ここで，すべての i に対して，$0 \leq a_i < 10$ である．

必要性：もし3が N を割り切るならば，そのとき3は $a_n 10^n + a_{n-1} 10^{n-1} + \cdots + a_1 10 + a_0$ を割り切る．しかしすべての i に対して，10^i は3で割ると余り1である．だから N と $a_n + \cdots + a_0$ は3で割ると同じ余りをもっている．しかし，3は N を割り切るので，その余りは0であり，$a_n + \cdots + a_0$ は3で割り切れる．すなわち，各桁の数の和は3で割り切れる．

十分性：各桁の数の和が3で割り切れる，すなわち，$a_n + \cdots + a_0$ は3で割り切れると仮定する．このとき，次の和は3で割り切れる．

$$(a_n + \cdots + a_0) + (\overbrace{9\cdots9}^{n\text{個の }9} a_n + \cdots + 9 a_1)$$

$$= a_n \left(1 + \overbrace{9\cdots9}^{n\text{個の }9}\right) + \cdots + a_1(1 + 9) + a_0$$

$$= a_n(10^n) + \cdots + a_1(10) + a_0 = N \qquad \blacksquare$$

1・4 定 義

数学的用語が定義されるとき（やや不親切な）慣習として，単語 "ならば" は "ならば，かつそのときに限り" を意味して用いられる．

たとえば，2章で二つの集合間の "等しい" の定義は "二つの集合 A と B は，それらが同じ要素をもつならば等しい" と述べられている．これは正しい主張なのだが，集合間の等しいという概念を取扱う場合，さらに強い表現である "二つの集合はそれらが同じ要素をもつならば，かつそのときに限り等しい" と定める必要がある．

あとでまた，このような場合が出てきたときに，この慣習について再確認する．

1・5 成り立たないことの証明

よく，主張が成り立たないことを示す必要がある．たとえば，"素数はいつも奇数である" などのような主張である．この主張が誤りであることを示すには，矛盾する，または主張に背反する一つの例をみつければよい．この場合，ただ一つの例，すなわち2がある．よって，この主張は成り立たない．

この場合に，2は反例とよばれる．

主張 "奇数はいつも素数である" は反例 9（奇数であるが，素数でない）をみつけることによって成り立たないことを示すことができる．

主張が間違いであることを示す特別な例は**反例**とよばれる．しばしば，多くの反例があるときがある．たとえば，主張 "もし n が整数ならば，そのとき n^2+n+41 は素数である" が成り立たないことを示すための一つの反例は $n=41$ である．しかし，41 の 0 でない任意の倍数はまた反例になる．

しばしば，主張は正しくないけれども，反例をみつけることが難しい場合がある．たとえば，主張 "$m^2-61n^2=1$ を満たす整数 m と n は存在しない" は正しくないけれども，最小の反例は $m=1{,}766{,}319{,}049$ と $n=226{,}153{,}980$ である．

1・6 結論

この章では証明と，そして "特別な場合を考えても，すべての可能な場合を考えない限り，証明にはならない" ということについて説明した．しかしながら，特別な場合を考えることを軽んじてはならない．しばしば，特別な場合を考えることはわれわれに証明への道筋を示してくれる．しかし，あなたの何かの主張に対して信用を寄せているところが特別な場合を考えただけであるのなら，あなたはその主張が正しいことを本当に確信することはできていないのだということを忘れてはならない．

この章で学んだこと

- "矛盾による証明" の意味
- 特別な場合をみても，すべての特別な場合をみなければ，証明できていないこと
- "ならば，かつそのときに限り" のある主張を証明する方法
- 二つの主張が同値であることを証明する方法
- "必要な，かつ十分な条件" の意味
- 反例の使い方

演習問題 1

1・1　二つの奇数の積は奇数であること証明せよ．
1・2　$m^2-n^2=6$ を満たす正整数 m, n は存在しないことを矛盾によって証明せよ．
1・3　正整数とその平方の和はいつも偶数であることを証明せよ．
1・4　図 1・2 は 4 枚のトランプカードである．2 枚は表向き，2 枚は裏向きである．それぞれのカードは裏面に格子模様か縞模様が描かれている．

主張 "裏面が縞模様のカードはダイヤである" が成り立つかどうかを示すためには，どのカードをひっくり返す必要があるか．

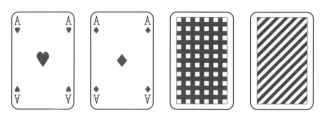

図 1・2 4枚のトランプカード，2枚は表向き，2枚は裏向き

1・5 例 1・2・2 の $\sqrt{2}$ が無理数であることの証明に立ち返る．もし 2 を 4 に置き換えたら，どこでこの証明は破綻するか．

1・6 実数に関する主張 "$x<1$ ならば $x^2<1$" が成り立たないことを証明せよ．

1・7 $\sqrt{a+b}=\sqrt{a}+\sqrt{b}$ ならば $a=0$ または $b=0$ であることを証明せよ．

1・8 二つの整数 p と q がどちらも奇数であるならば，かつそのときに限り，積 pq は奇数であることを証明せよ．

1・9 10 進法で表された正整数 N が 9 によって割り切れる，必要な，かつ十分な条件は，N の各桁の数の和が 9 で割り切れることであることを証明せよ．

2

集　　合

2・1　集合とは何か

> **定義**　集合はものの集まりである．そのもの達はその集合の**元**や**要素**などとよばれる．

本書では，集合は A, B のような大文字で表される．

集合はその要素によって定められている．集合を定義するには，その要素を並べあげたり，または明確な言葉で表したりする．集合を定義するとき，その元が何であるか少しも不確かなものがあってはならない．

たとえば，集合 A は数 $1, 2, 3$ で構成されているといったり，あるいは $1, 2, 3$ が A の元全体であるといったりする．このとき，A が三つの元 $1, 2, 3$ で構成されており，4 は A の元ではないということは明らかである．

記号 $\in$ は "の要素である" や "に属している" を明確に示すために用いられる．記号 $\notin$ は "の要素ではない" や "に属していない" を意味する．だから，$1 \in A$ は 1 が A の要素であること，そして $4 \notin A$ は 4 が A の要素ではないことを意味している．

2・2　集合の例：表記

非常に頻繁に使われていて，名前をつけておく方が便利な集合がある．

例 2・2・1　すべての**整数** $\ldots, -2, -1, 0, 1, 2, \ldots$ で構成される集合は $\mathbf{Z}$ によって表される．

$\mathbf{Z}$ は数を意味するドイツ語 Zhalen にちなんでいる．

§2・1 で導入した表記を用いると，$-5 \in \mathbf{Z}$ や $\frac{1}{2} \notin \mathbf{Z}$ などと書くことができる．

例 2・2・2　すべての**自然数**（正整数）$1, 2, \ldots$ で構成される集合は $\mathbf{N}$ によって表される．

$-5 \notin \mathbf{N}$ や $5 \in \mathbf{N}$ である．

0 が **N** に属するか，属さないかということはよく忘れやすく，そして本によっては 0 は自然数であると定義したりすることもあるので，ご注意を．

例 2・2・3 **実数**全体は **R** と，そして**複素数**全体は **C** と書かれる．表記 **R**$^+$ は正の実数全体を表す．表記 **R*** と **C*** はそれぞれ 0 以外の実数全体と 0 以外の複素数全体を表すために用いられる．

2・3 集合の表し方

集合の要素を並べあげるときはいつも，ブレースとよばれる中括弧 { } の中にそれらを置く．たとえば，元 $2, 3, 4$ で構成される集合 A は $A = \{2, 3, 4\}$ と書かれる．その元達がどの順番で置かれるかは気にしない．集合 $\{2, 4, 3\}$ は集合 $\{2, 3, 4\}$ と同一のものである，そしてそれゆえに $A = \{2, 3, 4\} = \{2, 4, 3\}$ である．

もし $A = \{2, 2, 3, 4\}$ と書いたら，それは $A = \{2, 3, 4\}$ と書くのと同じになる．集合はその異なる要素で定められており，要素のリストの中にある繰返しは無視される．

中括弧を使って，$\mathbf{Z} = \{\cdots, -2, -1, 0, 1, 2, \cdots\}$ と書ける．

集合を述べるためのもう一つ別の方法は，その要素を特定する性質を述べることである．たとえば，$A = \{n \in \mathbf{Z}: 2 \leq n \leq 4\}$ は A が $2 \leq n \leq 4$ であるような整数 n のなす集合であることを意味している．記号: は "～であるような (such that)" を意味している．記号: の左側に，集合の要素がまず何であるかが大まかに述べられ，右側にその元が満たすべき条件が与えられる．

だから上述の A の表記においては，その元がまず大まかにいうと整数であり，その整数というのは 2 以上 4 以下でなければならない，ということになる．それゆえに $A = \{2, 3, 4\}$ である．

例 2・3・1 **有理数**全体の集合 **Q** (quotients にちなんでいる) は次のとおりである．

$$\mathbf{Q} = \left\{ \frac{m}{n} : m, n \in \mathbf{Z}, n \neq 0 \right\} \tag{2・1}$$

Q$^+$ は正の有理数全体を表し，**Q*** は 0 でない有理数全体を表す．

2・4 部分集合

定 義 集合 A のすべての要素がまたもう一つ別の集合 B の要素であるならば，そのとき，A は B の**部分集合**とよばれる．この場合に，$A \subseteq B$ と書く．

部分集合の定義から，任意の集合 A に対して，$A \subseteq A$ がわかる．

表記 $A \subseteq B$ は不等式の表記 $a \leq b$ を連想させることに注意する．この類似の表記は故意のものであり，有益なものである．しかしながら，あまりにも類似性を過信してはならない．任意の二つの数に対して，$a \leq b$ または $b \leq a$ が成り立つが，同じことは集合に対しては成り立たない．たとえば，$A = \{1\}$, $B = \{2\}$ に対して，$A \subseteq B$ も $B \subseteq A$ も成り立たない．

A が B の真の部分集合であること，すなわち $A \subseteq B$ かつ $A \neq B$ を表すのに，$A \subset B$ を用いている本もある．この表記は本書においては用いない．

> **定　義**　二つの集合 A と B は同じ要素をもつならば**等しい**．

§1・4 の最後の記述を再確認する．"二つの集合 A と B は，それらが同じ要素をもつならば等しい" は，"ならば" が "ならば，かつそのときに限り" を意味するという一つの例である．

例 2・4・1　$A = \{アルファベットの文字達\}$, $B = \{x \in A : x は単語 "stable" に含まれる文字\}$, $C = \{x \in A : x は単語 "bleats" の文字\}$, $D = \{x \in A : x は "Beatles" に含まれる文字\}$, $E = \{x \in A : x は単語 "beetles" に含まれる文字\}$ とする．

このとき，$B = C = D = \{a, b, e, l, s, t\}$ である．しかしながら，$D \neq E$ である．実際，$E = \{b, e, l, s, t\}$ は D の真の部分集合である．

2・5　ベ ン 図

図 2・1 は集合を図示する一つの方法を示している．

集合 A は一つの円（または長円形）として描かれる，そして A の要素である元 x は A の内側に一つの点として描かれる．だから図 2・1 は $x \in A$ を示している．

図 2・2 では，A の内側のすべての点はまた B の内側にある，だからこれは A が B の部分集合である（もしくは $A \subseteq B$）という主張を表している．

 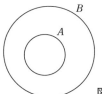

図 2・1　$x \in A$　　　　　　図 2・2　$A \subseteq B$

これらはベン図とよばれ，関係を理解し，視覚化し，連想させるので有益である．しかし，それがしばしば誤解を生じさせることがあることに注意が必要である．たと

えば,図2・2では$A=B$であるかそうでないかの問題については,まだわかっていないままである.図においてはAの外側であり,かつBの内側である所に点があるが,必ずしもAにはないBの元があるということを意味してはいない.図を用いるときは気をつけよう.

2・6 共通部分と和集合

AとBは任意の二つの集合とする.

> **定義** AとBの**共通部分**($A \cap B$と書かれ,"A インターセクション B"と読まれる)は,次の集合として定義される.
> $$A \cap B = \{x : x \in A \text{ かつ } x \in B\} \qquad (2 \cdot 2)$$

定義から明らかに$A \cap B = B \cap A$が成り立つ.

> **定義** AとBの**和集合**($A \cup B$と書かれ,"A ユニオン B"と読まれる)は次の集合として定義される.
> $$A \cup B = \{x : x \in A \text{ または } x \in B \text{ またはどちらとも}\} \qquad (2 \cdot 3)$$

定義から明らかに$A \cup B = B \cup A$が成り立つ.

図2・3と図2・4は集合AとBの共通部分と和集合を描いている.

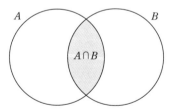 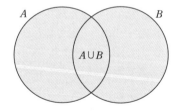

図2・3 灰色の領域は集合$A \cap B$を表している.　　**図2・4** 灰色の領域は集合$A \cup B$を表している.

例2・6・1 $A = \{2, 3, 4\}$,$B = \{4, 5, 6\}$とする.このとき,$A \cap B = \{4\}$,$A \cup B = \{2, 3, 4, 5, 6\}$である.

もし$A = \{2, 3, 4\}$,$B = \{5, 6, 7\}$ならば,$A \cap B$は要素をもたないことに注意する.そのとき,$A \cap B = \{\ \}$と書く(右辺は空の中括弧の対である).この集合は空集合

とよばれ，特別な記号∅を用いて表される．よってこの場合，$A \cap B = \emptyset$である．

> **定 義** 要素のない集合は**空集合**とよばれる．それは∅と表される．

二つの集合AとBは共通の要素をもたないならば，**互いに素**といわれる．それゆえに，$A \cap B = \emptyset$ならば，かつそのときに限りAとBは互いに素である．

∅はAまたはBの部分集合なのかということはいくぶん扱いにくい問題である．たとえば，$\emptyset \subseteq A$は正しいだろうか．⊆の定義に従うと，"$\emptyset \subseteq A$"というのは"もし$x \in \emptyset$であるならば，そのとき$x \in A$である"という主張が正しいということになる．しかし∅には元がないので，主張"もし$x \in \emptyset$であるならば，そのとき$x \in A$である"が正しくないということを示すためのxをみつけることができない．だから，慣例的に∅はすべての集合Aの部分集合であるとみなすことにする．

例 2・6・2 Qは平面上のすべての四角形からなる集合，Tはすべての三角形からなる集合とする．このとき，QとTは互いに素であり，$Q \cap T = \emptyset$である．

例 2・6・3 Dをひし形全体の集合，Rを長方形全体の集合とする．このとき，$D \cap R$は正方形全体の集合である．

2・7 二つの集合が等しいことの証明

二つの集合AとBが等しいことを証明するために，よく$A \subseteq B$, $B \subseteq A$と二つに分けて証明する．

> これは一見，一つの簡単なことを二つの少し複雑なものに置き換えているようにみえるかもしれない．しかし，実際問題として，これは二つの集合が等しいことを証明するための一つの方法を与えてくれる．すなわち，二つの集合が等しいことを証明するには一つの集合のすべての要素がもう一つの集合の要素であることを証明し，その逆のことも成り立っていることを証明すればよいということである．

次に，図2・5のベン図によって推測される一つの例をあげよう．

例 2・7・1 もし$A \subseteq B$ならば，そのとき$A \cap B = A$であることを証明せよ．

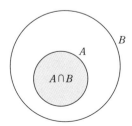

図2・5 例2・7・1に対する図

[証明]

$A\subseteq B$ という前提[†]は，もし $x\in A$ ならば，そのとき $x\in B$ であるということをいっている．このことは $A\cap B=A$ の証明の中で適切な箇所で用いられる．

$A\cap B=A$ の証明は二つの部分からなる．第一に $A\cap B\subseteq A$ を示す部分，第二に $A\subseteq A\cap B$ を示す部分である．

第一の部分 まず $x\in A\cap B$ と仮定する．そのとき，($x\in A$ かつ $x\in B$) である．よって，特に $x\in A$ であるので，$A\cap B\subseteq A$ である．

$A\cap B$ のように複合的なものが与えられたら，あるときにはそれはまとまった一つのものとして考えるべきものであるし，またあるときにはそれを分けてしまって，部分部分を扱う必要があることもあるかもしれない．

第二の部分 今，$x\in A$ と仮定する．もし $x\in A$ ならば，そのとき $x\in B$ であるという前提から，($x\in A$ かつ $x\in B$) となる．したがって，$x\in A\cap B$ である．それゆえ，$A\subseteq A\cap B$ である．

二つの結果 $A\cap B\subseteq A$ と $A\subseteq A\cap B$ から，$A\cap B=A$ を得る．∎

また $A\cap B=A$ ならば，そのとき $A\subseteq B$ であるということも成り立つ．これは次の例 2・7・2 で証明される．

例 2・7・2 もし $A\cap B=A$ ならば，そのとき $A\subseteq B$ であることを証明せよ．

[証明]

しばしば，このような証明のように，どこから手を付けてよいか難しく思われることがある．$A\subseteq B$ を証明するためには $x\in A$ という仮定から始め，その仮定から $x\in B$ を演繹しなければいけない．そのどこか途中で前提 $A\cap B=A$ を使うことになる．

$x\in A$ ならば，そのとき前提から $x\in A\cap B$ を得，$x\in A$ かつ $x\in B$ となる．特に $x\in B$ である．それゆえ，もし $x\in A$ ならば，そのとき $x\in B$ である．よって $A\subseteq B$ となる．∎

例 2・7・1 と例 2・7・2 より，二つの主張 $A\subseteq B$ と $A\cap B=A$ のそれぞれは他のものから演繹されるので，これらは同値であることがわかる．

この章で学んだこと

・集合はあるものが与えられたとき，それが集合の要素であるか，そうでないかが明らかになるように正しく定義される必要があること

[†] 訳注：本書では，主張における仮定を "前提" と書いている．

- 集合の要素達を並べあげる方法
- 記号∈,∉の意味と,集合についての中括弧表記
- 部分集合の意味と表記法
- 空集合の意味と表記法
- 集合の共通部分と和集合の意味と表記法
- 二つの集合が等しいことの証明法

演習問題 2

2・1 次のどの集合が正しく定義されているか.
 a) 素数全体の集合
 b) 誕生日が4月1日である世界の人々
 c) $A=\{x\in \mathbf{Z}: x$ は π の 10 進数展開における 1000 番目の桁の数$\}$

2・2 次のそれぞれの主張が正しいか誤りかチェックせよ.
 a) $0\in \mathbf{Q}$
 b) $0\in \mathbf{Z}^*$
 c) 集合はただ一つの元をもっていることもある

2・3 集合 $P=\{x\in \mathbf{Z}: |x|<3\}$ の要素を並べあげよ. $-3\in P$ であるか.

2・4 $\mathbf{Z}\subseteq \mathbf{Q}$ の理由を説明せよ.

2・5 表記 $2\mathbf{Z}$ は集合 $\{2x: x\in \mathbf{Z}\}$ を表すために用いられる. $2\mathbf{Z}\subseteq \mathbf{Z}$ であるか,または $\mathbf{Z}\subseteq 2\mathbf{Z}$ であるか,またはどちらも正しくないか,またはどちらも正しいかを調べよ.

> 演習問題 2・6 から 2・8 において, A,B,C は任意の集合とする.

2・6 主張 $A\cup B=B$ と主張 $A\cap B=A$ は同値であることを証明せよ.

2・7 $A\cap(B\cup C)=(A\cap B)\cup(A\cap C)$ を証明せよ.

2・8 次のそれぞれの主張が正しいか誤りかチェックせよ.
 a) $\emptyset \in A$
 b) $A\subseteq A\cap B$
 c) $A\subseteq A\cup B$
 d) $A\subseteq A$
 e) $A\in A$
 f) A は A の真の部分集合である.
 g) $A\cup B\subseteq A\cap B$

2・9 $A=\{x\in \mathbf{R}: |x|<3\}$, $B=\{x\in \mathbf{R}: |x-1|<2\}$ とする. $B\subseteq A$ を証明せよ.

2・10 A を n 個の元をもった集合とする. A は 2^n 個の部分集合をもつことを示せ.

3

二 項 演 算

3・1 はじめに

これまで集合に対して，その元達の間の関係についてはまだ何も考えていなかった．

しかしながら，集合では元の間に関係があるときがある．たとえば，集合 $\mathbf{Z}$ では，元達（単に数）を掛けたり，加えたりすることができて，その結果もまた $\mathbf{Z}$ の元になる．

$\mathbf{R}$ では，二つの数 x と y の間の差 $|x-y|$ は集合の二つの数を結び付け，集合のもう一つの数をつくる一つの例となっている．ただしこの例では，結び付けてできるもう一つの数は必ず非負である．

3 章ではそのような規則とそのいくつかの性質を解説する．

3・2 二項演算

このような規則についての他の例をいくつかあげよう．

たとえば，$2+3=5$ では，$\mathbf{Z}$ から取られた二つの元 2 と 3 が演算＋を用いて結び付けられ，その結果である 5 は $\mathbf{Z}$ の要素である．

次に，$\mathbf{Z}$ の元と割り算の規則÷を考えよう．このとき，$6\div 2=3$ は $\mathbf{Z}$ の元であるが，$5\div 2$ は $\mathbf{Z}$ では意味をなさない（$5=2n$ なる整数 n は存在しない）．この場合に，規則÷はあるときはその集合の要素を与えるが，あるときはその集合の要素にならない．

$\mathbf{R}^*$ において，割り算 $x\div y$ はそのすべての要素 x と y に対して定義されるが，元達の演算の順番が大事になる．一般的に $x\div y$ は $y\div x$ と同じではない．

> **定 義** 集合 A 上の**二項演算**。は A の順序づけられた元の対それぞれに，ただ一つの A の元への対応が定められている規則である．

"規則" というのが何かということを正確に述べることは難しいということを述べておく．この場合に，"規則" という用語が意味するものは，A の元の順序づけられた対を A の一つの元に結び付ける "決めごと" 以外の何ものでもない．

Zの乗法と加法は二項演算であり，**R**における差や，**R***における割り算も二項演算である．しかしながら，**Z**上の規則÷は，割り算が**Z**の元のすべての対に対して定義されていないので，二項演算ではない．

二項演算の代わりに，単語"演算"を用いると便利である．

3・3 二項演算の例

例3・3・1 **N**において，$a \circ b$をaとbの最小公倍数とする．このとき，$4 \circ 14 = 28$，$3 \circ 7 = 21$である．この場合に，$\circ$は**N**上の二項演算である．

例3・3・2 **Z**において，$a \circ b$はaからbを引いた結果であるとする．このとき，その結果はいつも整数であり，$\circ$は**Z**上の二項演算である．

例3・3・1において，$a \circ b$の順序は重要ではない．すべての$a, b \in \mathbf{Z}$に対して，aとbの最小公倍数はbとaの最小公倍数と同じであるので，$a \circ b = b \circ a$である．

しかしながら，例3・3・2においては，aとbの順番が大事になる．たとえば，$2 - 3 = 3 - 2$は正しくない．

定 義 集合S上の二項演算$\circ$は，もしすべての$a, b \in S$に対して，$a \circ b = b \circ a$であるならば**可換**であるという．

今$a \circ b \circ c$という形の式があるとする．ただし$\circ$は集合S上の二項演算であり，$a, b, c \in S$とする．このとき，$a \circ b \circ c$を，$(a \circ b) \circ c$または$a \circ (b \circ c)$という2通りの方法で計算することができる．

しばしば，$a \circ b \circ c$のこれら2通りの計算方法は同じ結果を与える．たとえば，**Z**上の二項演算+においては$(2+3)+4 = 2+(3+4)$となる．一般に，すべての$a, b, c \in \mathbf{Z}$に対して，$a+(b+c) = (a+b)+c$が成り立つ．この場合に，どの順番で結果を計算しようが問題ない．したがって，曖昧なく$a+b+c$と書くことができる．

しかしながら，しばしば$a \circ b \circ c$をどのように計算するかが問題になる場合がある．たとえば，**Z**上の二項演算−を用いると，$(2-3)-4 = -5$，$2-(3-4) = 3$となる．よって，式$2-3-4$はどのように括弧を付けるかということが問題になる．

定 義 集合S上の二項演算$\circ$は，もしすべての$a, b, c \in S$に対して$a \circ (b \circ c) = (a \circ b) \circ c$が成り立つならば，**結合的**であるという．

結合的な二項演算に対して，括弧を外して単に$a \circ b \circ c$と書くと便利である．この場合，括弧をどのように付けて計算してもよい．

3・4 演算表

しばしば，表を用いて二項演算を明示できると有用である．

数の集合 $X = \{2, 4, 6, 8\}$ を考える．X 上に二項演算を $a \circ b =$ "$a \times b$ を 10 で割った余り" として定義する．

図 3・1 はこの二項演算の結果を表した演算表である．

後の数

∘	2	4	6	8
2	4	8	2	6
4	8	6	4	2
6	2	4	6	8
8	6	2	8	4

前の数

図 3・1　$4 \circ 8 = 2$ を示している演算表

図 3・1 の灰色のセルは $4 \circ 8 = 2$ を示している．

本書では，演算表に対する次の表記が用いられる．

$$(i \text{ 行目の元}) \circ (j \text{ 列目の元}) = (i \text{ 行 } j \text{ 列目の元})$$

図 3・2 の演算表はこの表記がどのように効いているかを示している．

∘	a	b	c
a	$a \circ a$	$a \circ b$	$a \circ c$
b	$b \circ a$	$b \circ b$	$b \circ c$
c	$c \circ a$	$c \circ b$	$c \circ c$

∘	a	b	c
a	b	c	a
b	b	a	c
c	c	b	c

図 3・2　演算表の中に二項演算の結果が示されている．

図 3・3　二項演算

図 3・3 の演算表は表によってどのように二項演算を定義することができるかを示している．この特別な例は集合 $S = \{a, b, c\}$ 上の二項演算を定義している．

この表のすべてのセルが正確に S の一つの元で埋められているということが，∘ が S 上の二項演算になっているということを示している．

図 3・3 の演算表から $a \circ b = c$，$b \circ a = b$ がわかる．それゆえ，この二項演算 ∘ は可換ではない．

演算表は集合の元の数が少ないときに，二項演算がどのようになっているか見るのに有用である．集合の元の数が多ければ，表は大きくなってしまって，見にくいものになってしまう．

3・5 二項演算に対するテスト

二項演算を定義するときや，その与えられた規則が実際に集合 S 上の二項演算になっているかをテストするときには，慎重に行う必要がある．

次のことを確かめなければならない．

・集合 S の元のそれぞれの対に，少なくとも一つの元への対応が与えられている．
・S の元のそれぞれの対に，たかだか一つの元が対応している．
・対応している元が実際 S の中にある．

これら三つの条件が成り立つとき，二項演算は **well-defined**[†] である（正しく定義されている）という．

例 3・5・1

$\mathbf{R}$ 上の $\circ$ を $a \circ b = a/b$ と定義する．このとき，$a=1, b=0$ に対応づけられる元がないので，$\circ$ は二項演算ではない．

$\mathbf{Q}^*$ 上の $\circ$ を $a \circ b = a/b$ と定義する．このとき，$\circ$ は適切に定義されており，すべての $\mathbf{Q}^*$ の対 (a, b) に対して，$a \circ b$ は $\mathbf{Q}^*$ 上にあるので，$\circ$ は $\mathbf{Q}^*$ の二項演算である．

$\mathbf{Q}^+$ 上の $\circ$ を $a \circ b = \sqrt{ab}$ と定義する，ただし，$\sqrt{}$ は正の平方根を表す．このとき，$a=1, b=2$ に対応づけられる元がないので，$\circ$ は $\mathbf{Q}^+$ 上の二項演算ではない．

$\mathbf{Z}$ 上の $\circ$ を，$a \circ b$ は a, b の両方より大きい最小の $\mathbf{Z}$ の要素であると定義する．このとき，$\circ$ は $\mathbf{Z}$ 上の二項演算である．

$\mathbf{R}$ 上の $\circ$ を，$a \circ b$ は a, b の両方より大きい最小の $\mathbf{R}$ の要素であると定義する．このとき，$\circ$ は対 $a=0, b=0$ に対して定義されない．なぜなら，最小の正の実数というのは存在しないからである．よって，$\circ$ は $\mathbf{R}$ 上の二項演算ではない．

二項演算においてよく出てくるもう一つの用語がある．

集合 S 上の二項演算 $\circ$ は，もし S の元のすべての対 (a, b) に対して，対応づけられる元 $a \circ b$ が S の中にあるならば，**閉じている**といわれる．

集合 S 上の二項演算は，その定義の条件の一つが S のそれぞれの対 (a, b) に対して $a \circ b$ が S の中にあるということなので，自動的に閉じているということは従う．

[†] 訳注："well-defined"とは，正しく曖昧なところなく定義されているということを意味しており，数学の文献や講義ではこのことをこのまま英語で表すことが多いので，本書でもこのまま英語表記を用いることにする．

この章で学んだこと

- 二項演算とは何か
- 与えられた演算が二項演算であるか，そうでないかをテストする方法
- "閉じている"という用語の意味

演習問題3

3・1 次の与えられた集合とその上の演算のうち，どれが二項演算であるか．二項演算でない演算それぞれに対して，それが二項演算でない理由を述べよ．

a) $(\mathbf{Z}, \times)$
b) $(\mathbf{N}, \diamondsuit)$，ここで $a \diamondsuit b = a^b$
c) $(\mathbf{R}, \div)$
d) $(\mathbf{Z}, \diamondsuit)$，ここで $a \diamondsuit b = a^b$
e) $(\mathbf{Z}, \circ)$，ここですべての $a, b \in \mathbf{Z}$ に対して，$a \circ b = a$
f) $(\{1, 3, 7, 9\}, \circ)$，ここで $a \circ b$ は $a \times b$ を 10 で割った余り
g) $(\mathbf{R}, \circ)$，ここですべての $a, b \in \mathbf{R}$ に対して，$a \circ b = 0$
h) $(\mathbf{C}, \circ)$，ここで $a \circ b = |a - b|$
i) $(\mathbf{M}, \times)$，ここで $\mathbf{M}$ は行列全体の集合であり，$\times$ は行列の積である
j) $(\mathbf{M}, \circ)$，ここで $\mathbf{M}$ は 2×2 行列全体の集合であり，$A \circ B$ は $A \circ B = \det(A - B)$
k) $(\mathbf{R}, \diamondsuit)$，$a \diamondsuit b = a^b$

4

整　　数

4・1　はじめに

　この章は本質的に本書の主テーマからは外れている．しかしながら後でわかるように，整数のいくつかの集合は群を形成するし，群についてのいくつかの結果を証明するには，整数のいくつかの性質を知っておく必要がある．

　すでに読者は整数について多くのことを知っていると思うので，本書では整数の定義から始めるのではなく，読者がもうわかっていると思われる性質のほとんどは仮定して，必要な結果を論理的に順序立てて証明していく．すべての結果に対して証明が与えられているわけではない．それはあまりに高度だからとか，あまりに難しいからというわけではなく，本書で本当に扱いたい対象というのは整数ではなく，群だからである．けれども，きちんと後で使えるように，整数についての定理達を明確に記述しておくことは有益である．

　読者にとって整数についての最初の性質は明らかと思われるかもしれないが，今までそれが明確な形で述べられているのを見たことはないかもしれない．いわゆる**整列原理**である．

　A を正整数からなる空でない集合とする．このとき，A は最小の要素をもっている．

> この性質は公理としてあげられる．このことは明らかにみえるかもしれないが，整数の普通の性質から証明することはできない．もちろん，この性質と同値な条件を仮定すれば別である．後の証明でこの性質が実際どのように使われているかをみることが大切である．

4・2　割り算アルゴリズム

　二つ目の性質は**割り算アルゴリズム**[†]とよばれる．読者はよく知っていることと思うが，以下のような形で表されているのをみるのは初めてかもしれない．まず初めに，"約数" を定義する必要がある．

[†] 訳注：つまり小学校で習う割り算のことで，たとえば 17 を 5 で割ると商 3，余り 2 を得る．

整数 a と b に対して,$b=qa$ なる整数 q が存在するならば,a は b の**約数**であるという.

> "約数"という用語は読者が前にみたことがあると思われる"因子"とまったく同じである."因子"という単語は一般的な用いられ方として,別の意味をもっているので,"約数"の方が数学の教科書ではよく使われる用語である.

a を任意の整数,b を正の整数とする.このとき,a は $a=qb+r$ という形で書ける.ただし,q と r は整数であり,$0\leq r<b$ である.さらに,このような q と r は一意的である.

> 上述の q と r を用いた表記から,読者は用語"商"と"余り"を思い出すだろう.ここで使っている考え方は a よりも小さい b の最大の倍数 qb を取り,r をその残りとするというものである.このとき,$r=a-qb$ である(a よりも小さい最大の b の倍数が存在するというところに,本質的に整列原理を使っている).

4・3 互いに素な数の対

> **定義** $a,b\in\mathbf{Z}$ とする.このとき,a と b が 1 以外の共通の正の約数をもたないならば,a と b は**互いに素**であるという.

■**定理 1** $a,b\in\mathbf{Z}$ とする.このとき,$ax+by=1$ なる整数 x,y が存在するならば,かつそのときに限り a,b は互いに素である.

[証明] ならば $ax+by=1$ なる整数 x,y が存在すると仮定する.d を a と b を割り切る任意の正整数であるとする.このとき,d は $ax+by$ を割り切るので,1 も割り切る.それゆえ,$d=1$ である.

そのときに限り h を集合 $S=\{ax+by: x,y\in\mathbf{Z}\}$ の最小の正整数であるとする.割り算アルゴリズムを使って,$a=qh+r\,(0\leq r<h)$ と書ける.($h\in S$ であるので)$h=ax_0+by_0$ と書けて,$r=a-qh=(1-qx_0)a-(qy_0)b$ となり,$r\in S$ である.しかし,h は S の中で最小の正整数であった.それゆえ,$r=0$ である.したがって,$a=qh$ となり,h は a を割り切る.同様に,h は b を割り切る.しかし,a と b の唯一の正の約数は 1 である.よって $d=1$ である. ■

この定理に続いて,次の二つの結果が証明できる.

定理 2 と定理 3 において,m,n,a,k は整数である.

■**定理 2** m と n は互いに素であるとする.もし m が na を割り切るならば,このとき m は a を割り切る.

● 生物学

モリス生物学：生命のしくみ	定価 9900 円
スター生物学 （第6版）	定価 3410 円
初歩から学ぶ ヒトの生物学	定価 2970 円

● 基礎講義シリーズ（講義動画付）
アクティブラーニングにも対応

基礎講義 遺伝子工学 I・II	定価各 2750 円
基礎講義 分子生物学	定価 2860 円
基礎講義 生化学	定価 3080 円
基礎講義 生物学	定価 2420 円
基礎講義 物理学	定価 2420 円
基礎講義 天然物医薬品化学	定価 3740 円

● 数　学

スチュワート微分積分学 I〜III （原著第8版）

I．微分積分の基礎	定価 4290 円
II．微分積分の応用	定価 4290 円
III．多変数関数の微分分	定価 4290 円

● コンピューター・情報科学

ダイテル Python プログラミング 　基礎からデータ分析・機械学習まで	定価 5280 円
Python 科学技術計算　物理・化学を中心に（第2版）	定価 5720 円
Python, TensorFlow で実践する 深層学習入門 　しくみの理解と応用	定価 3960 円
R で基礎から学ぶ 統 計 学	定価 4180 円

現代化学 CHEMISTRY TODAY

広い視野と教養を培う月刊誌
毎月18日発売　定価 1100 円

定期購読しませんか？
定期購読がとってもお得です!!
お申込みはこちら→

◆ 最前線の研究動向をいち早く紹介
◆ 第一線の研究者自身による解説やインタビュー
◆ 理解を促し考え方を学ぶ基礎講座
◆ 科学の素養が身につく教養満載

カラーの図や写真多数

電子版あります！

購読期間（冊数：定価）	冊子版（送料無料）
6 カ月 （ 6 冊： 6,600 円） ▶	4,600 円（1冊あたり 767 円）
1 カ年 （12 冊： 13,200 円） ▶	8,700 円（1冊あたり 725 円）
2 カ年 （24 冊： 26,400 円） ▶	15,800 円（1冊あたり 658 円）

おすすめの書籍

女性が科学の扉を開くとき
偏見と差別に対峙した六〇年
NSF（米国立科学財団）長官を務めた科学者が語る

リタ・コルウェル, シャロン・バーチュ・マグレイン 著
大隅典子 監訳／古川奈々子 訳／定価 3520 円

科学界の差別と向き合った体験をとおして，男女問わず科学のために何ができるかを呼びかける．科学への情熱が眩しい一冊．

元 Google 開発者が語る，簡潔を是とする思考法
数学の美　情報を支える数理の世界

呉　軍 著／持橋大地 監訳／井上朋也 訳／定価 3960 円

Google 創業期から日中韓三ヵ国語の自然言語処理研究を主導した著者が，自身の専門である自然言語処理や情報検索を中心に，情報革新を生み出した数学について語る．開発者たちの素顔や思考法とともに紹介．

月刊誌【現代化学】の対談連載より書籍化 第1弾
桝 太一が聞く 科学の伝え方

桝 太一 著／定価 1320 円

サイエンスコミュニケーションとは何か？ どんな解決すべき課題があるのか？ 桝先生と一緒に答えを探してみませんか？

科学探偵 シャーロック・ホームズ

J. オブライエン 著・日暮雅通 訳／定価 3080 円

世界で初めて犯人を科学捜査で追い詰めた男の物語．シャーロッキアンな科学の専門家が科学をキーワードにホームズの物語を読み解く．

新版 鳥はなぜ集まる？ 群れの行動生態学

科学のとびら 65

上田恵介 著／定価 1980 円

臨機応変に維持される鳥の群れの仕組みを，社会生物学の知見から鳥類学者が柔らかい語り口でひもとくよみもの．

[証明] 定理1によって，$mx+ny=1$ なる整数 x, y が存在する．したがって，$mxa+nya=a$ である．m は左辺を割り切るので，m は右辺を割り切る．したがって，m は a を割り切る． ∎

■ **定理3** m と n は互いに素であるとする．m が k を割り切り，n も k を割り切るならば，このとき mn は k を割り切る．

[証明] n は k を割り切るので，ある $s \in \mathbf{Z}$ があり，$k=ns$ と書ける．したがって，定理2により，m は ns を割り切るので，m は s を割り切る．したがって，ある $t \in \mathbf{Z}$ に対して，$s=mt$ となる．したがって，$k=mnt$ であり，mn は k を割り切る． ∎

4・4 素　　数

> **定義** 素数は整数 $p>1$ で，1 と p 以外に正の約数をもたないものである．

■ **定理4** もし p が ab を割り切るならば，このとき，p は a を割り切るか，p は b を割り切るかの，どちらかである．

[証明] p は ab を割り切るとし，p は a を割り切らないとする．p の正の約数は p と 1 のみであるので，p と a は互いに素であることがわかる．結果は定理2から従う． ∎

今，これらの定理より，読者がまちがいなくすでに知っているであろう初等整数論の基本定理を証明することが可能となる．

■ **定理5**（初等整数論の基本定理）　すべての正整数は素数達の積に分解され，その分解は素数達の順序を除いて一意的である．

> 定理4は定理5の一意性の部分の証明に使われる．定理の証明はここでは与えない．
> 定理5はすべての整数が素数の約数をもっているという例 1・2・3（最大の素数は存在しないことを示した例）で用いた結果を保証している．
> もし素数の定義において，1 が素数であることを許したら，定理5は成り立たなくなることに注意してほしい．たとえば，$a=6$ とすると，$a=1 \times 2 \times 3$ と $a=2 \times 3$ は 6 の素数の積としての二つの異なる表現を与える．

注意1: 定理5はもし a が正整数であるならば，このとき素数 $p_1, p_2, \cdots, p_n$ と正整数 $\alpha_1, \alpha_2, \cdots, \alpha_n$ が存在して，$a = p_1^{\alpha_1} p_2^{\alpha_2} \cdots p_n^{\alpha_n}$ と書けることをいっている．二つの異なる正整数 a, b に対して，いくつかの零巾†を含めることによって（たとえば $\alpha_1 = 0$ なら，$p_1^{\alpha_1} = 1$ である），$a = p_1^{\alpha_1} p_2^{\alpha_2} \cdots p_r^{\alpha_r}$, $b = p_1^{\beta_1} p_2^{\beta_2} \cdots p_r^{\beta_r}$ と書くことができる．

---

† 訳注: 零（れい）はしばしば英語読みで "ゼロ" と読む．

ただし，$\alpha_1, \alpha_2, \cdots, \alpha_r \geq 0$，$\beta_1, \beta_2, \cdots, \beta_r \geq 0$ である．この分解において，出てくる素数の集合は同じになる．たとえば，$a=30$，$b=56$ ならば，このとき $a=2^1 \times 3^1 \times 5^1 \times 7^0$，$b=2^3 \times 3^0 \times 5^0 \times 7^1$ と書ける．

しかしながら，もちろん $a=30$，$b=56$ は $a=2^1 \times 3^1 \times 5^1$，$b=2^3 \times 7^1$ のように，単に素数の正巾に分解できる．

注意2: 定理5を使って，$p_1, p_2, \cdots, p_n$ を素数，$\alpha_1, \alpha_2, \cdots, \alpha_n$ を0以上の整数とするとき，$p_1^{\alpha_1} p_2^{\alpha_2} \cdots p_n^{\alpha_n}$ の約数全体はちょうど $p_1^{\lambda_1} p_2^{\lambda_2} \cdots, p_n^{\lambda_n}$（ただし $i=1, 2, \cdots, n$ に対して，$0 \leq \lambda_i \leq \alpha_i$）という形の数達であることを示すことができる（これらの数が約数になることは明らかである．定理5は，他に約数がないことを示すのに用いられる）．

4・5 整数の剰余類

次にいくつかの新しい表記を準備しよう．$a \equiv b \pmod{n}$ は "a は n を法として b と合同である" と読み，n が $a-b$ を割り切ることを意味する．

この表記についていくつか例をあげよう．

例 4・5・1

$3 \equiv 24 \pmod{7}$，なぜなら $3-24=(-3) \times 7$．

$11 \equiv -31 \pmod{7}$，なぜなら $11-(-31)=6 \times 7$．

$25 \not\equiv 12 \pmod{7}$，なぜなら $25-12=13$ であり，13 は 7 の倍数ではない．

■ **定理6** a と b は n による割り算で同じ余りをもつならば，かつそのときに限り $a \equiv b \pmod{n}$ である．

[証明] 割り算アルゴリズムにより，ある整数 q_1 と r_1 ($0 \leq r_1 < n$) が存在し，$a = q_1 n + r_1$ と書けることがわかる．同様に，ある整数 q_2 と r_2 ($0 \leq r_2 < n$) が存在し，$b = q_2 n + r_2$ となる．これらの方程式の一つ目から二つ目を引いて，次の式がわかる．

$$\begin{aligned} a - b &= (q_1 n + r_1) - (q_2 n + r_2) \\ &= (q_1 - q_2)n + (r_1 - r_2) \end{aligned} \quad (4 \cdot 1)$$

この方程式は証明の過程で用いられることになる．

ならば a と b は n による割り算で同じ余りをもっているとする．すなわち，$r_1 = r_2$ とする．このとき，$a-b=(q_1-q_2)n$ となる．したがって，n は $a-b$ を割り切るので，$a \equiv b \pmod{n}$ である．

そのときに限り $a \equiv b \pmod{n}$ とする．このとき，ある整数 k が存在し，$a-b=kn$ となる．したがって，

$$(q_1 - q_2)n + (r_1 - r_2) = kn$$
$$(r_1 - r_2) = kn - (q_1 - q_2)n \qquad (4 \cdot 2)$$

しかし,$0 \leq r_1 < n$,$0 \leq r_2 < n$ であるから,$-n < r_1 - r_2 < n$ であるので,$r_1 - r_2$ は真に $-n$ と n の間にある n の倍数である.その唯一の可能性は $r_1 - r_2 = 0$ であるので,$r_1 = r_2$ である. ∎

整数の n による割り算で余りとなる数は $0, 1, 2, \cdots, n-1$ であるので,すべての整数は n を法として整数 $0, 1, 2, \cdots, n-1$ のどれかちょうど一つと合同である.

例 4・5・2 $n=2$ の場合,すべての整数はそれが偶数か奇数かによって,0 か 1 のどちらかと合同である.よって,整数全体 **Z** は二つの集合 (偶数全体の集合 $2\mathbf{Z}$ と奇数全体の集合 $2\mathbf{Z}+1$) に分割される.

例 4・5・3 $n=3$ の場合,すべての整数は $0, 1, 2$ のどれかと合同である.整数全体 **Z** は三つの互いに素な集合 $3\mathbf{Z}$,$3\mathbf{Z}+1$,$3\mathbf{Z}+2$ に分割される.ただし,$3\mathbf{Z}$,$3\mathbf{Z}+1$,$3\mathbf{Z}+2$ は次のように定義される.

$$3\mathbf{Z} = \{\cdots, -6, -3, 0, 3, 6, \cdots\}$$
$$3\mathbf{Z}+1 = \{\cdots, -5, -2, 1, 4, 7, \cdots\}$$
$$3\mathbf{Z}+2 = \{\cdots, -4, -1, 2, 5, 8, \cdots\}$$

一般的に,任意の正整数 n に対して,図 4・1 のように,**Z** は n 個の互いに素な集合 $n\mathbf{Z}, n\mathbf{Z}+1, \cdots, n\mathbf{Z}+(n-1)$ に分割される.

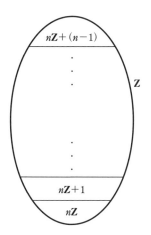

図 4・1 **Z** は互いに素な集合に分割される.

定 義 任意の $a \in \mathbf{Z}$ に対して，表記 $[a]_n = n\mathbf{Z} + a$ を定義する．このとき，集合 $[a]_n = \{\cdots, a-2n, a-n, a, a+n, a+2n, \cdots\}$ は **a の n を法とする剰余類**とよばれる．曖昧なところがなければ，添え字 n は普通省略され，$[a]$ と簡単に書かれる．

定理 6 の直後の注意から，n を法とするちょうど n 個の剰余類が存在する，すなわち $[0], [1], [2], \cdots, [n-1]$ が剰余類すべてである．$\mathbf{Z}_n$ によって，この剰余類全体のなす集合を表す．

いろいろな場合に，これら剰余類は整数のように振る舞う．次の定理 7 によって正当化される方法で，剰余類同士を加えたり，掛けたりすることができる．

■**定理 7** $a \equiv b \pmod{n}$, $c \equiv d \pmod{n}$ とする．このとき，次が成り立つ．

$$a + c \equiv b + d \pmod{n}, \quad ac \equiv bd \pmod{n} \qquad (4\cdot 3)$$

[証明] $a \equiv b \pmod{n}$, $c \equiv d \pmod{n}$ と仮定する．このとき整数 h, k が存在し，$a - b = hn$, $c - d = kn$ と書ける．よって，$a = b + hn$, $c = d + kn$ となる．

これらの方程式を加えて，$a + c = (b + hn) + (d + kn) = b + d + n(h + k)$ となる．これは $a + c \equiv b + d \pmod{n}$ であることを示している．

次に方程式を掛けて，次のようになる．

$$\begin{aligned}ac &= (b + hn)(d + kn) \\ &= bd + hdn + bkn + hkn^2 \\ &= bd + n(hd + bk + hkn)\end{aligned} \qquad (4\cdot 4)$$

これは $ac \equiv bd \pmod{n}$ であることを示している． ■

したがって，$[a] + [b] = [a+b]$, $[a][b] = [ab]$ はどちらも $\mathbf{Z}_n$ 上の well-defined な二項演算になる．これらはそれぞれ**法 n に関する加法**，**法 n に関する乗法**とよばれる．

例 4・5・4 演算 + に対する $\mathbf{Z}_2$ の演算表は図 4・2(a) に，$\mathbf{Z}_3$ の演算表は図 4・2(b) に与えられている．

(a)	0	1
0	0	1
1	1	0

(b)	0	1	2
0	0	1	2
1	1	2	0
2	2	0	1

図 4・2 (a) 法 2 に関する加法と，(b) 法 3 に関する加法

[ ] の表記は省略されていることに注意する．厳密にいうと，$[a]$ は集合 $n\mathbf{Z}+a$ でもあるし，$\mathbf{Z}_n$ の一つの元でもある．しかし実際には，$\mathbf{Z}_n$ 上で行っているということが明らかであるとき，括弧の表記を省略しても混乱は起こらない．これは例 2・7・1 で言及された複合的な意味をもつもの（ここでは集合 $[a]$）を扱っている別の例であり，あるときには一つのものとして考えるべきものであるし，またあるときにはそれを個々のもの達の集まりとして考えるべきものである．

例 4・5・5 $\mathbf{Z}_n$ の中で計算を実行する必要があるとき，おそらく最も簡単な方法は，n による割り算の余りを計算することである．たとえば，$\mathbf{Z}_8$ において，$3+4=7$，$3 \times 4=4$ である．同様に $\mathbf{Z}_9$ において，$6+8=5$，$6 \times 8=3$ である．

4・6 注意点

$\mathbf{Z}_n$ は多くの場合に $\mathbf{Z}$ のように振る舞う．たとえば，$a+b=b+a$，$a+0=a$，$a(b+c)=ab+ac$，$a \cdot 1=a$，$a \cdot 0=0$ という具合である．

しかしながら，$\mathbf{Z}$ との一つの決定的な違いは，$\mathbf{Z}_n$ の中では二つの 0 でない数を掛けると 0 になる場合があるということである．たとえば，$\mathbf{Z}_4$ では，$2 \times 2 = 0$ であるし，$\mathbf{Z}_6$ では，$2 \times 3 = 0$ である．しかしながら，このようなことは n が素数のときには起こらない．

■**定理 8** p を素数とし，$[a], [b] \in \mathbf{Z}_p$ とする．もし $[a][b] = [0]$ であるならば，このとき $[a] = 0$ であるか $[b] = [0]$ であるかどちらかである．

[**証明**] もし $\mathbf{Z}_p$ で $[a][b] = [0]$ ならば，このとき $[ab] = [0]$ であり，p は ab を割り切る．定理 4 によって p は a を割り切るか，b を割り切るかどちらかである．それゆえ，$a \equiv 0 \pmod{p}$ または $b \equiv 0 \pmod{p}$ であり，$[a] = 0$ または $[b] = [0]$ である．■

（一般的に）$\mathbf{Z}_n$ と $\mathbf{Z}$ のもう一つの違いは，$\mathbf{Z}_n$ においては多項式方程式 $f(x) = 0$ の根の数がその方程式の次数より大きくなることがあることである．たとえば，$\mathbf{Z}_8$ において，多項式方程式 $x^2 - 1 = 0$ は四つの根 $1, 3, 5, 7$ をもっている．しかし，もし n が素数ならば，このようなことは起こらない．

■**定理 9** もし p が素数であり，$f(x)$ が $\mathbf{Z}_p$ に係数をもつような多項式であるならば，このとき $\mathbf{Z}_p$ の元 α で $f(\alpha) = 0$ となるものの数は $f(x)$ の次数以下である．

[**証明**] 証明はここでは与えない．証明には定理 8（$\mathbf{Z}_p$ において，二つの 0 でない数を掛けても 0 にはならないということ）を用いており，実数係数の多項式の場合に対応する結果の証明とほぼ同様の方法で示すことができる．■

この章で学んだこと

- Z_n における計算方法

演習問題 4

4・1 もし m と n が互いに素でないならば, 定理 2 の結果が成り立たないことを示す反例をあげよ.

4・2 もし m と n が互いに素でないならば, 定理 3 の結果が成り立たないことを示す反例をあげよ.

4・3 次の主張のどれが正しく, どれが誤りか.

a) $7 \equiv 9 \pmod{2}$

b) $3 \equiv -5 \pmod{4}$

c) $5 \not\equiv -13 \pmod{3}$

4・4 次の計算をせよ.

a) Z_3 において $2+2$

b) Z_8 において $3+5$

c) Z_{10} において 7×9

d) Z_{12} において 6×2

4・5 方程式 $x^2 \equiv 3 \pmod{11}$ を解け.

4・6 a, b を正の整数とする. $a+b = \min\{a, b\} + \max\{a, b\}$ であることを証明せよ[†].

演習問題 4・7, 4・8 において, p は素数, α, β は 0 以上の整数とする.

4・7 二つの正整数 a, b の最大公約数 h とは次の二つの条件を満たす正整数である. (i) h は a も b も割り切る, (ii) m が a も b も割り切る正整数ならば, そのとき $m \leq h$ である.

a) もし h_1, h_2 が上記の最大公約数の 2 条件を満たす正整数ならば, そのとき $h_1 = h_2$ であることを証明せよ.

b) p^α と p^β の最大公約数は $p^{\min\{\alpha, \beta\}}$ であることを証明せよ.

c) $p_1^{\alpha_1} p_2^{\alpha_2} \cdots p_n^{\alpha_n}$ と $p_1^{\beta_1} p_2^{\beta_2} \cdots p_n^{\beta_n}$ の最大公約数は $p_1^{\gamma_1} p_2^{\gamma_2} \cdots p_n^{\gamma_n}$ であることを証明せよ. ただし, $i = 1, 2, \cdots, n$ に対して, $\gamma_i = \min\{\alpha_i, \beta_i\}$ である.

[†] 訳注: 数の集合 $\{a_1, \cdots, a_n\}$ に対して, $\min\{a_1, \cdots, a_n\}$, $\max\{a_1, \cdots, a_n\}$ は, それぞれ $\{a_1, \cdots, a_n\}$ の中の最小の数と, 最大の数を表している.

4・8 二つの正整数 a, b の最小公倍数 l とは次の二つの条件を満たす正整数である. (i) l は a, b 両方の倍数である, (ii) もし m が a, b 両方の倍数であるならば, そのとき $l \leq m$ である.

  a) もし l_1, l_2 が上記の最小公倍数の2条件を満たす正整数ならば, そのとき $l_1 = l_2$ であることを証明せよ.

  b) p^α と p^β の最小公倍数は $p^{\max\{\alpha, \beta\}}$ であることを証明せよ.

  c) $p_1^{\alpha_1} p_2^{\alpha_2} \cdots p_n^{\alpha_n}$ と $p_1^{\beta_1} p_2^{\beta_2} \cdots p_n^{\beta_n}$ の最小公倍数は $p_1^{\delta_1} p_2^{\delta_2} \cdots p_n^{\delta_n}$ であることを証明せよ. ただし, $i = 1, 2, \cdots, n$ に対して, $\delta_i = \max\{\alpha_i, \beta_i\}$ である.

4・9 a, b を最大公約数 h と最小公倍数 l をもつ正整数とする. $ab = hl$ を証明せよ.

5

群

5・1 はじめに

本章から後の章にかけて，集合の中の構造をさらに注意深く調べ，詳細に解析していく．また，一見異なるいくつかの集合や構造が似た性質を共有していることをみていく．

5・2 群の二つの例

例 5・2・1 §3・4 では，集合 $X = \{2, 4, 6, 8\}$ 上において，数を掛けた後 10 で割った余りを出すという演算を考えた．図 5・1（図 3・1 のコピー）にその演算表をあげる．

後の数

○	2	4	6	8
2	4	8	2	6
4	8	6	4	2
6	2	4	6	8
8	6	2	8	4

前の数

図 5・1 10 による割り算の余り

図 5・1 をよく見ると，この演算表には二つの特徴があることがわかる．
- 一つの行が一番上の行とまったく同じであり，一つの列が左端の列とまったく同じである．
- それぞれの行と列は $\{2, 4, 6, 8\}$ をある順序で並べられたもので構成され，それぞれの元はちょうど 1 回ずつ現れる．

例 5・2・2 ABC を正三角形とする．それを **T** と書く．**T** を含んでいる平面上の次の六つの変換を考える（図 5・2）．

5・2 群の二つの例

X は "直線 x に関する鏡映" を表す.
Y は "直線 y に関する鏡映" を表す.
Z は "直線 z に関する鏡映" を表す.
R は "O を中心として反時計回りに 120 度回転" を表す.
S は "O を中心として反時計回りに 240 度回転" を表す.
I は "何もしない" を表す.

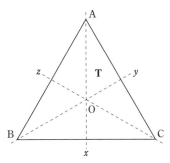

図 5・2 三角形 **T** とその対称性

　これらの変換は **T** を構成している点達の位置は動かすかもしれないが, 点全体としては **T** を同じ位置に動かすということがわかる. そのような変換を **T** の**対称性**とよぶ. たとえば, 変換 R は A を B があった位置に動かし, B を C があった位置に動かし, C を A があった位置に動かす. 変換 X は B と C を交換し, A の位置はそのままにする.

　変換達を結び付けるために, "右先演算" ルール[†]を用いる. 変換 XR は, R を先に施し, その後に X を施す変換である. この変換により, まず A は B のあった位置に行き, それから最初に C があった位置に行く. B は C のあった位置に行き, それから最初に B があった位置に戻る. この結び付けられて得られる変換の結果は, 変換 Y による結果と同じである. よって $XR=Y$ と書く. 同様に $RS=I$ と書く.

> 紙で三角形を切取り, その両方の面に A, B, C を書いたものを使えば, 早く変換の結果を出すことができるだろう.

　同様に, 変換 I, R, S, X, Y, Z は "右先演算" ルールで, 別の変換や, 自分自身と結び付けることができ, その結び付けられて得られる変換はいつもこれら六つの変換の一つになっている. つまり, "右先演算" は集合 $\{I, R, S, X, Y, Z\}$ 上の二項演算になる.

[†] 訳注: "右先演算" ルールとは, 変換 A, B を AB と並べたときに AB は変換 B を先に施し, 続いて, 変換 A を施す変換を表すという, 変換同士の演算を定める規則である.

図5・3はこの二項演算に対する演算表を示している．

	I	R	S	X	Y	Z
I	I	R	S	X	Y	Z
R	R	S	I	Z	X	Y
S	S	I	R	Y	Z	X
X	X	Y	Z	I	R	S
Y	Y	Z	X	S	I	R
Z	Z	X	Y	R	S	I

図 5・3 正三角形の対称性

この図からも次のことを見て取れる．
- 一つの行が一番上の行とまったく同じであり，一つの列が左端の列とまったく同じである．
- それぞれの行と列は $\{I, R, S, X, Y, Z\}$ をある順序で並べられたもので構成され，それぞれの元はちょうど1回ずつ現れる．

図5・1と図5・3の演算表にはもう一つ共通の性質がある．三つの元 a, b, c を掛けるとき，最初に ab を計算して，それから $(ab)c$ を計算しても，最初に bc を計算して，それから $a(bc)$ を計算しても，結果は同じになるということである．

次の節でみるように，例5・2・1と例5・2・2の二項演算をもった集合は群を形成する．

例5・2・2で述べられた変換のなす群は二面体群（13章で解説される）とよばれる群の族の一つである．この群は D_3 と表される．D は dihedral（2面の）にちなんでおり，添え字3はその群が正三角形の対称性と関係していることを示唆している．

5・3 群 の 定 義

> **定 義** 群は二項演算 $\circ$ をもった集合 G で，次の性質をもつものである．
> 1. すべての $x, y \in G$ に対して，$x \circ y \in G$ である．すなわち，演算 $\circ$ は閉じている．
> 2. すべての $x, y, z \in G$ に対して，$x \circ (y \circ z) = (x \circ y) \circ z$ が成り立つ．すなわち，演算は結合的である．
> 3. ある元 $e \in G$ が存在して，すべての $x \in G$ に対して，$e \circ x = x \circ e = x$ が成り立つ．
> 4. それぞれの元 $x \in G$ に対して，ある元 $x^{-1} \in G$ が存在して，$x^{-1} \circ x = x \circ x^{-1} = e$ が成り立つ．

演算 ∘ をもつ群は $(G, \circ)$ と書かれる.

> 最初の条件は用語"二項演算"の中にもうすでに含まれている.あえてこの条件を分けてもう一度書いた理由は,演算 ∘ をもった集合 G が群であることを証明するには,示すべき四つのことがあることを思い出してもらうためである.

3番目の条件に述べられた元 e は群 $(G, \circ)$ の**恒等元**とよばれる.

> 恒等元がただ一つだけ存在するということを示すまで,"e"が $(G, \circ)$ の恒等元とよばれる特別な元であるという言い方はできない.その証明はそれが二つあると仮定するところから始められる.

■**定理 10** 群 $(G, \circ)$ の恒等元は一意的である.

[証明] 条件3を満たす $(G, \circ)$ の二つの元が存在すると仮定する.それらを e, e' とする.このとき,$e \circ e'$ を考える.e が恒等元であることを用いて,$e \circ e' = e'$ である.同様に e' が恒等元であることを用いて,$e \circ e' = e$ である.それゆえ,$e = e'$ であり,恒等元 e は一意的である. ■

群の4番目の条件で述べられた元 x^{-1} は x の**逆元**とよばれる.恒等元の場合と同様に,この元は与えられた元 x に対して一意的である.すなわち,与えられた元 x は二つの異なる逆元をもつことはできない.

■**定理 11** 群 $(G, \circ)$ と元 $x \in G$ が与えられたとき,$y \circ x = x \circ y = e$ を満たす唯一の元 $y \in G$ が存在する.

[証明] $y \circ x = x \circ y = e, \ y' \circ x = x \circ y' = e$ を満たす二つの元 y, y' が存在すると仮定する.
このとき,

$$
\begin{aligned}
y' &= y' \circ e && e \text{ は恒等元} \\
&= y' \circ (x \circ y) && x \circ y = e \text{ より} \\
&= (y' \circ x) \circ y && \text{結合性} \\
&= e \circ y && y' \circ x = e \text{ より} \\
&= y && e \text{ は恒等元}
\end{aligned} \tag{5・1}
$$

したがって,$y = y'$ であり,x の逆元は一意的である. ■

> 例 5・2・1 において,恒等元は6である.例 5・2・2 の D_3 において,恒等元は I である.図 5・1 と図 5・2 の演算表から,それぞれの元が逆元をもっていることを点検することができる.例 5・2・1 において,二項演算の結合性は整数の積の結合性から従う.例 5・2・2 において,変換の右先演算が結合法則を満たすことをみるために,変換 $(ab)c$ というのは c をして,それから b をして,a をする変換と同値であり,変換 $a(bc)$ も

同様であることに注意する．このことはもっと形式的に定理31で示される．これより，例 5・2・1 と例 5・2・2 で述べられた集合と二項演算は，どちらも群となることがわかる．

> **定 義** 群 $(G, \circ)$ は，すべての $x, y \in G$ に対して，$x \circ y = y \circ x$ を満たすならば，すなわち演算が可換であるならば，**アーベル群**であるといわれる．

アーベル群という名前は，群というものに対して初期の仕事を開拓した数学者 Niels Henrik Abel（1802〜1829）にちなんでつけられている．

5・4 表記についての寄り道

いつも群 $(G, \circ)$ とわざわざ演算記号も一緒に書くのは面倒である．また演算 $\circ$ を省き，乗法表記を用いることはまったく普通のことであり，許容できるものである．それで曖昧さがないのであれば，$x \circ y$ の代わりに単に xy と書くという理解のもと，それ自体の集合の表記 G が群に対して用いられる．

不運なことに，この略記の許容についての例外もある．加法による整数の集合のように，二項演算を＋で表すことが普通である群がいくつかある．この場合には，群演算に，加法表記を用いる方が便利である．

加法表記において，群は次を満たす二項演算＋をもった集合である．

1. すべての $x, y \in G$ に対して，$x + y \in G$ である．
2. すべての $x, y, z \in G$ に対して，$x + (y + z) = (x + y) + z$ が成り立つ．
3. ある元 $0 \in G$ が存在して，すべての $x \in G$ に対して，$0 + x = x + 0 = x$ が成り立つ．
4. それぞれの元 $x \in G$ に対して，ある元 $-x \in G$ が存在して，$(-x) + x = x + (-x) = 0$ が成り立つ．

以下，本書では加法表記を用いることが自然であるとき以外は，乗法表記を用いることにする．

> 読者は表記を統一しないのはよくないと強く思われるかもしれないが，乗法表記を用いて群 $(\mathbf{Z}, +)$ を扱うと，$3 \times 5 = 8$ と書くことになり，少々の表記の不統一性よりもさらなる問題を生じさせることになるだろう．

実際，このように表記を統一しなくても問題にはならない．しかし，もし群がアーベル群でないなら，乗法表記ではなく，加法表記を用いてしまうと不自然である．

5・5 群 の 例

例 5・5・1　0でない有理数全体の集合 $\mathbf{Q}^*$ は乗法をもって群を形成し，$(\mathbf{Q}^*, \times)$ と書かれる．同様に，$(\mathbf{R}^*, \times)$, $(\mathbf{C}^*, \times)$ はまた群になる．それぞれにおいて，恒等元は 1 である．

例 5・5・2　図 4・2(a), (b) の演算表から推測されるように，$\mathbf{Z}_n$ は加法の演算をもって群 $(\mathbf{Z}_n, +)$ を形成する．

■ **定理 12**　$(\mathbf{Z}_n, +)$ は群である．

[証明]　§4・5 の定理 7 の後の注意により，$[a]+[b]=[a+b]$ は $\mathbf{Z}_n$ 上の well-defined な二項演算である．

演算 + が結合的であることを示すため，次に注意する．

$$\begin{aligned}
[a]+([b]+[c]) &= [a]+[b+c] \\
&= [a+(b+c)] \\
&= [(a+b)+c] \\
&= [a+b]+[c] \\
&= ([a]+[b])+[c] \quad (5\cdot 2)
\end{aligned}$$

上記において，$[a+(b+c)]=[(a+b)+c]$ の部分は整数の加法が結合的であることから従う．この意味で，$(\mathbf{Z}_n, +)$ の結合性は $(\mathbf{Z}, +)$ の結合性から "受け継いでいる"．

元 $[0]$ は $(\mathbf{Z}_n, +)$ の恒等元である．なぜなら，$[a] \in \mathbf{Z}_n$ に対して，$[0]+[a]=[0+a]=[a]$, $[a]+[0]=[a+0]=[a]$ だからである．

最後に，$[a] \in \mathbf{Z}_n$ に対して，逆元は $[-a] \in \mathbf{Z}_n$ である．なぜなら，$[a]+[-a]=[a+(-a)]=[0]$, $[-a]+[a]=[(-a)+a]=[0]$ だからである．

したがって，$\mathbf{Z}_n$ は演算 + をもって群となる．　■

この群は厳密には $(\mathbf{Z}_n, +)$ と書かれるが，面倒な表記を避けるために，しばしば単に $\mathbf{Z}_n$ と書かれる．

例 5・5・3　整数全体の集合 $\mathbf{Z}$ は加法をもって，群 $(\mathbf{Z}, +)$ を形成する．$(\mathbf{Z}, +)$ において，恒等元は整数 0 である．

例 5・5・4　円の中心のまわりの回転は "右先演算" をもって群を形成する．その恒等元は 0 度の回転，つまり "何もしない" 回転である．

例 5・5・5　乗法の演算をもつ集合 $\mathbf{Z}_5^*$ を考える．その演算表は図 5・4 に与えられている．

これが群の演算表であることは簡単に確かめられる．

さらに一般的に，任意の素数 p に対して，集合 $\mathbf{Z}_p{}^*$ は乗法によって群となる．

	1	2	3	4
1	1	2	3	4
2	2	4	1	3
3	3	1	4	2
4	4	3	2	1

図 5・4　群 $(\mathbf{Z}_5{}^*, \times)$

■ **定理 13**　p を素数とする．このとき，集合 $\mathbf{Z}_p{}^*$ は乗法の演算をもって群 $(\mathbf{Z}_p{}^*, \times)$ になる．

> §4・5 から乗法は $\mathbf{Z}_p$ 上の二項演算である．しかしそれは $\mathbf{Z}_p{}^*$ 上の二項演算であろうか．$\mathbf{Z}_p$ の二つの 0 でない元を掛けても 0 にならないことをチェックする必要がある．

[証明]　$[a], [b] \in \mathbf{Z}_p{}^*$ ならば，$[a] \neq [0]$ かつ $[b] \neq [0]$ である．したがって，定理 8 より，$[a][b] \neq [0]$ となるので，$[a][b] \in \mathbf{Z}_p{}^*$ である．

乗法の演算が結合的であることをチェックするために，次に注意する．

$$
\begin{aligned}
[a]([b][c]) &= [a][bc] \\
&= [a(bc)] \\
&= [(ab)c] \\
&= [ab][c] \\
&= ([a][b])[c] \quad\quad (5\cdot 3)
\end{aligned}
$$

恒等元は $[1]$ である．なぜなら，任意の $[a] \in \mathbf{Z}_p{}^*$ に対して，$[1][a] = [1 \times a] = [a]$，$[a][1] = [a \times 1] = [a]$ だからである．

最後に $[a] \in \mathbf{Z}_p{}^*$ と仮定する．このとき，$[a] \neq [0]$ であるので，p は a の約数ではない．p の約数は 1 と p だけであるので，a と p は互いに素であることがわかる．したがって，定理 1 より，ある整数 x と y が存在し，$ax + py = 1$ となる．それゆえ，$[a][x] = [x][a] = [1]$ であり，これは $[x]$ が元 $[a]$ の逆元であることを示している．よって $\mathbf{Z}_p{}^*$ のそれぞれの元は逆元をもっている．したがって，$(\mathbf{Z}_p{}^*, \times)$ は群になる． ■

今までのところ，本節に出てきたすべての群の例はアーベル群であった．次に非アーベル群の例をあげよう．

例 5・5・6 M を実数成分をもった可逆 2×2 行列全体の集合とし，行列の積による演算を考える．このとき $(M, \times)$ は群となる．

この群は非アーベル群であることが次の計算でわかる．

$$\begin{pmatrix} 1 & 1 \\ 0 & 1 \end{pmatrix}\begin{pmatrix} 1 & 1 \\ 0 & 2 \end{pmatrix} = \begin{pmatrix} 1 & 3 \\ 0 & 2 \end{pmatrix} \quad \text{および} \quad \begin{pmatrix} 1 & 1 \\ 0 & 2 \end{pmatrix}\begin{pmatrix} 1 & 1 \\ 0 & 1 \end{pmatrix} = \begin{pmatrix} 1 & 2 \\ 0 & 2 \end{pmatrix}$$

今までの群の例を振り返ってみると，これらの群の元の数はそれぞれで異なっていることがわかる．

たとえば，例 5・5・1，例 5・5・3，例 5・5・4，例 5・5・6 の群は無限個の元，例 5・5・2 の $(\mathbf{Z}_n, +)$ は n 個の元，例 5・5・5 の $(\mathbf{Z}_p^*, \times)$ は $p-1$ 個の元からなっている．

> **定 義** 有限群の元の数はその群の**位数**とよばれる．もし群が無限個の元をもっているならば，**無限位数**をもつといわれる．

5・6 群の役に立つ性質

本書全体を通して用いられる群の基本的な性質をいくつかあげよう．便宜上，その性質を定理として述べる．

■ **定理 14** G を群とする．このとき次の性質が成り立つ．
1. $a, b \in G$ に対して，もし $ab = e$ ならば，このとき $a = b^{-1}$，$b = a^{-1}$ である．
2. すべての $a, b \in G$ に対して，$(ab)^{-1} = b^{-1}a^{-1}$ である．
3. すべての $a \in G$ に対して，$(a^{-1})^{-1} = a$ である．
4. $a, x, y \in G$ に対して，$ax = ay$ ならば，$x = y$ であり，また $xa = ya$ ならば，$x = y$ である．

［証明］

> 以下のこの定理の主張に対する証明では，それぞれの論理のステップが成立する適切な理由を与えるため，群の公理に立ち戻る．

1. $ab = e$ とする．$a = b^{-1}$ を証明するために，$ab = e$ に右から b^{-1} を掛ける．そのとき，$(ab)b^{-1} = eb^{-1}$ となり，$a(bb^{-1}) = b^{-1}$ となるから，$ae = b^{-1}$ となり，$a = b^{-1}$ となる．$b = a^{-1}$ に対しては，$ab = e$ に左から a^{-1} を掛ける．そのとき，$a^{-1}(ab) = a^{-1}e$ となり，$(a^{-1}a)b = a^{-1}$ となるから，$eb = a^{-1}$ となり，$b = a^{-1}$ となる．
2. 式 $(ab)(b^{-1}a^{-1})$ を考え，この式が e と等しいことを証明する．$(ab)(b^{-1}a^{-1}) = a(b(b^{-1}a^{-1})) = a((bb^{-1})a^{-1}) = a(ea^{-1}) = aa^{-1} = e$ である．このとき上述の 1 の結果により $b^{-1}a^{-1}$ は ab の逆元である．

3. 式 $aa^{-1}=e$ と，上述の 1 における b を a^{-1} にしたものを用いることにより，b の逆元は a であるので，a^{-1} の逆元は a であることがわかる．したがって，$(a^{-1})^{-1}=a$ である．

4. もし $ax=ay$ ならば，このとき $a^{-1}(ax)=a^{-1}(ay)$ であるので，$(a^{-1}a)x=(a^{-1}a)y$ となるから，$ex=ey$ となり，$x=y$ となる．同様に，もし $xa=ya$ ならば，このとき $(xa)a^{-1}=(ya)a^{-1}$ であるので，$x(aa^{-1})=y(aa^{-1})$ となるから，$xe=ye$ となり，$x=y$ となる． ∎

上述の 4 の結果はしばしば群に対する簡約法則とよばれる．

5・7 元の巾乗

群 G の元 x をそれ自身と結び付けると xx となるが，これは x^2 と書く方が自然である．よって元の巾乗が正確にどのようなものかを定義しておくと便利である．

定義 x を群 G の元とする．このとき，もし s が正整数であるならば，
$$x^s = \overbrace{xx\cdots x}^{s\text{個}} \tag{5・4}$$
そして
$$x^{-s} = \overbrace{x^{-1}x^{-1}\cdots x^{-1}}^{s\text{個}} \tag{5・5}$$
と定める．

巾 x^0 は $x^0=e$（群の恒等元）と定義する．

この定義から，指数についての通常成り立っているすべての法則は，難なく証明することができる．たとえば，すべての $s, t \in \mathbf{Z}$ に対して，$x^s x^t = x^{s+t}$, $(x^s)^t = x^{st}$, $x^{-s} = (x^s)^{-1} = (x^{-1})^s$ が成り立つ．

これらの法則はここでは証明せず，読者への演習問題とする．

例 5・2・2 の二面体群 D_3 を考える．この群に対する乗法の演算表は図 5・5 で与えられる．この群の元 S の巾で構成される部分集合 H を考えよう．

$S^2 = S \circ S = R$ であることがわかる．また，$S^3 = S \circ S^2 = S \circ R = I$ となる．よって，S の任意の正巾 S^n は n が 3 による割り算の余りに従って，S, R, I のどれかになる．

また $S^3 = I$ であるので，$S^{-1} = S^2$ となり，S のすべての負巾はまた S の正巾である．

それゆえ，S の異なる巾は単に $S, S^2, S^3 = I$ である．

同様のことは任意の有限群で成り立つ．

	I	R	S	X	Y	Z
I	I	R	S	X	Y	Z
R	R	S	I	Z	X	Y
S	S	I	R	Y	Z	X
X	X	Y	Z	I	R	S
Y	Y	Z	X	S	I	R
Z	Z	X	Y	R	S	I

図5・5 二面体群 D_3

■ **定理15** x を有限群 G の元とする．このとき，x の巾達は全部異なることはできない．そして $x^k=e$ となるような最小の正整数が存在する．

［証明］ x のすべての正巾達を考える．G は有限群であるので，これらの巾は全部異なることはできない．よって，ある段階で二つの元が同じにならなければいけない．そのような二つの元を x^r と x^s ($r<s$) とし，$x^r=x^s$ であるとする．このとき，

$$x^{s-r} = x^s x^{-r} = x^r x^{-r} = x^r(x^r)^{-1} = e \tag{5・6}$$

よって，$x^{s-r}=e$ となる．それゆえ，恒等元になるような x の正巾が存在する．整列原理によってそのような巾の中で最小のものが存在し，それを k とすると $x^k=e$ である． ■

定理15の結果は次の重要な定義を導く．

5・8 元の位数

> **定義** 群 G の元 x はある $n>0$ に対して $x^n=e$ であるならば，**有限位数**をもつといわれる．最小のそのような n は x の**位数**とよばれる．もしそのような n が存在しないならば，元 x は**無限位数**をもつといわれる．

この定義からいくつかの定理がすぐに従う．

■ **定理16** G を群とする．
1. $x \in G$ は無限位数の元であるとし，N は整数とする．このとき，$N=0$ であるならば，かつそのときに限り $x^N=e$ である．
2. $x \in G$ は有限位数 n の元であるとし，N は整数とする．このとき，n が N を割り切るならば，かつそのときに限り $x^N=e$ である．

［証明］
1. ならば　$N=0$ であるならば，このとき巾の定義により $x^N=e$ である．

そのときに限り $x^N=e$ と仮定する．無限位数の定義から $N>0$ ではありえない．しかし，もし $x^N=e$ ならば，このとき $x^{-N}=(x^N)^{-1}=e^{-1}=e$ であり，$N<0$ でもありえない．したがって，$N=0$ である．

2. ならば n が N を割り切り，ある整数 k に対して，$N=kn$ であると仮定する．このとき，$x^N=x^{kn}=(x^n)^k=e^k=e$ である．

そのときに限り $x^N=e$ であると仮定する．このとき割り算アルゴリズムにより，$N=qn+r$ $(0\leq r<n)$ となるので，$e=x^N=x^{qn+r}=(x^n)^q x^r=e^q x^r=x^r$ となる．したがって，n は $x^n=e$ であるような x の最小の正巾であったので，$r=0$ である．したがって，$N=qn$ であり，n は N を割り切る． ∎

■**定理 17** G を群とする．
1. 元 x が無限位数をもつならば，x のすべての巾は異なっている．
2. 元 x が有限位数 n をもつとする．このとき，$r\equiv s \pmod{n}$ であるならば，かつそのときに限り $x^r=x^s$ である．よって x の巾は長さ n の周期で繰返される．

［証明］
1. $x^r=x^s$ であるならば，このとき $x^{r-s}=x^r x^{-s}=x^s x^{-s}=x^s(x^s)^{-1}=e$ である．定理 16 の 1 により，$r-s=0$ となり，$r=s$ である．したがって，$r\neq s$ ならば，$x^r \neq x^s$ である．

2. ならば もし $r\equiv s \pmod{n}$ ならば，このとき n は $r-s$ を割り切る．よってある整数 k に対して，$r-s=kn$ となる．
したがって，$x^r=x^{s+kn}=x^s x^{kn}=x^s(x^n)^k=x^s e^k=x^s$ となる．

そのときに限り $x^s=x^r$ ならば，このとき上述の 1 のように $x^{r-s}=e$ であり，定理 16 の 2 より，n は $r-s$ を割り切る．よって $r\equiv s \pmod{n}$ である．

したがって，$0\leq r<s\leq n-1$ ならば，このとき，$x^r \neq x^s$ であるので，元 $e, x, x^2, \cdots, x^{n-1}$ はすべて異なっている．しかし，x の任意の巾はこれらの元の一つと等しい．というのは，m を整数として x^m を考える．割り算アルゴリズムによって，$m=qn+r$ $(0\leq r<n)$ と書ける．これから，$x^m=x^{qn+r}=(x^n)^q x^r=e^q x^r=x^r$ $(0\leq r<n)$ となる．したがって，巾達は周期的に繰返され，その周期は長さ n である． ∎

さらに，§14・5 で必要とされる元の位数についての二つの定理をあげる．

14 章を学ぶまでこれらの定理は飛ばしてもよい．

■**定理 18** x を群 G の元とし，x の位数は n であるとする．
1. もし m と n が互いに素であるならば，このとき x^m の位数は n である．
2. もし $n=st$ ならば，このとき x^s の位数は t である．

[証明]
 1. 最初に $(x^m)^n = x^{mn} = (x^n)^m = e^m = e$ であることに注意する．$(x^m)^d = e$ と仮定する．このとき $x^{md} = e$ である．それゆえ，定理 16 の 2 より n は md を割り切る．しかし m と n は互いに素である．したがって定理 2 より n は d を割り切る．したがって n は $(x^m)^n = e$ を満たす最小の正整数である．したがって，x^m の位数は n である．
 2. $(x^s)^t = x^{st} = x^n = e$ である．今，d を $(x^s)^d = e$ を満たす正整数であるとする．そのとき $x^{sd} = e$ である．したがって，定理 16 の 2 によって n は sd を割り切る．したがって，st は sd を割り切るので，t は d を割り切る．したがって，t は x^s を恒等元にする最小の巾である．したがって x^s の位数は t である．■

■**定理 19** G をアーベル群とし，a, b を位数がそれぞれ m と n である G の元とする．
 1. もし m と n が互いに素であるならば，そのとき ab の位数は mn である．
 2. l を m と n の最小公倍数とする．このとき，位数が l である G の元が存在する．

[証明]
 1. ab の位数が k であるとする．そのとき，G はアーベル群であるので，$(ab)^n = a^n b^n$ である．n は b の位数であるので，$(ab)^n = a^n b^n = a^n$ であり，これは定理 18 の 1 によって位数 m である．しかし $((ab)^n)^k = ((ab)^k)^n = e^n = e$ であるので，定理 16 の 2 によって m は k を割り切る．同様に，n は k を割り切る．したがって，m と n は互いに素であるので，定理 3 によって，mn は k を割り切る．しかし $(ab)^{mn} = (a^m)^n (b^n)^m = e^n e^m = e$ となる．したがって，$k = mn$ である．
 2. 定理 5 の後の注意 1 により，m と n は $m = p_1^{\alpha_1} p_2^{\alpha_2} \cdots p_r^{\alpha_r}$, $n = p_1^{\beta_1} p_2^{\beta_2} \cdots p_r^{\beta_r}$ ($p_1, p_2, \cdots, p_r$ は異なる素数であり，α_i, β_i 達は $\alpha_i, \beta_i \geq 0$ である) という形に分解される．
 4 章の演習問題 4・8c の結果を使って，m と n の最小公倍数 l は $l = p_1^{\delta_1} p_2^{\delta_2} \cdots p_r^{\delta_r}$ である．ただし $i = 1, 2, \cdots, r$ に対して，$\delta_i = \max\{\alpha_i, \beta_i\}$ である．
 今，d を m, n どちらかを割り切る正整数であると仮定する．

> 位数が d である G の元が存在することを示す．

 d が m を割り切るならば，$m = sd$ なる整数 s が存在する．このとき，定理 18 の 2 を用いて，元 a^s の位数は d である．一方，d が n を割り切るならば，$n = td$ なる整数 t が存在し，このとき再び定理 18 の 2 を使って，元 b^t の位数は d である．よって，どちらの場合も位数が d である G の元が存在する．

> 上記のことを，r 個の $d = p_1^{\delta_1}, p_2^{\delta_2}, \cdots, p_r^{\delta_r}$ に対して適用する．

今，それぞれの i に対して，$p_i{}^{\delta_i}$ は m と n のどちらかを割り切る．

これは δ_i が α_i，β_i のどちらかに等しいからである．

上述のことから，それぞれの i に対して，位数が $p_i{}^{\delta_i}$ に等しい G の元 c_i が存在する．したがって，位数がそれぞれ $p_1{}^{\delta_1}, p_2{}^{\delta_2}, \cdots, p_r{}^{\delta_r}$ である G の元 $c_1, c_2, \cdots, c_r$ を得る．$p_1{}^{\delta_1}, p_2{}^{\delta_2}$ は互いに素であるので，上述の 1 より，c_1c_2 の位数は $p_1{}^{\delta_1}p_2{}^{\delta_2}$ である．しかし同様に，$p_1{}^{\delta_1}p_2{}^{\delta_2}$ と $p_3{}^{\delta_3}$ は互いに素であるので，同様に上述の 1 より，$c_1c_2c_3$ の位数は $p_1{}^{\delta_1}p_2{}^{\delta_2}p_3{}^{\delta_3}$ である．これを続けて，$c_1c_2\cdots c_r$ が位数 $p_1{}^{\delta_1}p_2{}^{\delta_2}\cdots p_r{}^{\delta_r}$ (証明の最初に注意したように，これは l と等しい) である G の元となる． ∎

この章で学んだこと

- 群の定義
- 群の恒等元は一意的であること
- 群のそれぞれの元は一意的な逆元をもっていること
- 小さい有限群の群演算表の書き方
- 群に対しては乗法表記が一般的に用いられること
- 群の位数が何を意味するか
- 元の巾の意味
- 元の位数の意味

演習問題 5

5・1 集合 $\{1, 5, 7, 11\}$ 上の法 12 に関する乗法の演算表を書け．それは群の演算表であるか．

5・2 表記 $\mathbf{R}-\{0, 1\}$ は $\mathbf{R}$ から 0 と 1 を除いた集合を意味する．集合 $\mathbf{R}-\{0, 1\}$ 上に定義された関数の集合 $\{I, F, G, H, K, L\}$ を考える．ここで，$I(x)=x$，$F(x)=1/(1-x)$，$G(x)=(x-1)/x$，$H(x)=1-x$，$K(x)=x/(x-1)$，$L(x)=1/x$ である．関数の合成はこの集合上の二項演算であること，集合 $\{I, F, G, H, K, L\}$ は合成の演算により群になることを示すため，その演算表を書け (関数の合成は結合的であると仮定せよ．これは実際に 10 章の定理 31 で証明される)．

5・3 集合 $\mathbf{R}-\{-1\}$ は $x \circ y=x+y+xy$ によって与えられる演算 $\circ$ によって群となることを示せ．この群の恒等元は何であるか．x^{-1} を x を用いて表せ (表記 $\mathbf{R}-\{-1\}$ は $\mathbf{R}$ から -1 を除いた集合を意味する)．

5・4 R を正方形でない長方形とする．例 5・2・2 で行ったように，R に対する対称性の集合を定義せよ．これらの対称性による群の演算表を書け．この群は四元群 (ドイツ語で Vierergruppe, 英語で four-group) とよばれ，V によって表される．

5・5 集合 $\{1,3,7,9\}$ 上の法 10 に関する乗法の演算表を書け.

5・6 集合 $\{1,2,4,8\}$ 上の法 15 に関する乗法の演算表を書け. その演算表は名前を変えただけであり, 演習問題 5・5 の演算表と同じ構造をもっていることを示せ.

5・7 G を群とし, a を G の元とする. もし $a^2=a$ ならば, そのとき $a=e$ であることを示せ.

5・8 G を群とする. もしすべての $a \in G$ に対して, $a^2=e$ であるならば, このとき G はアーベル群であることを示せ.

5・9 次のどれが群であるか. それぞれの場合に, その答えに対する理由も与えよ.
 a) 加法による, すべての奇数の集合
 b) 乗法による, $2^m 5^n$ $(m, n \in \mathbf{Z})$ という形の数全体
 c) 行列の乗法による, 次の形の 2×2 行列全体の集合
$$\begin{pmatrix} a & b \\ 0 & 0 \end{pmatrix}$$
ただし, $a, b \in \mathbf{R}$ である.
 d) 行列の乗法による, 次の形の 2×2 行列全体の集合
$$\begin{pmatrix} a & 0 \\ b & c \end{pmatrix}$$
ただし, $a, c \in \mathbf{R}$, $a \neq 0$, $c \neq 0$, $b \in \mathbf{Q}$.

5・10 次の行列達は行列の乗法により, 群を形成することを示せ.
$$\begin{pmatrix} 1 & 0 \\ 0 & 1 \end{pmatrix},\ \begin{pmatrix} -1 & 0 \\ 0 & 1 \end{pmatrix},\ \begin{pmatrix} 1 & 0 \\ 0 & -1 \end{pmatrix},\ \begin{pmatrix} -1 & 0 \\ 0 & -1 \end{pmatrix}$$

5・11 次の三つの指数法則を示せ. すべての $s, t \in \mathbf{Z}$ に対して, $x^s x^t = x^{s+t}$, $(x^s)^t = x^{st}$, $x^{-s} = (x^s)^{-1} = (x^{-1})^s$.

5・12 次のそれぞれの主張が正しいか誤りかチェックせよ.
 a) 群のすべての元は逆元をもっている.
 b) 群の元はそれ自身がその逆元になることがある.
 c) 群は無限個の元をもつことはできない.
 d) 群はたった一つの元で構成されることはない.
 e) 群には位数が 1 である元は存在しない.
 f) 群の元 x の位数が n であり, $x^N = e$ ならば, N は n を割り切る.
 g) すべての群はアーベル群である.

5・13 定理 18 の 1 の一般化を証明せよ. すなわち, x を群 G の元, n を x の位数とする. もし, h が n と s の最大公約数ならば, このとき x^s の位数は n/h になることを証明せよ.

6 部 分 群

6・1 部 分 群

しばしば，群の演算表で，全体の群の部分に群をみつけることができるときがある．

たとえば，図6・1(a)は例5・2・2において初めて現れた群 D_3 を示している．灰色の部分を取出した図6・1(b)は全体の群と同じ演算で，それ自体が群になっている．

(a)		I	R	S	X	Y	Z
	I	I	R	S	X	Y	Z
	R	R	S	I	Z	X	Y
	S	S	I	R	Y	Z	X
	X	X	Y	Z	I	R	S
	Y	Y	Z	X	S	I	R
	Z	Z	X	Y	R	S	I

(b)		I	R	S
	I	I	R	S
	R	R	S	I
	S	S	I	R

図6・1 (a) 群 D_3 と (b) D_3 の部分群

図6・1(b)の群は元の群の部分群とよばれる．このことは次の定義を与える．

> **定義** H が演算 ∘ をもった群 G の部分集合で，演算 ∘ で群になるならば，H は G の**部分群**であるという．

これは自然な定義であり，読者はもう予想していたことと思う．部分群は G から引き継いだ演算によって，それ自体が群となる部分集合である．§6・2でいくつかの部分群の例を与える．そして§6・3で，群の部分集合が部分群になるかどうかを判定するための方法を与える．

6・2 部分群の例

例6・2・1 すべての群 G は二つの自明な部分群をもっている．すなわち，恒等元のみで構成される群 $\{e\}$ と全体の群 G である．恒等元のみの群と全体の群以外の部分群は**真の部分群**とよばれる．

例6・2・2 例 5・2・2 の群 D_3 において，集合 $\{I, X\}$ は D_3 の真の部分群である．同様に $\{I, Y\}$ と $\{I, Z\}$ もまた真の部分群である．

しかしながら，部分集合 $\{I, R\}$ は部分群ではない．なぜなら $RR = S$ であるので，演算は $\{I, R\}$ 上閉じていない．

同様に，$\{I, X, S\}$ は，$XS = Z$ であり，Z は $\{I, X, S\}$ の元ではないので，部分群ではない．

例6・2・3 0 でない有理数全体 $\mathbf{Q}^*$ は乗法をもって群 $(\mathbf{Q}^*, \times)$ を形成する．正の有理数全体の集合 $\mathbf{Q}^+$ は乗法によって $(\mathbf{Q}^*, \times)$ の真の部分群である．

例6・2・4 有理数全体 $\mathbf{Q}$ は加法の演算によって群 $(\mathbf{Q}, +)$ を形成する．しかしながら，0 でない有理数全体 $\mathbf{Q}^*$ は加法で閉じていないので，群を形成しない．すなわち，$1 \in \mathbf{Q}^*$，$-1 \in \mathbf{Q}^*$ であるが，$1 + (-1) \notin \mathbf{Q}^*$ である．したがって，$(\mathbf{Q}^*, +)$ は $(\mathbf{Q}, +)$ の部分群ではない．

$(\mathbf{Q}^*, \times)$ は群であるが，$(\mathbf{Q}, +)$ と演算が異なるので，$(\mathbf{Q}, +)$ の部分群ではないことに注意する．

例6・2・5 集合 $\{1, -1\}$, $\{1, -1, i, -i\}$, $\{z \in \mathbf{C}^* : |z| = 1\}$ はすべて $(\mathbf{C}^*, \times)$ の部分群である．実際，$\{1, -1\}$ は $\{1, -1, i, -i\}$ の部分群であり，同様に $\{1, -1, i, -i\}$ は $\{z \in \mathbf{C}^* : |z| = 1\}$ の部分群である．

例6・2・6 2 の倍数で構成される $(\mathbf{Z}, +)$ の部分集合，すなわち $\{\cdots, -4, -2, 0, 2, 4, \cdots\}$ は $\mathbf{Z}$ の部分群である．この群は $(2\mathbf{Z}, +)$ と書かれる．

同様に，正整数 n に対して，集合 $n\mathbf{Z} = \{kn : k \in \mathbf{Z}\}$ は加法の演算によって，$(\mathbf{Z}, +)$ の部分群である．この群は $(n\mathbf{Z}, +)$ と書かれる．

6・3 部分群の判定法

小さい有限群の特別な場合には，群の部分集合が部分群になるかどうかを判定するのは容易であるが，より大きい群に対して部分群を判定するのは難しい．部分集合が部分群になるかを系統的に判定する方法が必要である．定理 20 はそのような一つの判定法を与える．

■ **定理 20** G を群，H を G の部分集合とする．このとき，H は次が成り立つならば，かつそのときに限り G の部分群である．

- すべての $x, y \in H$ に対して，$xy \in H$
- $e \in H$
- それぞれの $x \in H$ に対して，$x^{-1} \in H$

[証明] ならば

H が G の部分群であることを示すには，H が G の演算で §5・3 で与えられた群の定義にある四つの条件を満たしていることを示す必要がある．

最初の条件 "すべての $x, y \in H$ に対して，$xy \in H$" は H が G の演算で閉じていることを保証している．

$x, y, z \in H$ であると仮定する．このとき H は G の部分集合であるので，$x, y, z \in G$ である．しかし G は群であるので，$x(yz) = (xy)z$ である．それゆえ，H の結合性は G の結合性から受け継いでいる．

$e \in H$ である．そして，すべての $x \in H$ に対して $ex = xe = x$ が成り立つ．なぜなら，$ex = xe = x$ はすべての $x \in G$ に対して成り立っており，H のすべての元は G の元であるからである．

$x \in H$ が与えられたとき，$x^{-1} \in H$ である．x^{-1} は G の中で x の逆元であるので，$x^{-1}x = xx^{-1} = e$ である．

そのときに限り H が G の部分群であると仮定する．

最初の条件 "すべての $x, y \in H$ に対して，$xy \in H$" は，H が部分群であり，それゆえ G の演算で閉じていることから従う．

2番目の条件に対して，G の恒等元 e が H の恒等元になることを示さなければいけない．証明は H の恒等元が実際に G の恒等元と等しいことを示すことでなされる．

f を H の恒等元とする．このとき $f^2 = f$ である．しかし $f \in G$ であるので，f は G で逆元 f^{-1} をもっている．$f^2 = f$ に左から f^{-1} を掛けて，G において計算すると，$f^{-1}(ff) = f^{-1}f$ であり，$(f^{-1}f)f = e$ であり，$ef = e$ となるので，$f = e$ である．しかし，$f \in H$ であるので，$e \in H$ である．

3番目の条件に対して，$x \in H$ とする．このとき x は H において逆元 y をもつ．よって $xy = e$ である．しかし x は H にあるので，x はまた G にあり，G における x の逆元 x^{-1} が存在する．したがって，$x^{-1} = x^{-1}e = x^{-1}(xy) = (x^{-1}x)y = ey = y$ である．しかし，$y \in H$ より $x^{-1} \in H$ となる． ∎

次に定理 20 の使い方を示す例をあげよう．

6・4 一つの元によって生成される部分群

例6・3・1 a, b を正整数とする．このとき $H = \{xa + yb : x, y \in \mathbf{Z}\}$ は $(\mathbf{Z}, +)$ の部分群である．

はじめに，すべての $x, y \in \mathbf{Z}$ に対して，$xa + yb$ は整数であるので，$H \subseteq \mathbf{Z}$ であることに注意する．

$n_1, n_2 \in H$ と仮定する．このとき $n_1 = x_1 a + y_1 b$, $n_2 = x_2 a + y_2 b$ となる整数 x_1, y_1, x_2, y_2 が存在する．したがって，$n_1 + n_2 = (x_1 + x_2)a + (y_1 + y_2)b$ であり，$x_1 + x_2$, $y_1 + y_2$ は整数であるので，$n_1 + n_2 \in H$ である．

$0 = 0a + 0b$ であり，$0 \in \mathbf{Z}$ であるので，$0 \in H$ である．

最後に，$n = xa + yb \in H$ とする．$-n = (-x)a + (-y)b$ を考える．$-x$, $-y$ は整数であるので，$-n \in H$ である．さらに，$n + (-n) = (-n) + n = 0$ であるので，$-n$ は n の逆元であり，$-n \in H$ である．定理20の条件が満たされているので，H は $\mathbf{Z}$ の部分群である．

6・4 一つの元によって生成される部分群

部分群の重要な類として，一つの元のすべての巾からなる集合がある．

§5・7で，群 D_3 において S の巾達の中で異なるものは S, S^2, S^3 ($S^3 = I$) で構成されていることがわかった．これらの S の巾は図6・2の演算表からわかるように群を形成する．

同様のことは，任意の群の任意の元に対して成り立つ．

	I	S	$S^2 = R$
I	I	S	R
S	S	R	I
$S^2 = R$	R	I	S

図6・2 S によって生成される D_3 の部分群

■**定理21** x を G の元とする．このとき，$H = \{x^n : n \in \mathbf{Z}\}$ は G の部分群である．

大ざっぱにいうと，一つの元のすべての巾からなる集合は群を形成するということである．群 G が有限群であるなら，H も単に有限個からなる要素だけ存在するので，H も同様に有限である．

読者は x の位数が有限であるときと無限であるときの二つの場合を考える必要があると思うかもしれないが，定理20を適用している次の証明はどちらの場合にも適用できる．

[証明] $a, b \in H$ と仮定する．このとき，$a = x^r$, $b = x^s$ となる整数 r, s が存在するので，$ab = x^{r+s}$ であり，r, s は整数であるので，$r+s$ も整数である．したがって，$ab \in H$ である．

$0 \in \mathbf{Z}$ であるので，$e = x^0$ は H の要素である．

最後に，$a \in H$ で，$a = x^r$ $(r \in \mathbf{Z})$ とする．このとき，$a^{-1} = (x^r)^{-1} = x^{-r}$ である．しかし，$-r \in \mathbf{Z}$ より，$x^{-r} \in H$ である．したがって $a^{-1} \in H$ である．

定理 20 の条件が満たされるので，H は G の部分群である． ∎

> **定義** 群 G の元 x に対して，部分群 $H = \{x^n : n \in \mathbf{Z}\}$ は x で**生成される部分群**とよばれる．この部分群は $\langle x \rangle$ と書かれる．

x で生成される部分群は，しばしば x で生成される巡回部分群とよばれる．巡回部分群は 7 章で説明される．

定理 17 から次が従う．
1. もし元 x が無限位数をもっているならば，そのとき $\langle x \rangle = \{\cdots, x^{-2}, x^{-1}, e, x, x^2, \cdots\}$ であり，無限位数の部分群である．
2. もし元 x が有限位数 n をもっているならば，そのとき $\langle x \rangle = \{e, x, x^2, \cdots, x^{n-1}\}$ であり，位数 n の部分群である．

よって，元 x の位数は x によって生成される部分群の位数と等しい．

例 6・4・1 群 $(\mathbf{Z}, +)$ において，部分群 $\langle 5 \rangle$ は 5 のすべての倍数で構成される，すなわち $5\mathbf{Z}$ である．

例 6・4・2 群 $(\mathbf{Z}_9, +)$ において，$\langle 1 \rangle = \mathbf{Z}_9$ である．一方で，$\langle 3 \rangle = \{0, 3, 6\}$ である．

例 6・4・3 群 $(\mathbf{Z}_5, +)$ において，$\langle 3 \rangle = \mathbf{Z}_5$ である．

例 6・4・4 例 5・2・2 の群 D_3 において，$\langle R \rangle = \{I, R, R^2\}$, $\langle X \rangle = \{I, X\}$ である．

この章で学んだこと
- 部分群とは何であるか
- 群の部分集合が部分群であるかどうか判定する方法
- 一つの元によって生成される部分群が意味するもの

演習問題 6

6・1 図 5・1 に示されている群の部分群をすべてみつけよ．その中のどの部分群が

真の部分群であるか.

6・2 G をアーベル群とする. 位数 2 の元全体と恒等元からなる集合, すなわち $H=\{a\in G: a^2=e\}$ は G の部分群であることを証明せよ.

6・3 G をアーベル群, $H=\{x\in G: x^3=e\}$ であるとする. H は G の部分群であることを証明せよ.

6・4 G をアーベル群とする. 有限位数の元全体の集合 $H=\{a\in G:$ ある n に対して $a^n=e\}$ は G の部分群であることを証明せよ.

6・5 次のそれぞれの主張が正しいか誤りかチェックせよ.
a) 例 5・2・2 の群は全部で六つの部分群をもっている.
b) 非アーベル群は真のアーベル部分群をもつことができる.
c) 無限群は有限部分群をもつことができない.
d) 無限群の無限真部分群はアーベル群でなければならない.
e) すべての群は真の部分群をもっている.

6・6 A と B を G の部分群とする. $A\cap B$ は G の部分群であることを証明せよ. $A\cup B$ は部分群であるか. また, その答えの根拠を示せ.

6・7 H を G の部分群, $a\in H$ とする. $\langle a\rangle\subseteq H$ を証明せよ.

6・8 H を群 G の部分集合とする. H は空でなく, すべての $x, y\in H$ に対して, $xy^{-1}\in H$ であるならば, かつそのときに限り H は G の部分群であることを証明せよ.

> これは部分群に対するもう一つの判定法であり, 定理 20 よりもコンパクトである.

6・9 G を群, g を G の固定された元とする. $H=\{x\in G: gx=xg\}$ は G の部分群であることを証明せよ.

6・10 K を群 G の部分群, H を K の部分群とする. H は G の部分群であることを証明せよ.

7 巡 回 群

7・1 はじめに

いくつかの対称性の群は特に単純である．図7・1にあるマン島のモチーフを考える．

図7・1 マン島のモチーフ

もし r が中心のまわりの反時計回り120度回転を表すとすると，e, r, r^2 はこの図形を全体として同じ位置に写しているので，この図形の対称性である．

> 対称性 r^2 は240度回転であり，e は0度の回転，つまり"何もしない"回転である．$r^3 = e$ であることに注意する．

実際，e, r, r^2 はこの図形を全体として同じ位置に写し，平面上の任意の2点間の距離を変えない変換のすべてになっており，それらは"右先演算"によって，群を形成する．マン島のモチーフの対称性の群 $G = \{e, r, r^2\}$ $(r^3 = e)$ は巡回群の一つの例である．G のすべての元はその群の一つの元の巾になっている．

巡回群は §5・8 で述べられた元の位数の考え方と非常に密接に関係している．

7・2 巡 回 群

> **定 義** G を群とする．もし元 $g \in G$ が存在して，G のすべての元が $g^n (n \in \mathbf{Z})$ という形で書けるならば，G を**巡回群**とよぶ．そのような元 g を G の**生成元**とよぶ．表記 $G = \langle g \rangle$ は g が G の生成元であることを示すのに用いられる．

7・2 巡　回　群

> G の元は G の一つの元の巾で構成されている．それらは g の正巾だけでなく負巾になることもある．
> 　群が巡回群であることを示すには，まず生成元をつくり，それから実際にその元が生成元であることを示さなければならない．群が巡回群でないことを示すには生成元になる元が存在しないことを示さなければならない．

　元の位数が群の位数と等しいならば，かつそのときに限りその元は群の生成元である．

例 7・2・1　群 $G=\{e, r, r^2\}$ $(r^3=e)$ では，1 個以上の生成元が存在する．r^2 はまた生成元であることが簡単に確かめられる．実際，$(r^2)^2 = r^4 = r^3 r = er = r$, $(r^2)^3 = r^6 = (r^3)^2 = e^2 = e$ となっている．

例 7・2・2　群 $(\mathbf{Z}_7, +)$ は巡回群である．実際，元 1 が生成元であることをチェックすることができる．よって $\mathbf{Z}_7 = \langle 1 \rangle$ である．一般に群 $(\mathbf{Z}_n, +)$ は巡回群である．この場合においても，1 が生成元となり，$\mathbf{Z}_n = \langle 1 \rangle$ である．

例 7・2・3　巡回群は無限群になることもある．一つの例は $(\mathbf{Z}, +)$ である．数 1 が生成元である．なぜなら，すべての元 $n \in \mathbf{Z}$ は $n = n(1)$ $(=1+1+1+\cdots+1$, ただし，方程式の右辺は 1 が n 個ある$)$ という形で書けるからである．したがって，$(\mathbf{Z}, +) = \langle 1 \rangle$ である．

例 7・2・4　六つの 1 の 6 乗根で構成される群 $\{z \in \mathbf{C}: z^6 = 1\}$ は巡回群である．この群の元は $1, w, w^2, w^3, w^4, w^5$ $(w = e^{i\pi/3})$ である．すなわち，w が生成元である．元 w^5 はまた生成元になる．なぜなら，この群のすべての元はまた w^5 の巾で書けるからである．しかし w^2 は生成元ではない．なぜなら，w^2 の異なる巾達は $(w^2)^1 = w^2$, $(w^2)^2 = w^4$, $(w^2)^3 = 1$ のみだからである．さらに w^3 も生成元ではない．なぜなら，w^3 の異なる巾は $(w^3)^1 = w^3$, $(w^3)^2 = 1$ のみだからである．

例 7・2・5　例 5・2・2 の群 D_3 は巡回群ではない．というのは，R と S は位数 3 であり，X, Y, Z は位数 2 であるので，どれも生成元にはならないからである．

例 7・2・6　群 $(\mathbf{Q}^*, \times)$ は巡回群ではない．というのは p/q (p, q は互いに素) が $\mathbf{Q}^*$ の生成元であると仮定する．そのとき，$\mathbf{Q}^*$ のすべての元は p/q の巾として表される．$|p/q| < 1$ であるか，または $|p/q| \geq 1$ のどちらかである．もし $|p/q| < 1$ ならば，p/q のすべての巾は 1 よりも小さい絶対値をもっており，たとえば 2 と等しくなる p/q の巾は存在しない．同様に，もし $|p/q| \geq 1$ ならば，p/q のすべての巾は 1 以上

の絶対値をもっており，たとえば 1/2 と等しくなる p/q の巾は存在しない．したがって，生成元はなく，$(\mathbf{Q}^*, \times)$ は巡回群ではない．

7・3 巡回群における定義と定理

■**定理 22** すべての巡回群はアーベル群である．

[証明] G を生成元 g をもった巡回群とし，$x, y \in G$ とする．このとき，ある整数 m, n に対して，$x = g^m, y = g^n$ と書ける．このとき，$xy = g^m g^n = g^{m+n} = g^n g^m = yx$ となる．よって，すべての $x, y \in G$ に対して $xy = yx$ であるから，G はアーベル群である．■

■**定理 23** 巡回群のすべての部分群は巡回群である．

[証明] G を巡回群，H を G の部分群とする．g を G の生成元であるとする．

もし H が恒等元 e のみで構成されているならば，そのとき $H = \langle e \rangle$ であり，H は巡回群である．H は恒等元以外の元を含んでいると仮定する．

> H が巡回群であることを示すには，その生成元をつくらなければいけなかったことを思い出してほしい．H に属する g の最小巾が生成元になるように思われるので，探すのはその巾である．したがって，正整数からなる集合が最小要素をもつという公理をその過程で使用する．

このとき，ある $n \in \mathbf{Z} \, (n \neq 0)$ に対して，$g^n \in H$ である．g^n も g^{-n} も H の元であるので，$n > 0$ と仮定してよい．m が $g^m \in H$ であるような最小の正整数であるとする．今，$g^m = a$（とする）が H の生成元であることを示す．

> よって今，$H = \langle a \rangle$，つまりこの二つの集合が等しいことを示さなければならない．したがって，それぞれの集合がもう片方の集合の部分集合であることを証明しなければならない．a の定義の仕方から，$\langle a \rangle \subseteq H$ は明らかである（演習問題 6・7 を見よ）．したがって，後は $H \subseteq \langle a \rangle$，すなわち H のすべての元は a の巾であることを示すことが残っている．

$x \in H$ であると仮定する．このとき，H は G の部分群であるので，ある N に対して $x = g^N$ となる．割り算アルゴリズムによって，$N = qm + r \, (0 \leq r < m)$ と書ける．$g^m \in H$ であるので $(g^m)^q \in H$ であり，$((g^m)^q)^{-1} \in H$ が従う．しかし，$g^N \in H$ であり，$g^r = g^{N-qm} = g^N g^{-qm} = g^N ((g^m)^q)^{-1}$ である．したがって，$g^r \in H$ となる．しかし，$0 \leq r < m$ であり，m は $g^m \in H$ であるような最小の正整数である．したがって，$r = 0$ でなければならなくて，$x = g^N = g^{qm+r} = (g^m)^q = a^q$ となり，x は a の巾として書かれるので，H は巡回群である．■

次にこの定理の応用をあげよう．

例7・3・1 例6・3・1で，もし a, b が正整数ならば，そのとき $H = \{xa+yb : x, y \in \mathbf{Z}\}$ は $(\mathbf{Z}, +)$ の部分群であることを示した．

定理23を用いると，H は巡回群であることがわかり，H は生成元 h をもつ（h は正であると仮定してよい）．したがって，$\{xa+yb : x, y \in \mathbf{Z}\} = h\mathbf{Z}$ となる．

生成元 h は実際 a と b の最大公約数である．というのは，このことは次のことからわかる．$a \in \{xa+yb : x, y \in \mathbf{Z}\}$ であるので ($x=1, y=0$ とした)，$\{xa+yb : x, y \in \mathbf{Z}\} = h\mathbf{Z}$ から $a \in h\mathbf{Z}$ が従う．したがって，h は a を割り切る．同様に h は b を割り切る．しかし，さらにそれは最大公約数になるだろうか．d をもう一つの a と b の公約数であると仮定する．そのとき d は $xa+yb$ の形のすべての数を割り切る．しかし $h \in h\mathbf{Z}$ かつ $h\mathbf{Z} = \{xa+yb : x, y \in \mathbf{Z}\}$ であるから，h は $xa+yb$ の形で書かれる．したがって，d は h を割り切る．よって，d は h 以下であり，h は最大公約数である．

h が H の元であるということは，a と b の最大公約数は a と b の整数係数一次結合で書かれることを意味している．今 $h=1$ ならば，かつそのときに限り $1 \in h\mathbf{Z}$ である．また定義により，二つの正整数はその最大公約数が1ならば，かつそのときに限り互いに素である．よって，定理1の結果，すなわち"a と b の整数係数一次結合で1と等しいものが存在するならば，かつそのときに限り a と b は互いに素である"ということを，例7・3・1の特別な場合として演繹することができる．

この章で学んだこと

- 巡回群とは何であるか
- "生成元"の意味
- 群が巡回群であることを証明する方法
- 群が巡回群でないことを証明する方法

演習問題 7

7・1 図5・1の群 $(\{2, 4, 6, 8\}, \times \bmod 10)$ が巡回群であることを証明せよ．

7・2 位数12の巡回群の四つの真部分群をみつけよ．

7・3 巡回群 $\mathbf{Z}_6$ のどの元達が生成元であるか．

7・4 次のそれぞれの主張が正しいか誤りかチェックせよ．
 a) すべての巡回群は生成元をもっている．
 b) すべての巡回群のすべての要素は生成元である．
 c) 巡回群は二つ以上の生成元をもつことがある．
 d) 巡回群は巡回群でない部分群をもつことがある．
 e) すべての巡回群はアーベル群である．

f) $(\mathbf{Z}, +)$ は巡回群ではない.

g) $(\mathbf{C}^*, \times)$ は巡回群である.

7・5 $(\mathbf{R}, +)$ は巡回群ではないことを証明せよ.

7・6 次のどの群が巡回群であるか. 理由も述べよ.

a) 法 12 の乗法による, 群 $\{1, 5, 7, 11\}$

b) 有理数全体からなる加法群 $\mathbf{Q}$

c) 複素数の乗法による, 円群 $\mathbf{T} = \{z \in \mathbf{C} : |z| = 1\}$

d) 複素数の加法による, $\mathbf{Z}[i] = \{a + bi : a, b \in \mathbf{Z}\}$

8

群 の 直 積

8・1 はじめに
　この章では，数の順序づけられた対で構成されている平面における座標という概念について，しっかりと理解しよう．読者はよくグラフ用紙の座標軸上で，$(3,2)$ や $(\sqrt{2}, -\sqrt{2})$ のような点を描いたことがあると思う．そのような座標の対に表れるそれぞれの数はある集合からきている．グラフを描くとき，通常この集合は実数 **R** である．$(3,2)$ や $(\sqrt{2}, -\sqrt{2})$ のような座標のすべての対の集合は **R**×**R** と書かれる（これは一つ目の数が集合 **R** からきていて，二つ目の数も **R** からくることを意味している）．表記 **R**^{2} はしばしば **R**×**R** を表すのに用いられる．デカルト積というのはこの考え方を一般化するものである．

8・2 デカルト積
　二つの集合 A と B の**デカルト積**は $A \times B$ と書かれ，$A \times B = \{(a, b) : a \in A, b \in B\}$ と定義される．

例 8・2・1　$A = \{2, 3, 4\}$，$B = \{x, y\}$ と仮定する．このとき，
$$A \times B = \{(2, x), (2, y), (3, x), (3, y), (4, x), (4, y)\} \tag{8・1}$$
集合 $B \times A$ は $A \times B$ と同じではないことに注意する．なぜなら $B \times A$ は次のようになる．
$$B \times A = \{(x, 2), (y, 2), (x, 3), (y, 3), (x, 4), (y, 4)\} \tag{8・2}$$
よってデカルト積において，集合の順序は無視できない．
　また，A も B も $A \times B$ の部分集合ではないことに注意する．集合 $A \times B$ は対達で構成されていて，A や B の元は対ではないので，$A \times B$ には属さない．

例 8・2・2　この章の"はじめに"では，集合 **R**×**R** を考えていた．同様に，集合 **Z**$_2$×**Z**$_2$ は **Z**$_2$ と **Z**$_2$ のデカルト積である．つまり **Z**$_2$×**Z**$_2$ = $\{(0,0), (0,1), (1,0), (1,1)\}$ である．

例 8・2・3 集合 A と B が有限である場合，集合 $A\times B$ の元の数を計算することができる．すなわち，もし A が m 個の元，B が n 個の元をもつならば，集合 $A\times B$ は mn 個の元をもっている．

定義を拡張して，三つ以上の集合のデカルト積も定義することができる[†]．

8・3 直 積 群

今，デカルト積の集合達がどちらも群（G, H とする）であると仮定する．積 $G\times H$ は群であろうか．

二つの群が $(\mathbf{Z}_3, +), (\mathbf{Z}_2, +)$ であると仮定する．このとき，$\mathbf{Z}_3\times \mathbf{Z}_2$ の元達は $(0,0), (1,0), (2,0), (0,1), (1,1), (2,1)$ である．しかし，演算の規則については何をいうことができるだろうか．

たとえば，積 $(1,1)\circ(0,1)$ を定めたいとする．このとき，$\mathbf{Z}_3$ で座標の一つ目の元達を計算して 1 を得て，$\mathbf{Z}_2$ で二つ目の座標の元達を計算して 0 を得るので，$(1,0)$ を積 $(1,1)\circ(0,1)$ の計算結果にするという一つの案を与えることができる．

もし上の案で演算表を書けば，図 8・1 のようになる．これが群の演算表であることは簡単にチェックすることができる．群 $\mathbf{Z}_3\times \mathbf{Z}_2$ は位数 6 をもっている．

	(0,0)	(1,0)	(2,0)	(0,1)	(1,1)	(2,1)
(0,0)	(0,0)	(1,0)	(2,0)	(0,1)	(1,1)	(2,1)
(1,0)	(1,0)	(2,0)	(0,0)	(1,1)	(2,1)	(0,1)
(2,0)	(2,0)	(0,0)	(1,0)	(2,1)	(0,1)	(1,1)
(0,1)	(0,1)	(1,1)	(2,1)	(0,0)	(1,0)	(2,0)
(1,1)	(1,1)	(2,1)	(0,1)	(1,0)	(2,0)	(0,0)
(2,1)	(2,1)	(0,1)	(1,1)	(2,0)	(0,0)	(1,0)

図 8・1　直積群 $\mathbf{Z}_3\times \mathbf{Z}_2$

上述の例はさらに一般的な議論に拡張される．G, H を群であるとし，デカルト積 $G\times H$ を考える．このとき，$G\times H$ 上に演算 $\circ$ を G 上の演算と H 上の演算を用い

[†] 訳注：上記では二つの集合のデカルト積を考えたが，たとえば三つの集合 A, B, C に対しては，順序づけられた三つの元の列で，一つ目の元は A から，二つ目の元は B から，三つ目の元は C から取ったものを考え，そのような列をすべて集めてきたものを $A\times B\times C$ ($=\{(a,b,c): a\in A,\ b\in B,\ c\in C\}$) と書き，$A, B, C$ のデカルト積という．同様の方法で，任意個の集合に対しても，デカルト積なるものを定義できるのは明らかであろう．演習問題 8・2 および解答参照．

て $(g_1, h_1), (g_2, h_2) \in G \times H$ に対して，$(g_1, h_1) \circ (g_2, h_2) = (g_1 g_2, h_1 h_2)$ として定めることができる．つまり一つ目の座標においては G で積を行い，二つ目の座標においては H で積を行うのである．これは "積は成分ごとに行われる" というように表現される．

■ **定理 24** G と H は群であるとする．このとき，集合 $G \times H$ は演算 $(g_1, h_1) \circ (g_2, h_2) = (g_1 g_2, h_1 h_2)$ をもって群となる．この群は群 G と H の**直積**とよばれる．

[証明] 証明において最初に問題になるのは "この群演算は well-defined か" というものである．答えは yes である．G と H は群であるので，元 $g_1 g_2$ と $h_1 h_2$ はそれぞれ G と H の元になっており，$(g_1 g_2, h_1 h_2)$ は $G \times H$ に属している．

成分ごとの積は結合的な演算になっている．

$$((g_1, h_1) \circ (g_2, h_2)) \circ (g_3, h_3) = (g_1 g_2, h_1 h_2) \circ (g_3, h_3) = ((g_1 g_2) g_3, (h_1 h_2) h_3) \quad (8 \cdot 3)$$
$$(g_1, h_1) \circ ((g_2, h_2) \circ (g_3, h_3)) = (g_1, h_1) \circ (g_2 g_3, h_2 h_3) = (g_1 (g_2 g_3), h_1 (h_2 h_3)) \quad (8 \cdot 4)$$

最後の二つの式は，G と H それぞれの中での演算が結合的であるので，等しくなる．

G と H の恒等元をそれぞれ e_G と e_H によって表す．このとき (e_G, e_H) は $G \times H$ の恒等元になる．なぜなら，任意の元 $(g, h) \in G \times H$ に対して，$(e_G, e_H) \circ (g, h) = (e_G g, e_H h) = (g, h)$, $(g, h) \circ (e_G, e_H) = (g e_G, h e_H) = (g, h)$ となるからである．

最後に，元 $(g^{-1}, h^{-1}) \in G \times H$ は元 (g, h) の逆元である．というのは，$(g^{-1}, h^{-1}) \circ (g, h) = (g^{-1} g, h^{-1} h) = (e_G, e_H)$ であり，同様に $(g, h) \circ (g^{-1}, h^{-1}) = (g g^{-1}, h h^{-1}) = (e_G, e_H)$ となる．よって，(g^{-1}, h^{-1}) は $G \times H$ において (g, h) の逆元である．■

よって，$G \times H$ は成分ごとの積の演算をもって群となる．

直積を用いると，小さい群からより大きい群を構成することができるようになる．また 11 章で，読者はしばしば複雑な群の構造が，もっとよくわかっているより小さい群達の直積を用いて記述することができることをみる．

この章で学んだこと
- デカルト積の意味と表記
- 群の直積における演算方法

演習問題 8

8・1 次のそれぞれの主張が正しいか誤りかチェックせよ．
  a) 集合 $A \times B$ はいつも有限個の元をもっている．

b) 集合 $\mathbf{Z}_m \times \mathbf{Z}_n$ は mn 個の元をもっている．
c) 群 G が m 個の元，群 H が n 個の元をもっているならば，$G \times H$ は mn 個の元をもっている．
d) もし G が無限ならば，直積 $G \times H$ を形成することはできない．

8・2 集合 $A \times B \times C$ に対する定義を書け．$\mathbf{Z}_2 \times \mathbf{Z}_2 \times \mathbf{Z}_2$ の元を書き下すのに，その定義を適用せよ．

8・3 $\mathbf{Z} \times \mathbf{Z} \subseteq \mathbf{Q} \times \mathbf{Q}$ を証明せよ．

8・4 集合 $\mathbf{R} \times \mathbf{R}$ は紙でできた無限のシート上のすべての点というように解釈することができる．$\mathbf{Z} \times \mathbf{Z}$ はどのように解釈することができるか．

8・5 $\mathbf{Z}_2 \times \mathbf{Z}_2$ の群演算表を書け．

8・6 G と H がアーベル群ならば，$G \times H$ もまたアーベル群になることを証明せよ．

8・7 G がアーベル群でないならば，$G \times H$ はアーベル群でないことを証明せよ．

8・8 $\mathbf{Z}_2 \times \mathbf{Z}_3$ の演算表を書け．この群は $\mathbf{Z}_3 \times \mathbf{Z}_2$ と同じ群であるか．

8・9 $(1,1)$ は $\mathbf{Z}_3 \times \mathbf{Z}_2$ の生成元であることを示せ．他に生成元は存在するか．

8・10 $(x,y) \in G \times H$ が $G \times H$ の中で位数 n ならば，そのとき $x \in G$ の位数も，$y \in H$ の位数も n を割り切ることを証明せよ．

9

関　　数

9・1　はじめに

おそらく読者は実数関数やそのグラフを学んだときに，もうすでに関数の定義も見ていると思われる．もし実数関数における関数の定義を知っているなら，この章で与えられる関数の定義がその一般化になっていることを見て取れると思う．また，もし一般化された関数の概念をすでに学んだことがあるなら，この章をその概念，表記，言い回しの復習にしてほしい．

ある文献では，関数は写像ともよばれる．しかし，"関数"と"写像"という用語は，実質同じものである．

9・2　関数の考察

グラフを勉強する中で，$f(x)=x^2$ のような x の関数について述べられる．しかし f が関数とよばれるには，どのような性質をもたなければならないだろうか．

まず第一に，x とは何であろうか．$f(x)=x^2$ の場合に，x は実数であるという暗黙の合意がある．しかしながら，$g(x)=\sqrt{x}$（x の正の平方根）の場合には，x は正の実数か 0 であるという暗黙の合意がある．大事な点は，どちらの場合にも x は何かしらの x が出ていくための出発集合または対象集合という集合の要素であるということである（これらの例では出発集合または対象集合が何であるか，明確には述べられていない）．以下に与えられる関数の一般化の中では，x は領域とよばれる対象集合から取られ，その領域が何であるか明確に述べられるだろう．

第二に，関数 f が x に作用して得られる結果 $f(x)$ はどうであろうか．この結果もまた一つの集合に属している．この集合はよく目的集合，または余域とよばれる．以下の関数の一般化では領域と同様に，余域が何であるか明確に述べられるだろう．たとえば $f(x)=x^2$ では，余域は $\mathbf{R}$ と書かれるかもしれないし，または $\mathbf{R}^+ \cup \{0\}$ と書かれるかもしれない．解析を学んでいるときには，読者はその領域が何であるか明確には述べられなかったかもしれないし，その余域が正確には何であるかを問題にはしていなかったと思う．抽象代数を学ぶときには，読者はいつも目的集合もしくは余域が何であるか，明確に述べられることになる．

第三に，われわれは f は関数であるといわれると，すべての x の値に対して x に対応づけられた $f(x)$ の値を計算する規則が与えられていると思うだろう．ここにしっかりと記しておくべき二つのポイントがある．一つは，その規則は x のすべての値に対して $f(x)$ の値を計算することができなければならないものであるということ，次に，その規則はそれぞれの x の値に対して，ただ一つの $f(x)$ の値が与えられていなければならないということである．$f(x)$ は f による x の像とよばれる．

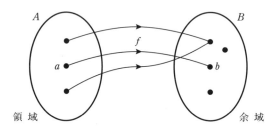

図 9・1　関数の実例

図 9・1 は関数の概念のこれら三つの性質を説明している．この図から次のことを見て取れる．

・出発集合である領域 A
・目的集合である余域 B
・$a \in A$ に対応する元 $b \in B$ を与える規則

領域 A のそれぞれの元 x に対して，余域 B に正確にただ一つの値 $f(x)$ が対応するということは，領域 A のすべての点から余域 B へ正確にただ 1 本の矢が出ているということを意味している．B のすべての元が A の元の像になっている必要はないということを注意しておく．

9・3　関数；上記考察の形式化

> **定　義**　関数 f は三つの構成要素をもっている．すなわち，出発集合 A（**領域**とよばれる），目的集合 B（**余域**とよばれる），A のそれぞれの元 a に B の一意的な要素 b を割り当てる**規則**である．

規則とは正確には何であるかを述べるのは難しい．ここでは，規則とは次を満たす A の元と B の元の結び付き以外の何ものでもない：(1) A のすべての元は B の対応づけられた元をもっている．(2) 二つ以上の B の元と対応づけられる A の元はない．

9・4 関数の表記と言い回し

f が領域 A と余域 B をもった関数であることを示すために，$f: A \to B$ と書き，"f は A を B に写す" という．図 9・1 のような A の元 a と B の元 b に対して，$b = f(a)$ と書き，"f は a を b に写す" という．像の集合

$$\{b \in B : \text{ある } a \in A \text{ に対して } b = f(a)\}$$

は $\mathrm{im} f$ と表される[†]．この集合は f の**値域**ともよばれる．

二つの関数 $f: A \to B$ と $g: C \to D$ は，$A = C$ かつ $B = D$ であり，A のすべての元 x に対して $f(x) = g(x)$ であるならば，**等しい**という．

本書の後に出てくる像集合の概念の自然な拡張として，A の部分集合の像の集合がある．$f: A \to B$，$X \subseteq A$ とする．このとき，A の部分集合 X の像 $f(X)$ は $f(X) = \{f(x) : x \in X\}$ によって定義される．

定　義　関数 $I_A: A \to A$ はすべての $x \in A$ に対して $I_A(x) = x$ として定義され，A 上の**恒等関数**とよばれる．

曖昧さがなければ，添え字 A は省略される．

9・5 例

例 9・5・1　§9・2 で $f(x) = x^2$ と $g(x) = \sqrt{x}$ の二つの例をみたが，f と g の正しい定義は次のようになるだろう．

$$f: \mathbf{R} \to \mathbf{R}, \quad f(x) = x^2$$

そして

$$g: \mathbf{R}^+ \cup \{0\} \to \mathbf{R}, \quad g(x) = \sqrt{x} \ (x \text{ の正の平方根})$$

関数 f, g どちらも，その像の集合は全体の領域 $\mathbf{R}$ と同じにはならないことに注意する．われわれは次のように，違う言い方で関数 f を定義することもできる．

$$f: \mathbf{R} \to \mathbf{R}^+ \cup \{0\}, \quad f(x) = x^2$$

しかしそのとき，二つの関数 f は異なるものであることは注意すべきことである．二つの関数が等しくなるにはそれらの関数が同じ領域，同じ余域，同じ対応の規則をもってなければならない．

例 9・5・2　関数 $f: \mathbf{Z} \to \mathbf{Z}_n$，$f(x) = [x]_n$（$x$ の n を法とする剰余類）を考える．

[†] 訳注: im は image (像) の略で，"イメージ" と読む．

$\mathbf{Z}_n$ は n 個の剰余類 $\{[r]: r=0,1,2,\cdots,n-1\}$ で構成されている．それぞれの r に対して，$f(r)=[r]$ であるので，これらの剰余類のそれぞれは f の値域に入っている．

実際 $\mathbf{Z}_n$ のそれぞれの元 $[r]$ に対して，$[r]$ に写される $\mathbf{Z}$ の無限個の元が存在する．なぜなら，集合 $r+n\mathbf{Z}$ の中のすべての元 x，すなわち $x=r+kn$ の形のすべての整数 x に対して，$f(x)=[r]$ となるからである．

次に well-defined ではない関数のいくつかの例をあげよう．

例9・5・3 $f: \mathbf{Q} \to \mathbf{Z}$ を $f(x)=$ "分数 x の分子" と定義する．

この例は関数の定義における一意性の条件が成り立たない．

例9・5・4 $f: \mathbf{Z} \to \mathbf{Q}$ を $f(n)=1/n$ で与えるとする．

これは $n=0$ に対して定義されない．

例9・5・5 $X=$ "指定された日の時刻の集合"，$Y=$ "その日，ロンドンのヴィクトリア駅を出発する列車の集合" とする．このとき，$f: X \to Y$ を，$f(x)=$ "時刻 x にヴィクトリア駅を出発する列車" として与えるとする．

これは二つの観点で関数にならない．特定の時刻が与えられたとき，その時刻にヴィクトリア駅を出る列車はないかもしれない．いくつかの時刻では，ヴィクトリア駅を出る列車は2本以上あるかもしれない．

9・6 単射と全射

> **定義** 関数 $f: A \to B$ は，もし B のそれぞれの元が，それに写される A の元をたかだか一つだけしかもってないならば，**単射**であるといわれる．"**単射的**"という用語は関数が単射であることを述べるのによく用いられる．

図9・2 は単射を説明している．B のそれぞれの元は，A の元から向かってくるたかだか 1 本の矢をもっている．A の元の像になっていない B の元があってもよいことに注意する．

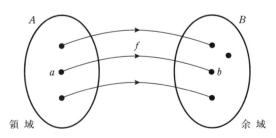

図9・2 関数 $f: A \to B$ は単射

9・6 単射と全射

与えられた関数 f が単射であることを証明することは，もし $f(a)=f(b)$ ならば，そのとき $a=b$ であることを証明することと同値である．証明の1行目に，もう $f(a)=f(b)$ と書いてしまってから証明を始めるとよい．例 9・6・1 はこのことを実践している．

定 義 関数 $f: A \rightarrow B$ は，もし B のそれぞれの元が，それに写される A の元を少なくとも一つもっているならば，**全射**であるといわれる．"**全射的**"という用語は関数が全射であることを述べるのによく用いられる．

図 9・3 は全射を説明している．B のそれぞれの元は A の元から向かってくる少なくとも1本の矢をもっている．B のいくつかの元は A の二つ以上の元の像になっていてもよい．

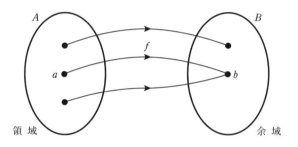

図 9・3 関数 $f: A \rightarrow B$ は全射

定 義 単射かつ全射である関数 $f: A \rightarrow B$ は**全単射**といわれる．"**全単射的**"という用語は関数が全単射であることを述べるのによく用いられる．

図 9・4 は全単射を説明している．B のそれぞれの元は A の元から向かってくるちょうど1本の矢をもっている．

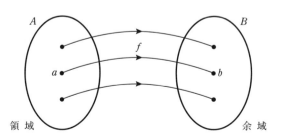

図 9・4 関数 $f: A \rightarrow B$ は全単射

しばしば，"上への関数" という用語が全射の代わりに，"一対一対応" という用語が全単射の代わりに用いられる．本書では，"全射" と "全単射" を用いることにする．

例9・6・1 関数 $f: \mathbf{Z} \to \mathbf{Z}$, $f(n) = n+1$ は単射かつ全射である．
　f が単射であることを証明するために，a と b が f により，同じ像に写されるとする．このとき，$f(a) = f(b)$ であるので，$a+1 = b+1$ となり，よって $a = b$ である．

　この方法が一般的に関数が単射であることを証明するのに用いられる方法である．二つの異なる元が同じ像をもっていると仮定して証明を始め，それから，それらの元自体が同じものでなければならないことを示すのである．

　f が全射であることを証明するためには，余域の中で任意に与えられた元の上に写される元をみつけなければならない．よって，余域の元 n を一つ取り，領域の元 $n-1$ を考える．そのとき，$f(n-1) = (n-1) + 1 = n$ である．

　この方法は関数が全射であることを証明するまったく典型的なものである．余域の中の任意に与えられた元に対して，その上に写される領域の元を見いだすというものである．

　よって，f は単射かつ全射であるので，f は全単射である．

例9・6・2 $p((x, y)) = (x, 0)$ で定義される射影関数[†] $p: \mathbf{R}^2 \to \mathbf{R}^2$ は単射でも全射でもない．
　p が単射でないことを証明するために，領域の中に p による同じ像をもつ二つの元をみつける必要がある．$p((0, 1)) = (0, 0)$ かつ $p((0, 0)) = (0, 0)$ であるので，p は単射ではない．
　p が全射でないことを証明するために，領域 $\mathbf{R}^2$ のどの元の像にもならない余域 $\mathbf{R}^2$ の元をみつける必要がある．
　元 $(0, 1)$ を考え，それが (x, y) の像であると仮定する．このとき，$p((x, y)) = (x, 0) = (0, 1)$ であり，それは $x=0$, $0=1$ を意味している．この二つ目の等式は不可能であるので，そのような元は存在せず，p は全射ではない．

例9・6・3 G を群，g を G の任意の元とする．すべての $x \in G$ に対して，$f(x) = gx$ として定義される関数 $f: G \to G$ は全単射であることを証明せよ．

[†] 訳注：この関数は平面上の点 (x, y) を，垂直に x 軸上に下ろした（上げた）点 $(x, 0)$ に写し，まるでスクリーン x 軸上に点 (x, y) を映し出しているように見えるので，射影関数という名前がついている．

[証明]
単射性：$f(x)=f(y)$ と仮定する．このとき $gx=gy$ であり，定理 14 の 4 より $x=y$ である．したがって，f は単射である．
全射性：y が G の任意の要素であると仮定する．このとき，$g^{-1}y \in G$ であり，$f(g^{-1}y)=g(g^{-1}y)=ey=y$ となるので，f は全射である．

したがって，f は単射的かつ全射的であるので，f は全単射である．■

> G が有限であるとき，G の群演算表で gx という形の元達は左端が g である行に出てくる．f が全単射であるということは G のすべての元がその行にあり，かつ繰返して現れる元がないということをいっている．
> 読者は $f(x)=xg$ として定義される関数 $f: G \to G$ が全単射であるということを示すことによって，列に対してもまったく同じ性質が成り立つことを証明することができる．

9・7 有限集合の単射と全射

領域と余域が有限集合であるとき，全射的，そして単射的な関数について二つの定理をあげよう．その際に，図9・2〜図9・4のような図を読者自身が描いたら，定理を理解するのに役立つと思う．そうしたら，定理の結果は明らかなものに思われるかもしれない．

定理を述べる前に，一つの表記を準備する．X を有限集合とする．そのとき，$|X|$ は X の元の数を表す．

■**定理 25** X と Y を有限集合とし，$f: X \to Y$ を関数とする．このとき，
1. $|f(X)| \leq |X|$
2. $|f(X)|=|X|$ ならば，かつそのときに限り f は単射である．
3. $|f(X)|=|Y|$ ならば，かつそのときに限り f は全射である．

[証明]
1. 関数の定義により，それぞれの $x \in X$ に対して，Y の一つの，かつ唯一である元が定められている．よって，$f(X)$ のそれぞれの元に対して，X の少なくとも一つの元が対応している．それに加えて，$f(X)$ の異なる二つの元で X の同じ元に割り当てられているものはない．したがって，$|f(X)| \leq |X|$ である．
2. ならば $|f(X)|=|X|$ と仮定する．このとき，X と $f(X)$ の元の数は同じである．$x_1, x_2 \in X$ に対して，$f(x_1)=f(x_2)$ と仮定する．もし $x_1 \neq x_2$ ならば，そのとき X の異なる二元の像が同じになっているので，$|f(X)|<|X|$ となる．しかし，$|f(X)|=|X|$ であるので，$x_1=x_2$ であり，f は単射である．

そのときに限り f は単射であると仮定する．このとき $f(x_1)=f(x_2)$ ならば $x_1=x_2$ である．したがって，f は異なる元を異なる元に写すので，$|f(X)|=|X|$ となる．

3. ならば $|f(X)|=|Y|$ と仮定する．このとき，$f(X)$ と Y の元の数は同じである．しかし，$f(X)\subseteq Y$ である．よって $f(X)=Y$ である．したがって，Y のすべての元はある元 $x\in X$ の像である．したがって，f は全射である．

そのときに限り f が全射であると仮定する．そのとき Y のすべての元は X のある元の像である．よって $Y\subseteq f(X)$ である．しかし $f(X)\subseteq Y$ でもある．したがって，$f(X)=Y$ であるので，$|f(X)|=|Y|$ である． ■

定義によって，$f(X)\subseteq Y$ であるので，$|f(X)|\leq|Y|$ である．よって，f が単射ならば $|X|\leq|Y|$ を演繹できる．もしくは，別の言い方をすれば，もし $|X|>|Y|$ ならば，そのとき f は単射ではない．

この結果は**鳩ノ巣原理**とよばれており，(括弧の説明を伴って)次のように述べられる．

いくつかの鳩の巣に入れられようとしている何羽かの鳩がいるとし(すなわち，関数 $f: X\to Y$ のこと)，鳩の巣よりも多い鳩がいるとする (すなわち，$|X|>|Y|$ である)．このとき，2羽以上の鳩が入った鳩の巣が少なくとも一つある (すなわち，f は単射ではない)．

鳩ノ巣原理はいくつかのまったく驚くべき応用をもっている．簡単な例をあげよう．

例 9・7・1 $X=$ はげていない英国人の集合，$Y=100$ 万より小さい正整数の集合とする．$f: X\to Y$ を $f(x)=x$ の頭髪の本数で与える．

男性，女性とも，頭髪を 100 万本以上はもっていないという事実がある (普通はその数は 15 万～20 万本である)．よって f は well-defined である．

また $|X|>|Y|$ というのも事実である．すなわち，はげてない英国人の数は 100 万よりは多い．

鳩ノ巣原理から f は単射ではないことが従うので，同じ髪の本数をもった二人の英国人がいることがわかる．

■ **定理 26** X と Y を $|X|=|Y|$ なる有限集合，$f: X\to Y$ を関数とする．このとき，f が全射ならば，かつそのときに限り f は単射である．

[証明] ならば f が全射であると仮定する．このとき，定理 25 の 3 より $|f(X)|=|Y|$ である．しかし，前提によって $|X|=|Y|$ であるので，$|f(X)|=|X|$ である．したがって，定理 25 の 2 より，f は単射である．

そのときに限り f が単射であると仮定する．このとき，定理 25 の 2 より，$|f(X)|=$

$|X|$ である．しかし，前提によって $|X|=|Y|$ であるので，$|f(X)|=|Y|$ である．このとき，定理25の3によって，f は全射である． ∎

この章で学んだこと
- "関数" と "写像" という用語の意味
- 関数についての言い回しと表記
- "単射"，"全射"，"全単射" という用語の意味
- 与えられた関数が単射，全射，全単射であること，またはこれらのどれでもないことを証明する方法
- "鳩ノ巣原理" とは何か

演習問題 9

9・1 $f(x)=\sin x$ によって定義される $f: \mathbf{R} \to \mathbf{R}$ は，単射でも全射でもないことを証明せよ．

9・2 単射であるが全射ではない関数 $f: \mathbf{R} \to \mathbf{R}$ の例をあげよ．

9・3 全射であるが単射ではない関数 $f: \mathbf{R} \to \mathbf{R}$ の例をあげよ．

9・4 次のそれぞれの例において領域，余域はともに $\mathbf{R}$ とし，規則 f が与えられている．どの規則が関数になるか決定せよ．もしそれが関数ならば，それが単射であるか，また全射であるかを決定せよ．またその答えを論証せよ．答えは演習問題 10・2 で用いるので残しておくこと．

a) $f(x)=x^2$
b) $f(x)=x^3$
c) $f(x)=1/x$
d) $f(x)=\cos x$
e) $f(x)=\tan x$
f) $f(x)=e^x$
g) $f(x)=|x|$
h) $f(x)=\text{int } x$ （int x は x 以下の整数のうち最大のもの）
i) $f(x)=\sqrt{x}$
j) $f(x)=x+1$
k) $f(x)=\sin^{-1} x$
l) $f(x)$ は x より大きい実数のうち最小のもの

9・5 $f(x)=\sqrt{x}$ によって定義される関数 $f: \mathbf{R}^+ \cup \{0\} \to \mathbf{R}^+ \cup \{0\}$ は全単射であることを証明せよ．

9・6 $f(x)=1/x$ によって定義される関数 $f: \mathbf{R}^* \to \mathbf{R}^*$ は全単射であることを証明せよ．

9・7 次によって定義される関数 $f: \mathbf{Z} \to \mathbf{N}$ は全単射であることを証明せよ．
$$f(n) = \begin{cases} n > 0 \text{ ならば } 2n \\ n \leq 0 \text{ ならば } 1 - 2n \end{cases}$$

9・8 f が次のものになるか，ならないかを，関数 $y=f(x)$ のグラフを用いてどのようにいうことができるか．
  a) 単 射
  b) 全 射
  c) 全単射

9・9 次のそれぞれの主張が正しいか誤りかチェックせよ．
  a) すべての $x \in \mathbf{R}$ に対して，$f(x)=0$ である関数 $f: \mathbf{R} \to \mathbf{R}$ は全単射である．
  b) $f(x)=x+1$ なる関数 $f: \mathbf{Z}_3 \to \mathbf{Z}_3$ は単射である．
  c) 全単射であるすべての関数は全射でもある．
  d) $f((x,y))=(y,x)$ によって定義される $f: \mathbf{R} \times \mathbf{R} \to \mathbf{R} \times \mathbf{R}$ は全単射である．

9・10 $P=\{$実数係数の x についての多項式全体$\}$ とする．次のそれぞれの場合において，次の方法で定められる $f: P \to P$ は関数であるかどうか決定せよ．もしそうであるなら，それが単射であるか，また全射であるかを決定せよ．

  a) $f(p) = \dfrac{d(p(x))}{dx}$

  b) $f(p) = \int p(x)\,dx$

  c) $f(p) = \displaystyle\int_0^x p(t)\,dt$

  d) $f(p) = xp(x)$

9・11 G を群，g を G の任意の元とする．$f(x)=xg$ によって定義される関数 $f: G \to G$ は全単射であることを証明せよ．

10

関 数 の 合 成

10・1 はじめに

一つの関数の余域がもう一つの関数の領域になっているとき，図10・1で示されるような方法で二つの関数を結び付けることができる．

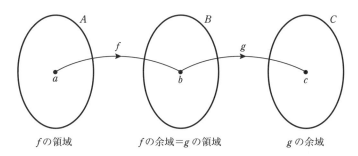

図 10・1　関数 f の後に関数 g を施す．

図 10・1 において，$b=f(a)$，$c=g(b)$ である．合成関数は集合 A の a を集合 C の c へ直接写す関数である．この考え方は §10・2 でさらに形式的に設定される．

10・2 合成関数

まず最初に，a を c にもっていく規則が，実際適切に定義された関数になることを確立させなければならない．

■ **定理 27**　$f: A \to B$，$g: B \to C$ を関数とする．このとき，$h(x)=g(f(x))$ なる $h: A \to C$ は関数である．

[証明]　h が関数であることを示すために，その領域と余域を示し，その領域のすべての元に対して，余域の一意的な元が存在することを示す必要がある．この場合に，領域は A，余域は C である．よって，残るは存在性と一意性である．それぞれの元 $a \in A$ に対して，B に一意的な元 $f(a)=b$ が存在する．さらに，その元 $b \in B$ に対して，C に一意的な元 $g(b)=c$ が存在する．よって，それぞれの $a \in A$ に対して，

$c=g(f(a))$ なる一意的な元 $c \in C$ が存在する．

これは $h(x)=g(f(x))$ なる $h: A \to C$ が関数であることを示している． ∎

$f: A \to B$, $g: B \to C$ を関数とする．このとき，$h(x)=g(f(x))$ なる $h: A \to C$ は f と g の**合成**とよばれ，しばしば $g \circ f$ や gf と書かれる．このとき，$(g \circ f)(x)=g(f(x))$ である．

> 合成関数 $g \circ f$ は "g 丸 f" と読まれる．この章と次の章で，表記 $g \circ f$ が明確な表記として用いられる．ついで，表記 gf が簡潔な表記として用いられる．

合成関数が適切に定義されるために，関数 $f: A \to B$ が全射である必要はないことに注意する．たとえば，$f: \mathbf{R} \to \mathbf{R}$ が $f(x)=\sin x$, $g: \mathbf{R} \to \mathbf{R}$ が $g(x)=2x$ と与えられているとする．このとき，関数 $(g \circ f): \mathbf{R} \to \mathbf{R}$ は f の像集合が集合 $\{x \in \mathbf{R}: -1 \leq x \leq 1\}$ であっても，$(g \circ f)(x)=g(f(x))=2 \sin x$ と定義できる．

関数 $f: A \to A$, $g: A \to A$ の場合には，$g \circ f$ も $f \circ g$ もどちらも $A \to A$ なる関数であるが，これらは等しくなくてもよい．たとえば，$f: \mathbf{R} \to \mathbf{R}$ が $f(x)=2x+1$, $g: \mathbf{R} \to \mathbf{R}$ が $g(x)=2x$ で与えられているとする．このとき，$(f \circ g)(1)=f(g(1))=f(2)=5$, $(g \circ f)(1)=g(f(1))=g(3)=6$ である．

10・3 合成関数の性質

関数 $f: A \to B$, $g: B \to C$ について，何かしらがわかっているとき，合成関数 $g \circ f: A \to C$ について何か演繹できるだろうか．たとえば，もし f と g がどちらも全射であるなら，$g \circ f$ も全射になるだろうか．

> 答えは yes である．結果自体はあまり重要ではないが，証明の手法は重要である．全射についての証明の常套手段は，像 C の与えられた元に写される A の元をみつけるというものである．

例10・3・1 $f: A \to B$ と $g: B \to C$ がどちらも全射であるならば，$g \circ f: A \to C$ もまた全射になることを証明せよ．

[証明] 合成関数の条件は満たされているので，合成関数 $g \circ f: A \to C$ が存在する．今，c を C の任意の元であると仮定する．このとき，g は全射であるので，$g(b)=c$ なる元 $b \in B$ が存在する．そして，f は全射であるので，$f(a)=b$ なる元 $a \in A$ が存在する．それゆえ，$(g \circ f)(a)=g(f(a))=g(b)=c$ である．よって $g \circ f: A \to C$ は全射である． ∎

例10・3・2 $f: A \to B$ は単射，$g: B \to C$ は全射であると仮定する．われわれは次

をそれぞれ演繹することができるだろうか．(1) 関数 $g \circ f: A \to C$ は全射である，(2) 関数 $g \circ f: A \to C$ は単射である．

[解答] (1) われわれは $g \circ f: A \to C$ は全射であるということを演繹することはできない．たとえば，$f: \{a, b\} \to \{p, q, r\}$ を $f(a) = p,\ f(b) = q$ として与えるとする．このとき f は単射である．$g: \{p, q, r\} \to \{s, t\}$ を $g(p) = g(q) = s,\ g(r) = t$ として与えるとする．このとき g は全射である．今，$(g \circ f): \{a, b\} \to \{s, t\}$ は $(g \circ f)(a) = s$, $(g \circ f)(b) = s$ として与えられる．よって，$(g \circ f)(x) = t$ なる $x \in A$ は存在しないので，$g \circ f: A \to C$ は全射ではない．

(2) また $g \circ f: A \to C$ は単射ではない．なぜなら，a と b は $g \circ f$ によって，C の同じ元 s に写される A の異なる二つの元になる．

この節の結びとして，一見明らかである定理の証明を与える．

■ **定理 28** 任意の関数 $f: A \to A$ に対して，$I_A \circ f = f = f \circ I_A$ となる．

I_A は §9・4 末に定義された A 上の恒等関数であることを思い出そう．

[証明] $a \in A$ に対して，$(I_A \circ f)(a) = I_A(f(a)) = f(a)$ である．また $(f \circ I_A)(a) = f(I_A(a)) = f(a)$ である．　■

10・4 逆 関 数

関数について一つの重要な問題がある．$f: A \to B$ を関数とする．どのような状況のもと，f と反対の効果をもたらす B から A への逆の関数 g が存在するだろうか．すなわち，どのような条件のもと，関数 $g: B \to A$ で，$f(a) = b$ であるときに $g(b) = a$ であるようなものが存在するだろうか．

答えは次のようになる．$f: A \to B$ が全単射であるならば，かつそのときに限り $f: A \to B$ の効果を逆転させる関数 $g: B \to A$ が存在する．

この明らかで簡単な主張の証明は長くて，細かいものになる．読者がその証明を飛ばしたいなら，この節の最後まで飛ばしてもよい．後で詳細のチェックが必要になったとき，この部分を再読すればよい．

■ **定理 29** $f: A \to B$ は，すべての $a \in A$ に対して $g(f(a)) = a$ であり，かつすべての $b \in B$ に対して $f(g(b)) = b$ である関数 $g: B \to A$ が存在するならば，かつそのときに限り全単射である．

[証明] 次の二つの主張を考える．

1. すべての $a \in A$ に対して $g(f(a))=a$ であり，かつすべての $b \in B$ に対して $f(g(b))=b$ である関数 $g: B \to A$ が存在する．
2. $f: A \to B$ は全単射である．

> 証明は二つの段階に分けられる．第一段階として，主張1が正しいならば，主張2が正しいことを示す．つまり，fは単射的，かつ全射的になることを示す．

上述の主張1が正しいと仮定する．

単射性：もし $f(x)=f(y)$ ならば，そのとき $g(f(x))=g(f(y))$ である．よって前提である主張1の前半によって，$x=y$ である．それゆえ，$f: A \to B$ は単射である．

全射性：もし $b \in B$ とすると，前提である主張1の後半から $b=f(g(b))$ は $g(b) \in A$ の f による像である．よって，$f: A \to B$ は全射である．

以上より，$f: A \to B$ は全単射である．

> 第二段階として，主張2が正しいならば，主張1が正しいことを示す．第二段階の最初に，関数 g が well-defined であることを示す．

$f: A \to B$ は全単射であると仮定する．

well-defined：f は全射であるので，すべての $b \in B$ に対して $f(a)=b$ なる少なくとも一つの元 $a \in A$ が存在する．しかし，b が与えられたとき，f は単射であるので，$f(a)=b$ なる a は二つ存在することはできない．したがって，$f(a)=b$ なるその一意的な $a \in A$ を $g(b)$ と定めて，well-defined な関数 $g: B \to A$ を得る．

> よって g は well-defined である．次に，われわれは関数 g が求められている条件を満たすことを示さなければならない．

さらに，$b \in B$ に対して，$f(g(b))=f(a)=b$ である．

また，$a \in A$ に対して，もし $b=f(a)$ と書けば，そのとき $g(b)$ はその構成法より a と等しいので，$g(f(a))=a$ となる．これは定理の証明を完成させる． ∎

定理29は $f: A \to B$ に対して，$g \circ f = I_A$ かつ $f \circ g = I_B$ なる関数 $g: B \to A$ が存在するならば，かつそのときに限り f は全単射であるということをいっている．以上から何を結論づけることができるだろうか．われわれは今，逆関数を定義することができる．

> **定 義** 定理29の関数 $g: B \to A$ は f の**逆関数**とよばれる．

この節で紹介するもう一つの結果を証明しよう．

■ **定理 30** $f: A \to B$ は全単射であるとする．このとき，すべての $a \in A$ に対して $g(f(a)) = a$ であり，かつすべての $b \in B$ に対して $f(g(b)) = b$ である関数 $g: B \to A$ は (1) 全単射である．そして (2) f によって一意的に決まる．

[証明] 関数 f は g の逆関数であるための条件を満たしているので，定理29 は g に適用される．これは g が全単射であることを示している．

> 2番目の部分を証明するにあたって，二つの関数が等しいというのは，同じ領域と余域をもち，領域のすべての元を同じ所に写すということであることを思い出そう．

一意性を証明するために，$g: B \to A$ と $h: B \to A$ がどちらも f の逆関数であると仮定する．このとき，すべての $b \in B$ に対して $f(g(b)) = b = f(h(b))$ である．したがって，f は単射であるので，すべての $b \in B$ に対して $g(b) = h(b)$ である．したがって，$g = h$ である． ■

よって今，われわれは上述の条件を満たす g は全単射 $f: A \to B$ の (唯一の) 逆関数であるということができる．$f: A \to B$ の逆関数とは $f^{-1}: B \to A$ で $f \circ f^{-1} = I_B$ かつ $f^{-1} \circ f = I_A$ を満たすものである．

10・5 関数の結合性

$f: A \to B$, $g: B \to C$, $h: C \to D$ を関数とする．このとき，これらの関数を2通りの方法で結び付けて，合成関数を形成することができる．まず f と g を結び付けて $g \circ f$ を得，それから $g \circ f$ と h を結び付けて関数 $h \circ (g \circ f): A \to D$ を得る．または逆にして，$(h \circ g) \circ f: A \to D$ を得る．読者はおそらくどのような順序で結び付けても結果は同じになると思うだろう．その推測は正しい！

そのことを証明するために，§10・2 の定義に立ち返る必要がある．

■ **定理 31** $f: A \to B$, $g: B \to C$, $h: C \to D$ を関数とする．このとき $(h \circ g) \circ f = h \circ (g \circ f)$ である．

[証明] 式 $[(h \circ g) \circ f](x)$ に合成関数の定義を適用し，$[(h \circ g) \circ f](x) = (h \circ g)(f(x)) = h[g(f(x))]$ を得る．同様に $[h \circ (g \circ f)](x) = h[(g \circ f)(x)] = h[g(f(x))]$ を得る．$(h \circ g) \circ f$, $h \circ (g \circ f)$ の領域と余域は同じであり，A の任意の元 x に対して，$[(h \circ g) \circ f](x) = [h \circ (g \circ f)](x)$ であるので，関数 $(h \circ g) \circ f$ と $h \circ (g \circ f)$ は等しい． ■

また，ある種の一般化された結合法則が合成関数に対して成り立つことをみるのは簡単だが，その証明をきちんと記述するのは大変面倒である．つまり，もし p, q,

r, s がきちんと合成できるような適当な領域と余域をもっている関数であるなら,括弧を付けることなく,関数 $s \circ r \circ q \circ p$ のようにいうことができる.

10・6 合成関数の逆関数

集合と関数に対する通常の図式を圧縮したものを導入すると便利である.$f: A \to B$, $g: B \to C$ を関数とする.これらの関数と $g \circ f: A \to C$ が図 10・2 に表されている.

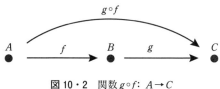

図 10・2 関数 $g \circ f: A \to C$

今,関数 $f: A \to B$, $g: B \to C$ がどちらも全単射であり,逆関数 $f^{-1}: B \to A$ と $g^{-1}: C \to B$ が存在していると仮定する.われわれは合成関数 $g \circ f: A \to C$ の逆関数について,どのようなことをいうことができるだろうか.図 10・3 はその状況を明確にしている.

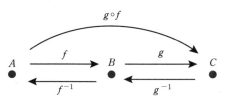

図 10・3 $g \circ f: A \to C$ の逆関数をみつける.

図 10・3 から,われわれは関数 $g \circ f$ の逆関数は $f^{-1} \circ g^{-1}$ になるだろうと推測することができる.

■ **定理 32** 二つの関数 $f: A \to B$, $g: B \to C$ がどちらも全単射であるとする.このとき,関数 $g \circ f: A \to C$ の逆関数が存在し,それは関数 $f^{-1} \circ g^{-1}: C \to A$ となる.さらに $g \circ f$ と $f^{-1} \circ g^{-1}$ はどちらも全単射である.

> この結果を証明するためには,§10・4 に戻り,その詳細を読む必要がある.つまりわれわれは $(f^{-1} \circ g^{-1}) \circ (g \circ f) = I_A$ と $(g \circ f) \circ (f^{-1} \circ g^{-1}) = I_C$ を確かめる必要があるのである.

[証明] まず，

$$\begin{aligned}(f^{-1}\circ g^{-1})\circ(g\circ f) &= f^{-1}\circ(g^{-1}\circ(g\circ f))\\ &= f^{-1}\circ((g^{-1}\circ g)\circ f)\\ &= f^{-1}\circ(I_B\circ f)\\ &= f^{-1}\circ f \qquad \text{定理 28 を使って}\\ &= I_A \end{aligned} \qquad (10\cdot 1)$$

次に，

$$\begin{aligned}(g\circ f)\circ(f^{-1}\circ g^{-1}) &= g\circ(f\circ(f^{-1}\circ g^{-1}))\\ &= g\circ((f\circ f^{-1})\circ g^{-1})\\ &= g\circ(I_B\circ g^{-1})\\ &= g\circ g^{-1} \qquad \text{定理 28 を再び使って}\\ &= I_C \end{aligned} \qquad (10\cdot 2)$$

したがって，$f^{-1}\circ g^{-1}$ は $g\circ f$ の逆関数である．
また定理 29 から，$g\circ f$ と $f^{-1}\circ g^{-1}$ が全単射であることが従う． ∎

定理 32 はある行動を実行し，それを戻すという言い回しで考えることができる．たとえば，靴下を履き，それから靴を履くという結果を逆にしたいなら，まず靴を脱ぎ，それから靴下を脱ぐことになるだろう．

10・7 集合からそれ自身への全単射

読者はここまで読んでみて，おそらくもうすでに，集合 A からそれ自身への全単射の集合は群を形成するのではないかと推察しているかもしれない．ここにその事実の証明を与えよう．

■ **定理 33** 集合 A からそれ自身への全単射の集合は合成を演算として群となる．

[証明] $f: A\to A,\ g: A\to A$ が全単射であると仮定する．$f\circ g$ が全単射であるのは定理 32 からすぐに従う．

f, g, h が $A\to A$ なる全単射であるとする．そのとき，定理 31 より $f\circ(g\circ h) = (f\circ g)\circ h$ である．よって関数の合成は結合的である．

恒等関数 $I_A: A\to A$ は明らかに全単射であり，定理 28 から，任意の関数 $f: A\to A$ に対して，$I_A\circ f = f\circ I_A = f$ が成り立つ．したがって，この恒等全単射 I_A は群の恒等元の条件を満たす．

最後に，定理 29 と定理 30 から，$f: A\to A$ が全単射であるので，その逆関数 $f^{-1}: A\to A$ が存在し，f^{-1} は全単射であり，$f^{-1}\circ f = f\circ f^{-1} = I_A$ となる．

すべての群の公理が満たされるので，全単射 $A \to A$ の集合は合成を演算として群となる．■

> 単語 "恒等" はこの証明の中で 2 通りの意味で用いられている．A からそれ自身への "恒等" 関数は群の "恒等" 元の条件を満たしている．

この章で学んだこと

- 二つの関数の合成が意味するもの，その表記，それが存在するための条件
- 逆関数とは何か，逆関数が存在するための条件，関数達の合成の逆関数の求め方
- 関数の合成が結合的であること
- 集合からそれ自身への全単射の集合は合成の演算によって群となる

演習問題 10

10・1 もし $f: A \to B$, $g: B \to A$ が $g \circ f = I_A$ を満たすならば，そのとき f は単射であり，g は全射であることを証明せよ．

10・2 演習問題 9・4 において，次のそれぞれが関数の定義を満たすかどうか，またそうであるなら，それが単射であるか，また全射であるかを決定した．演習問題 9・4 に対する読者の答えを用いて，逆関数をもつ関数はどれか答え，その逆関数を求めよ．

a) $f(x) = x^2$
b) $f(x) = x^3$
c) $f(x) = 1/x$
d) $f(x) = \cos x$
e) $f(x) = \tan x$
f) $f(x) = e^x$
g) $f(x) = |x|$
h) $f(x) = \text{int } x$ ($\text{int } x$ は x 以下の最大の整数である)
i) $f(x) = \sqrt{x}$
j) $f(x) = x + 1$
k) $f(x) = \sin^{-1} x$
l) $f(x)$ は x より大きい最小の実数である．

10・3 次によって定義される関数 $g: \mathbf{N} \to \mathbf{Z}$ は，演習問題 9・7 の関数 $f: \mathbf{Z} \to \mathbf{N}$ の逆関数であることを示せ．

$$g(n) = \begin{cases} n \text{ が奇数ならば } n/2 \\ n \text{ が偶数ならば } (1-n)/2 \end{cases}$$

10・4 次のそれぞれの主張が正しいか誤りかチェックせよ.
  a) $f \circ g$ の逆関数は $f^{-1} \circ g^{-1}$ である.
  b) f が全単射であるならば, f は単射である.
  c) 単射はもしそれが全射ならば, かつそのときに限り全単射である.
  d) 有限集合からそれ自身への単射はまた全射である.
  e) 無限集合からそれ自身への単射はまた全射である.

10・5 A を集合, X を A の任意の部分集合とする. 定理33から, $A \to A$ なる全単射全体からなる集合 B は関数の合成によって, 群を形成する. その部分集合 $H = \{f \in B : f(X) = X\}$ は B の部分群であることを証明せよ.

> $f(X) = X$ はすべての $x \in X$ に対して $f(x) = x$ であることを意味しない. $f(X) = X$ としても, すべての $x \in X$ に対して, $f(x)$ は X の元ではあるが, 必ずしも特定の元 x と等しくなるわけではない.

11

同　　型

11・1　はじめに

読者は 6〜8 章で,構成した群演算表達の間には相似性があることに気が付かれたのではないかと思う.

たとえば乗法により,$\{1, -1\}$ で構成される群は,$\{I, X\}$ で構成される D_3 の部分群ととてもよく似ている.図 11・1 (a) と 11・1 (b) はこれら二つの群を表している.読者はこれらが同じ構造をもっていることを,見て取ることができると思う.

(a)	1	−1
1	1	−1
−1	−1	1

(b)	I	X
I	I	X
X	X	I

図 11・1　(a) 群 $(\{1, -1\}, \times)$ と (b) D_3 の部分群 $\{I, X\}$

もし 1 を I,−1 を X に置き換えたら,上の二つの表はまったく同じになる.唯一の違いは元の名前のつけ方だけである.これは同型といわれているものの一つの例になっている.さらに例を二つあげよう.

例 11・1・1　群 $(\mathbf{Z}_4, +)$ は図 11・2 (a) に,群 $(\{1, i, -1, -i\}, \times)$ は図 11・2 (b) に表されている.

(a)	0	1	2	3
0	0	1	2	3
1	1	2	3	0
2	2	3	0	1
3	3	0	1	2

(b)	1	i	−1	$-i$
1	1	i	−1	$-i$
i	i	−1	$-i$	1
−1	−1	$-i$	1	i
$-i$	$-i$	1	i	−1

図 11・2　群 (a) $(\mathbf{Z}_4, +)$ と (b) $(\{1, i, -1, -i\}, \times)$

再び,読者はこれらの群演算表が構造において同一のものであることを見て取る

ことができることと思う.唯一の違いは元の名前のつけ方だけである.もし0を1,1をi,2を-1,3を$-i$に置き換えたら,これらの演算表は同一のものとなる.

> 二つの群演算表がいつ同一のものとなるかをみるのは,いつもそんなに簡単なわけではない.たとえば,演算表があまりに大きくて書ききれなかったり,構造についての情報が何らかの方法で隠されているかもしれない.

例11・1・2 今,例5・2・1の群と$(\mathbf{Z}_4, +)$を考える.図11・3に示されているこれら二つの群は,構造的に同一であるだろうか.

(a)

	2	4	6	8
2	4	8	2	6
4	8	6	4	2
6	2	4	6	8
8	6	2	8	4

(b)

	0	1	2	3
0	0	1	2	3
1	1	2	3	0
2	2	3	0	1
3	3	0	1	2

図11・3 群 (a) $(\{2, 4, 6, 8\}, \times \bmod 10)$ と (b) $(\mathbf{Z}_4, +)$

[**解答**] 状況はそれほど簡単ではない.一見,読者は二つの群は同じ構造にはなっていないようにみえるかもしれない.しかし,もう少し考えてみよう.もし図11・3 (a)において,まず2||4 8 2 6|の行と6||2 4 6 8|の行を入替えて,それから2と6が先頭にある二つの列を入替えたら,図11・4 (a)のようになる.次に,もしその2||2 8 4 6の行と4||4 6 8 2の行を入替えて,それから2と4が先頭にある二つの列を入替えたら,図11・4 (b)のようになる.

(a)

	6	4	2	8
6	6	4	2	8
4	4	6	8	2
2	2	8	4	6
8	8	2	6	4

(b)

	6	2	4	8
6	6	2	4	8
2	2	4	8	6
4	4	8	6	2
8	8	6	2	4

図11・4 (a) 図11・3 (a) の行と列を交換した図と,(b) さらに行と列を交換した図

このとき,図11・3 (b) と図11・4 (b) は $6 \to 0$, $2 \to 1$, $4 \to 2$, $8 \to 3$ とすると,同じ構造をもっていることが見て取れる.このように,二つの演算表が同じ構造をもっているかどうか決定するには,これらを再編成しなければならないかもしれないわけである.

次に二つの群が同型でない例をあげよう．

例 11・1・3 図 11・5 (a) は群 $\mathbf{Z}_2 \times \mathbf{Z}_2$，図 11・5 (b) は群 $(\mathbf{Z}_4, +)$ を示している．

(a)	(0,0)	(1,0)	(0,1)	(1,1)
(0,0)	(0,0)	(1,0)	(0,1)	(1,1)
(1,0)	(1,0)	(0,0)	(1,1)	(0,1)
(0,1)	(0,1)	(1,1)	(0,0)	(1,0)
(1,1)	(1,1)	(0,1)	(1,0)	(0,0)

(b)	0	1	2	3
0	0	1	2	3
1	1	2	3	0
2	2	3	0	1
3	3	0	1	2

図 11・5　(a) $\mathbf{Z}_2 \times \mathbf{Z}_2$ と (b) $\mathbf{Z}_4$

図 11・5 (a) の対角線の部分をみると，$\mathbf{Z}_2 \times \mathbf{Z}_2$ ではそれぞれの元をそれ自身に掛けると，$\mathbf{Z}_2 \times \mathbf{Z}_2$ の恒等元 (0,0) になっていることがわかる．それに反して，$\mathbf{Z}_4$ では同様のことは成り立たない．図 11・5 (b) の元の順序を変えたり，名前を変えたりしても対角線上のすべての元を $\mathbf{Z}_4$ の恒等元である 0 と等しくすることはできないので，これらは違う構造をもつ群の例になっている．なぜなら対角線上の元はいつも群の元の "平方" になっており，$\mathbf{Z}_4$ においては $1+1=2$，$3+3=2$ であるからである．

よって $\mathbf{Z}_2 \times \mathbf{Z}_2$ は $\mathbf{Z}_4$ と同じ構造をもっていないことがわかる．

11・2　同　型

"同型" という言葉本来の意味は "等しい構造" という意味であり，この用語は数学的にも同じ意味で用いられる．

大ざっぱに考えてみて，もし二つの群 G と H が同じ構造をもつのであれば，大きさも同じであるということが予想される．つまり，G と H の元の間には全単射が存在するということを主張するのは自然である．

> 例 11・1・3 でみたように，単に全単射をもつだけでは同型であるには十分ではない．それはまるで自動車のショールームに行って，見たところ同一らしい 2 台の自動車の中から購入する自動車を決めなければいけないという状況ととても似ている．それらが同じ部品をもっているということは，購入を決めるのには十分ではない．部品はともにうまくはまらないといけないし，正しく適合して動かなければならない．単に 2 台の自動車の部品の間に全単射があるといっても，1 台はきちんと組立てられて運転できる状況でも，もう 1 台は床に積み上がった部品の山に過ぎないかもしれないのである．

しかしながら，読者は図 11・6 の一部だけ書かれた群演算表を注意してみると，同型であるために重要なもう一つの条件を推測することができることと思う．

	b		B
a	$a \circ b$	A	$A \cdot B$

図 11・6 これが同型の定義へ導く．

$(G, \circ), (H, \cdot)$ は群であり，全単射 $f: G \rightarrow H$ で $f(a)=A, f(b)=B$ であるようなものが定義されているとする．そのとき，もし群が同じ構造をもっているなら，積 $a \circ b$ は積 $A \cdot B$ と対応していなければならない．すなわち $f(a \circ b)=A \cdot B$ とならなければならない．そしてさらに，このことは G のすべての元 a, b に対して，成り立たなければならない．

> **定 義** 二つの群 $(G, \circ)$ と $(H, \cdot)$ は，もし全単射 $f: G \rightarrow H$ で，すべての $x, y \in G$ に対して，$f(x \circ y)=f(x) \cdot f(y)$ となるものが存在するならば，**同型**である．G と H が同型であることを表すのに，しばしば $G \cong H$ という表記が用いられる．

しばしば，両方の群の演算表記として，単に通常の積表記が用いられる．このとき，条件 $f(x \circ y)=f(x) \cdot f(y)$ は $f(xy)=f(x)f(y)$ となる．

この定義から，すぐにいくつかの結果が従う．たとえば，同型は単に名前のつけ替えに過ぎないので，G の恒等元の像が H の恒等元にならなければおかしい．同様に，$x \in G$ に対して，x^{-1} は H の $f(x)$ の逆元に写されることが予想できる．

■ **定理 34** もし $f: G \rightarrow H$ が群 G, H の同型であり，e が G の恒等元であるならば，このとき $f(e)$ は H の恒等元になる．さらに $x \in G$ とすると，$f(x^{-1})$ は H における $f(x)$ の逆元になる．

[証明]

> 途中で関係 $f(xy)=f(x)f(y)$ が用いられる．

e を G の恒等元，e_H を H の恒等元とする．y を H の任意の元とする．f は全射であるので，元 $x \in G$ で $f(x)=y$ なるものが存在する．このとき，$y=f(x)=f(ex)=f(e)f(x)=f(e)y$ かつ $y=f(x)=f(xe)=f(x)f(e)=yf(e)$ であり，$f(e)y=y=yf(e)$ となる．これから $f(e)$ が H の恒等元であることが従う．よって $f(e)=e_H$ である．

> $f(x^{-1})$ が $f(x)$ の逆元であることを証明するには，$f(x^{-1})f(x)=f(x)f(x^{-1})=e_H$ を証明しなければならない．よって $f(x^{-1})f(x)$ より始める．

$f(xy)=f(x)f(y)$ を用いて，$f(x^{-1})f(x)=f(x^{-1}x)=f(e)=e_H$ となる．また，$f(x)f(x^{-1})=f(xx^{-1})=f(e)=e_H$ となる．これは証明を完成させる． ■

11・3 二つの群が同型であることの証明

二つの群 G と H が同型であることを証明するには，全単射 $f: G \to H$ をつくり，この f に対して関係 $f(xy)=f(x)f(y)$ が成り立つことを示す必要がある．

群が小さいときは，元達が対応するように群の演算表を書くことによって，同型であることを割と容易に示すことができる．これは実際には，全単射をつくって，一つ一つ $f(xy)=f(x)f(y)$ が成り立つことを確かめているのである．

しかしながら，通常は別のやり方で同型を定めた方が実用的である．一つの例をあげよう．

例 11・3・1 $\mathbf{Z}_6 \cong \mathbf{Z}_2 \times \mathbf{Z}_3$ を証明せよ．

[証明] 関数 $f: \mathbf{Z}_6 \to \mathbf{Z}_2 \times \mathbf{Z}_3$ を $f([a]_6)=([a]_2, [a]_3)$ で定義する（4章を見よ）．

> 4章から，$[a]_6$ は6による割り算において a の余りと同じになる整数全体の集合であることを思い出してほしい．つまり，$[a]_6=\{\cdots, a-12, a-6, a, a+6, a+12, \cdots\}$ である．f が well-defined であることを示すには，$f(\{\cdots, a-12, a-6, a, a+6, a+12, \cdots\})$ が $[a]_6$ のどの元をもってきても同じになることを示さなければならない．言い換えると，a と b が6による割り算で同じ余りをもっているなら，そのとき $([a]_2, [a]_3)=([b]_2, [b]_3)$ となることを示すということである．

well-defined：$a, b \in \mathbf{Z}$ を $[a]_6=[b]_6$ であるものとする．そのとき $a \equiv b \pmod{6}$ であるので，6は $a-b$ を割り切る．したがって，2も3も $a-b$ を割り切るので，$a \equiv b \pmod{2}$，$a \equiv b \pmod{3}$ である．よって $[a]_2=[b]_2$，$[a]_3=[b]_3$ となり，$([a]_2, [a]_3)=([b]_2, [b]_3)$ が従う．

単射性：もし $f([a]_6)=f([b]_6)$ であるならば，そのとき $([a]_2, [a]_3)=([b]_2, [b]_3)$ であるので，$[a]_2=[b]_2$，$[a]_3=[b]_3$ である．したがって，$a \equiv b \pmod{2}$，$a \equiv b \pmod{3}$ である．それゆえ，2も3も $a-b$ を割り切り，2と3は互いに素であるので，6が $a-b$ を割り切る．したがって，$a \equiv b \pmod{6}$ であり，$[a]_6=[b]_6$ となる．

全射性：$\mathbf{Z}_6$ と $\mathbf{Z}_2 \times \mathbf{Z}_3$ はどちらも6個の元をもっており，f は単射である．したがって，定理26により，f は全射である．

最後に，$[a]_6=[b]_6 \in \mathbf{Z}_6$ に対して，

$$\begin{aligned}
f([a]_6 + [b]_6) &= f([a+b]_6) \\
&= ([a+b]_2, [a+b]_3) \\
&= ([a]_2+[b]_2, [a]_3+[b]_3) \\
&= ([a]_2, [a]_3) + ([b]_2, [b]_3) \\
&= f([a]_6) + f([b]_6)
\end{aligned} \tag{11・1}$$

であるので，二つの群は同型であることが証明できた． ■

次の定理は，同じ位数をもつ任意の二つの巡回群は同型であることを示している．

■ 定理 35
1. すべての無限巡回群は $(\mathbf{Z}, +)$ と同型である．
2. 有限位数 n をもつすべての巡回群は $(\mathbf{Z}_n, +)$ と同型である．

[証明]
1. A を無限巡回群，a を A の生成元とする．$f: \mathbf{Z} \to A$ を $f(r) = a^r$ で定義する．
全射性：すべての A の元は a の巾である．
単射性：$f(r) = f(s)$ とすると，$a^r = a^s$ であるので，定理 17 の 1 により，$r = s$ となる．したがって，f は単射である．

最後に，$f(r+s) = a^{r+s} = a^r a^s = f(r)f(s)$．よって f は同型である．

2. A を位数 n をもつ有限巡回群，a を A の生成元とする．$f: \mathbf{Z}_n \to A$ を $f([r]) = a^r$ で定義する．

> この関数が well-defined であることを示すには，もし $[r] = [s]$ ならば，$f([r]) = f([s])$，すなわち $a^r = a^s$ であることを示さなければならない．

well-defined：$[r] = [s]$ とすると，$r \equiv s \pmod{n}$ であるので，定理 17 の 2 より $a^r = a^s$ である．
全射性：A のすべての元は a の巾であるので，f は全射である．
単射性：定理 26 によって，$|\mathbf{Z}_n| = |A|$ かつ f は全射であるので，f は単射である．

最後に，$f([r]+[s]) = f([r+s]) = a^{r+s} = a^r a^s = f([r])f([s])$．したがって，$f$ は同型である． ■

定理 35 は与えられた位数をもつすべての巡回群は互いに同型であることを示している．これはしばしば，同型を除いて，与えられた位数をもつ唯一の巡回群が存在するというように言い表される．この意味で，"唯一の" 無限巡回群，"唯一の" 位数 n の有限巡回群というように言い表すことができる．

本書では，表記 $\mathbf{Z}$ は加法による整数全体という特定の群に対してだけでなく，一般的な無限巡回群を表すのに用いられる．同様に表記 $\mathbf{Z}_n$ は加法による，n を法とする整数の剰余類全体という特定の群だけでなく，位数 n の一般的な巡回群を表すのに用いられる．時折，また特に 15 章では（そこでは乗法表記によって，群の明示的な計算が行われている），位数 n の巡回群は $C_n = \{e, a, a^2, \cdots, a^{n-1}\}$ で表される．

11・4 二つの群が同型でないことの証明

もし二つの群 G と H が同じ位数をもっていないならば,すなわち元の数が異なっているならば,これらの群の間に全単射は存在しない.よって,これらの群は同型にはならない.

もし群 G と H の間に全単射が存在するならば,そのとき G と H が同型でないことを示すには,われわれはこれらの群の代数構造で何かしら異なる部分を探さなければならない.その違いを探すのによい部分は,固定された n に対して,方程式 $x^n = e$ の解の数を G, H それぞれで数えることである.もしこれらの解の数が異なっているなら,G と H は同型ではない.

その理由を述べよう.$f: G \to H$ を同型とする.$T(G) = \{x \in G: x^n = e_G\}$, $T(H) = \{x \in H: x^n = e_H\}$ と書き,$x \in T(G)$ とする.このとき,$(f(x))^n = \overbrace{f(x) \cdots f(x)}^{n 個} = f(x^n) = f(e_G) = e_H$ であり,よって $f(x) \in T(H)$ である.したがって,$f(T(G)) \subseteq T(H)$ である.

次に,$h \in T(H)$ であると仮定する.f は全単射であるので,h はある元 $g \in G$ の像である.そのとき $e_H = h^n = \overbrace{f(g) \cdots f(g)}^{n 個} = f(g^n)$ で,これは e_H が $g^n \in G$ の像であることを示している.しかし,f は全単射であるので,e_H は G の唯一の元の像である.そして定理34によって,e_H は e_G の像である.したがって,$g^n = e_G$ であるので,$g \in T(G)$ である.したがって,$T(H) \subseteq f(T(G))$ となる.

したがって,$f(T(G)) \subseteq T(H)$ かつ $T(H) \subseteq f(T(G))$ であるので,$f(T(G)) = T(H)$ である.

上述のことから,群 $(\mathbf{C}^*, \times)$ と $(\mathbf{R}^*, \times)$ が同型ではないことがわかる.どちらの群においても,1 が恒等元である.しかしながら,方程式 $x^4 = 1$ の解が $\mathbf{C}$ には四つあるが,$\mathbf{R}$ には二つしかない.

11・5 有限アーベル群

今,われわれは有限アーベル群についてのいくつかの結果を証明することができる.

> **定 義** A をアーベル群とする.A の部分集合 $S = \{a_1, a_2, \cdots, a_n\}$ は,もし A のすべての元が S の元達とその逆元達のいくつかの積になっているならば,A の **生成集合** とよばれる.

A はアーベル群であるので,この定義から A のすべての元は $a_1^{r_1} a_2^{r_2} \cdots a_n^{r_n}$ ($r_1, r_2, \cdots, r_n \in \mathbf{Z}$) という形になっていることがすぐにわかる.

11・5 有限アーベル群

このことはAがアーベル群であるので，$a_1a_2a_3a_1a_2a_2a_3a_1$のような積を$a_1{}^3a_2{}^3a_3{}^2$という形に再編成することができることから従うのである．

Aが$S=\{a_1, a_2, \cdots, a_n\}$によって生成されていることを表すのに，$A=\langle a_1, a_2, \cdots, a_n\rangle$や$A=\langle S\rangle$などと書く．この表記は明らかに§6・4の定理21の後に初めて出てきた$\langle\ \rangle$の拡張になっている．生成集合Sは，もしSの真の部分集合でAを生成するものが存在しないならば，**極小生成集合**とよばれる．

■ **定理36** Aを(恒等元以外の)すべての元が位数2である有限群，$\{a_1, a_2, \cdots, a_n\}$は$A$の極小生成集合とする．このとき，
1. Aはアーベル群である．
2. Aのすべての元は$a_1{}^{\varepsilon_1}a_2{}^{\varepsilon_2}\cdots a_n{}^{\varepsilon_n}$ (それぞれのiに対して，$\varepsilon_i=0, 1$) という形で一意的に書ける．

[証明]
1. $a, b \in A$とする．恒等元以外のAのすべての元が位数2であるので，Aのすべての元xが$x^2=e$を満たす．よって$abab=(ab)^2=e$であり，これから$ba=a^{-1}b^{-1}$が従う．しかしまた，$a^2=e$，$b^2=e$である．したがって，$a^{-1}=b=b^{-1}$であり，$ab=a^{-1}b^{-1}=ba$となる．それゆえ，Aはアーベル群である．

2. **書けること**：定理17の2より，それぞれのiに対して，a_iのすべての巾はeまたはa_iと等しい．したがって，$\{a_1, a_2, \cdots, a_n\}$は$A$の生成集合であるので，$A$のすべての元は$a_1{}^{\varepsilon_1}a_2{}^{\varepsilon_2}\cdots a_n{}^{\varepsilon_n}$ (それぞれのiに対して，$\varepsilon_i=0, 1$) という形になる．

一意性：xをAの元とし，xは$a_1{}^{\varepsilon_1}a_2{}^{\varepsilon_2}\cdots a_n{}^{\varepsilon_n}=x=a_1{}^{\delta_1}a_2{}^{\delta_2}\cdots a_n{}^{\delta_n}$と2通りに表されていると仮定する．ただし，それぞれの$i=1, 2, \cdots, n$に対して，ε_iとδ_iは0または1である．すべての$i=1, 2, \cdots, n$で$\varepsilon_i=\delta_i$であるわけではないと仮定する．そしてrは$\varepsilon_i \neq \delta_i$なる$i$の中で最小の値であるとする．このとき$a_1{}^{\varepsilon_1}a_2{}^{\varepsilon_2}\cdots a_{r-1}{}^{\varepsilon_{r-1}}=a_1{}^{\delta_1}a_2{}^{\delta_2}\cdots a_{r-1}{}^{\delta_{r-1}}$であり，$a_r{}^{\varepsilon_r}\cdots a_n{}^{\varepsilon_n}=a_r{}^{\delta_r}\cdots a_n{}^{\delta_n}$ ($\varepsilon_r \neq \delta_r$) となる．したがって，$a_r{}^{\varepsilon_r}(a_r{}^{\delta_r})^{-1}=a_{r+1}{}^{\delta_{r+1}}\cdots a_n{}^{\delta_n}(a_{r+1}{}^{\varepsilon_{r+1}}\cdots a_n{}^{\varepsilon_n})^{-1}$となる．

しかし，$\varepsilon_r - \delta_r \neq 0$であり，$\varepsilon_r, \delta_r$のそれぞれは0または1と等しいので，$a_r{}^{\varepsilon_r}(a_r{}^{\delta_r})^{-1}=a_r{}^{\varepsilon_r}a_r{}^{-\delta_r}=a_r{}^{\varepsilon_r-\delta_r}=a_r$である．したがって，$a_r$は元$a_i$達 ($i \neq r$) の巾の積で書ける．それゆえに$\{a_1, \cdots, a_{r-1}, a_{r+1}, \cdots, a_n\}$が$A$の生成集合となる．これは$\{a_1, a_2, \cdots, a_n\}$が$A$の極小生成集合であることに矛盾する．

したがって，すべての$i=1, 2, \cdots, n$に対して，$\varepsilon_i=\delta_i$である． ■

それぞれのiに対して，ε_iは0か1のどちらかであるので，Aの元の数は2^nであることが従う．演習問題2・10において，読者はn個の元からなる集合は2^n個の部分集合をもっていることを証明した．$a_1{}^{\varepsilon_1}a_2{}^{\varepsilon_2}\cdots a_n{}^{\varepsilon_n}$の形のそれぞれの式が$\{a_1, a_2, \cdots, a_n\}$

の一意的な部分集合を定めるので (すなわち $\varepsilon_i=1$ なる a_i 達で構成される部分集合), 全単射 $f: \{B: B\subseteq\{a_1, a_2, \cdots, a_n\}\}\to A$ で, $f(B) =$ "B の元達の積" で与えられるものが存在する.

■ **定理 37** A を恒等元以外のすべての元が位数 2 であり, n 個の元からなる極小生成集合をもつ有限群とする. このとき $A\cong \mathbf{Z}_2\times\cdots\times\mathbf{Z}_2$ (n 個の $\mathbf{Z}_2$ の直積) である.

[証明] $\{a_1, a_2, \cdots, a_n\}$ を A の極小生成集合, $D=\mathbf{Z}_2\times\mathbf{Z}_2\times\cdots\times\mathbf{Z}_2$ とする. 関数 $f: D\to A$ を $f(([r_1], [r_2], \cdots, [r_n]))=a_1^{r_1}a_2^{r_2}\cdots a_n^{r_n}$ で定義する.

well-defined: もし $([r_1], [r_2], \cdots, [r_n])=([s_1], [s_2], \cdots, [s_n])$ ならば, このときすべての $i=1, 2, \cdots, n$ に対して, $r_i\equiv s_i \pmod{2}$ である. よって, 定理 17 の 2 より, すべての $i=1, 2, \cdots, n$ に対して, $a_1^{r_1}a_2^{r_2}\cdots a_n^{r_n}=a_1^{s_1}a_2^{s_2}\cdots a_n^{s_n}$ となる.

全射性: $\{a_1, a_2, \cdots, a_n\}$ が A の生成集合であるので, A のすべての元は $a_1^{r_1}a_2^{r_2}\cdots a_n^{r_n}$ の形で書ける.

単射性: D と A の元の数は 2^n で同じであり, f は全射であるので, 定理 26 から f は単射であることが従う.

最後に,
$$f(([r_1], [r_2], \cdots, [r_n]) + ([s_1], [s_2], \cdots, [s_n]))$$
$$= f(([r_1+s_1], [r_2+s_2], \cdots, [r_n+s_n]))$$
$$= a_1^{r_1+s_1}a_2^{r_2+s_2}\cdots a_n^{r_n+s_n}$$
$$= a_1^{r_1}a_1^{s_1}a_2^{r_2}a_2^{s_2}\cdots a_n^{r_n}a_n^{s_n}$$
$$= (a_1^{r_1}a_2^{r_2}\cdots a_n^{r_n})(a_1^{s_1}a_2^{s_2}\cdots a_n^{s_n})$$
$$= f(([r_1], [r_2], \cdots, [r_n]))f(([s_1], [s_2], \cdots, [s_n])) \qquad (11\cdot 2)$$

したがって, f は同型である. ∎

この定理の証明は, 定理 35 の 2 の証明と非常によく似た構造になっていることに注意する.

この結果は有限アーベル群における, より一般的な定理の特別な場合である. われわれはこのより一般的な定理を, 証明なく述べることにする.

定理 5 から, 与えられた正整数は $n=p_1^{r_1}p_2^{r_2}\cdots p_k^{r_k}$ と異なる素数巾の積として一意的に書かれることがわかる. しかし, もし異なる i と j に対して, $p_i=p_j$ としてもよいとすると, 一見異なるいくつかの分解がある.

たとえば, $360=2^3\times 3^2\times 5$ である. 異なる素数 $2, 3, 5$ の巾としては一意的な分解がある. しかし繰返しを許せば, 下記のように全部で六つの分解がある.

$$360 = 2^3 \times 3^2 \times 5$$
$$= 2^3 \times 3 \times 3 \times 5$$
$$= 2 \times 2^2 \times 3^2 \times 5$$
$$= 2 \times 2^2 \times 3 \times 3 \times 5$$
$$= 2 \times 2 \times 2 \times 3^2 \times 5$$
$$= 2 \times 2 \times 2 \times 3 \times 3 \times 5$$

定理 38 は，上述のような意味で異なる n についてのすべての分解に対して，群 $G \cong \mathbf{Z}_{p_1^{r_1}} \times \mathbf{Z}_{p_2^{r_2}} \times \cdots \times \mathbf{Z}_{p_k^{r_k}}$ のどの二つも互いと同型ではなく，位数 n のすべてのアーベル群はこれらの群のどれか一つと同型であることを主張している．

■ **定理 38** G を有限アーベル群とする．このとき $G \cong \mathbf{Z}_{p_1^{r_1}} \times \mathbf{Z}_{p_2^{r_2}} \times \cdots \times \mathbf{Z}_{p_k^{r_k}}$ である．ただし p_i は素数であり，必ずしも異なってはいない．この位数が素数巾である巡回群の直積で，G と同型なものは因子の並び替えを除いて一意的である．

例 11・5・1 位数 8 のアーベル群を考える．8 の素数巾の分解は $8 = 2 \times 2 \times 2 = 2 \times 2^2 = 2^3$ である．定理 38 は $G \cong \mathbf{Z}_2 \times \mathbf{Z}_2 \times \mathbf{Z}_2$, $G \cong \mathbf{Z}_2 \times \mathbf{Z}_4$, $G \cong \mathbf{Z}_8$ のどれかであり，どの三つの群も異なっている，すなわち，どの二つも同型にはならないということを主張している．

例 11・5・2 位数 12 のアーベル群を考える．12 の素数巾の分解は $12 = 2 \times 2 \times 3 = 2^2 \times 3$ である．定理 38 は $G \cong \mathbf{Z}_2 \times \mathbf{Z}_2 \times \mathbf{Z}_3$, $G \cong \mathbf{Z}_4 \times \mathbf{Z}_3$ のどちらかであり，この二つの群は同型ではないことを主張している．

例 11・5・3 位数 360 のアーベル群をすべて列挙する．

$$\mathbf{Z}_8 \times \mathbf{Z}_9 \times \mathbf{Z}_5$$
$$\mathbf{Z}_8 \times \mathbf{Z}_3 \times \mathbf{Z}_3 \times \mathbf{Z}_5$$
$$\mathbf{Z}_2 \times \mathbf{Z}_4 \times \mathbf{Z}_9 \times \mathbf{Z}_5$$
$$\mathbf{Z}_2 \times \mathbf{Z}_4 \times \mathbf{Z}_3 \times \mathbf{Z}_3 \times \mathbf{Z}_5$$
$$\mathbf{Z}_2 \times \mathbf{Z}_2 \times \mathbf{Z}_2 \times \mathbf{Z}_9 \times \mathbf{Z}_5$$
$$\mathbf{Z}_2 \times \mathbf{Z}_2 \times \mathbf{Z}_2 \times \mathbf{Z}_3 \times \mathbf{Z}_3 \times \mathbf{Z}_5$$

定理 37 と定理 38 の関係をみるために，元の位数に注目してみる．もし，$G \cong H \times \mathbf{Z}_d$ ならば，そのとき G は位数 d の元，すなわち $(e_H, [1]_d)$ がある．よって，もし G の恒等元以外のすべての元の位数が 2 であるならば，そのとき因子 $\mathbf{Z}_{p^r}$ において，p^r は 2 より大きくなることはできない．よって，それらはすべて $\mathbf{Z}_2$ である．

今，例 11·3·1 の一般化，すなわち，"もし m と n が互いに素であるならば，そのとき $\mathbf{Z}_m \times \mathbf{Z}_n \cong \mathbf{Z}_{mn}$ である" という事実を用いて，いくつかの因子をまとめることにより，定理 39 を証明することができる．

> 演習問題 11·10 において，$\mathbf{Z}_m \times \mathbf{Z}_n \cong \mathbf{Z}_{mn}$ であることを証明する．演習問題 11·10 の答えが上述の事実の証明である．

■ **定理 39** G を有限アーベル群とする．このとき，$G \cong \mathbf{Z}_{d_1} \times \mathbf{Z}_{d_2} \times \cdots \times \mathbf{Z}_{d_n}$ である．ただし，それぞれの $i = 1, 2, \cdots, n-1$ に対して，d_i は d_{i+1} を割り切っているようにできる．このような $d_1, d_2, \cdots, d_n$ は一意的である．

例 11·5·4 定理 39 は，例 11·5·2 で求めた二つの群は $G \cong \mathbf{Z}_2 \times \mathbf{Z}_2 \times \mathbf{Z}_3 \cong \mathbf{Z}_2 \times \mathbf{Z}_6$，$G \cong \mathbf{Z}_4 \times \mathbf{Z}_3 \cong \mathbf{Z}_{12}$ と書くことができるということを主張している．

例 11·5·5 例 11·5·3 の位数 360 のアーベル群を再び考える．

> （下述の）二重線の右側の因子のパターンから，左辺の直積がどのように生じているかを見ることができる．

$$\mathbf{Z}_8 \times \mathbf{Z}_9 \times \mathbf{Z}_5 \cong \mathbf{Z}_{360} \, \left\| \begin{array}{l} 2^3 \\ 3^2 \\ 5 \end{array} \right.$$

$$\mathbf{Z}_8 \times \mathbf{Z}_3 \times \mathbf{Z}_3 \times \mathbf{Z}_5 \cong \mathbf{Z}_3 \times \mathbf{Z}_{120} \, \left\| \begin{array}{l} 2^3 \\ 3 \times 3 \\ 5 \end{array} \right.$$

$$\mathbf{Z}_2 \times \mathbf{Z}_4 \times \mathbf{Z}_9 \times \mathbf{Z}_5 \cong \mathbf{Z}_2 \times \mathbf{Z}_{180} \, \left\| \begin{array}{l} 2^2 \times 2 \\ 3^2 \\ 5 \end{array} \right.$$

$$\mathbf{Z}_2 \times \mathbf{Z}_4 \times \mathbf{Z}_3 \times \mathbf{Z}_3 \times \mathbf{Z}_5 \cong \mathbf{Z}_6 \times \mathbf{Z}_{60} \, \left\| \begin{array}{l} 2^2 \times 2 \\ 3 \times 3 \\ 5 \end{array} \right.$$

$$\mathbf{Z}_2 \times \mathbf{Z}_2 \times \mathbf{Z}_2 \times \mathbf{Z}_9 \times \mathbf{Z}_5 \cong \mathbf{Z}_2 \times \mathbf{Z}_2 \times \mathbf{Z}_{90} \, \left\| \begin{array}{l} 2 \times 2 \times 2 \\ 3^2 \\ 5 \end{array} \right.$$

$$\mathbf{Z}_2 \times \mathbf{Z}_2 \times \mathbf{Z}_2 \times \mathbf{Z}_3 \times \mathbf{Z}_3 \times \mathbf{Z}_5 \cong \mathbf{Z}_2 \times \mathbf{Z}_6 \times \mathbf{Z}_{30} \, \left\| \begin{array}{l} 2 \times 2 \times 2 \\ 3 \times 3 \\ 5 \end{array} \right.$$

$Z_4 \times Z_{90}$ のような群は 4 が 90 を割り切らないので, 定理 39 に出てくる形にはなっていないが, それは間違えてしまったわけではない. 実際 $Z_4 \times Z_{90}$ は上記の 3 番目に書かれている群であり, $Z_4 \times Z_{90} \cong Z_2 \times Z_{180}$ である.

定理 38 と定理 39 はしばしば, どちらかが, またはどちらも**有限アーベル群の基本定理**とよばれる.

この章で学んだこと

・二つの群が同型であるということが何を意味するか
・二つの群が同型であることを決定する方法
・二つの群が同型でないことを決定する方法
・与えられた位数の有限アーベル群をすべて求める方法

演習問題 11

11・1 $Z_2 \times Z_2 \cong Z_4$ であるか, そうでないか決定せよ. その答えを論証せよ.

11・2 $Z_2 \times Z_2 \cong V$ であるか, そうでないか決定せよ. その答えを論証せよ (群 V は演習問題 5・4 で与えられたものである).

11・3 例 11・3・1 の $Z_2 \times Z_3 \cong Z_6$ の証明において, 同型は他にいくつつくることができるか.

11・4 G を群, g を G の固定された元とする. $f(x) = g^{-1}xg$ で定義された関数 $f: G \to G$ は G からそれ自身への同型であることを証明せよ.

11・5 G と H を群, $g \in G$, $h \in H$ とする. $f: G \to H$ を同型, $f(g) = h$ であるとする. もし g の位数が n であるならば, そのとき h の位数も n であることを証明せよ.

11・6 群 $(\mathbf{R}, +)$ は群 $(\mathbf{R}^+, \times)$ と同型であることを証明せよ (ヒント: 関数 $f(x) = e^x$ を用いよ).

11・7 加法による, 群 $\mathbf{Z}$ と $3\mathbf{Z}$ は同型であることを証明せよ.

11・8 アーベル群は非アーベル群と同型になることはできないことを証明せよ.

11・9 G と H を群とすると, $G \times H \cong H \times G$ であることを証明せよ.

11・10 例 11・3・1 の証明を一般化し, もし m と n が互いに素であるならば, そのとき $Z_m \times Z_n \cong Z_{mn}$ であることを証明せよ.

11・11 正整数 m, n を互いに素であるとする. 演習問題 11・10 の結果, 特に $f([a]_{mn}) = ([a]_m, [a]_n)$ で定義された関数 $f: Z_{mn} \to Z_m \times Z_n$ の全射性を用いて, 任意の整数 a と b に対して, 方程式 $x \equiv a \pmod{m}$ と $x \equiv b \pmod{n}$ を同時に満たす整数 x が存在することを証明せよ.

この結果は通常, **中国剰余定理**とよばれている.

11・12　もし二つの群 G と G' が同型であり，H が G の部分群であるならば，そのとき同型 $f: G \to G'$ による H の像は G' の部分群であることを証明せよ．

11・13　もし G が巡回群であり，$G \cong H$ であるならば，そのとき H も巡回群であることを証明せよ．

演習問題 11・14～11・19 は一連の問題であり，一気に解いてほしい．

11・14　G を群とする．A を $G \to G$ なる同型全体の集合を表すとする．関数の合成の演算により A は群になることを証明せよ．

演習問題 11・14 の群 A は G の自己同型群とよばれ，$Aut(G)$ と書かれる．

11・15　G をアーベル群，s を整数とする．$f(x) = x^s$ で定義された関数 $f: G \to G$ は $f(xy) = f(x)f(y)$ を満たすことを証明せよ．

11・16　$s \in \mathbf{Z}$ とする．すべての整数 a に対して，$f(a) = sa$ で $f: \mathbf{Z} \to \mathbf{Z}$ を定義する．$s = \pm 1$ であるならば，かつそのときに限り f は同型であることを証明せよ．

11・17　s を整数とする．$[a] \in \mathbf{Z}_n$ に対して，$f([a]) = [sa]$ によって，$f: \mathbf{Z}_n \to \mathbf{Z}_n$ を定義する．s と n が互いに素であるならば，かつそのときに限り f は同型であることを証明せよ．

11・18　$Aut(\mathbf{Z}, +) \cong \mathbf{Z}_2$ であることを証明せよ．

11・19　$U_n = \{[s] \in \mathbf{Z}_n : s \text{ と } n \text{ は互いに素}\}$ とする．U_n は乗法により，群であり，$Aut(\mathbf{Z}_n, +) \cong U_n$ であることを証明せよ（ヒント：U_n は群であるという事実は定理 13 の一般化である）．

11・20　位数 18 のアーベル群をすべて求めよ．

11・21　位数 36 のアーベル群をすべて求めよ．

11・22　位数 180 のアーベル群をすべて求めよ．

12

置　　　換

12・1　はじめに

　四つの物からなる集合があるとする．これらの物の置換というのは，それらの物の中での並び替えのことである．たとえばその物達が赤，白，青，緑の石であるとすると，緑の石を青い石に，逆に青い石を緑の石に置き換えて，それらを置換することができる．もしくは，青を緑に，赤を青に，緑を赤にするというように置き換えることもできる．これらのどれも置換の例となる．実際問題，その四つの物達を $1, 2, 3, 4$ とラベル付けしておくと便利である．このとき，青と緑を交換する置換は"$1, 2, 3, 4$ を $1, 2, 4, 3$ と置き換えよ"となる．この置換は

$$\begin{pmatrix} 1 & 2 & 3 & 4 \\ 1 & 2 & 4 & 3 \end{pmatrix}$$

と書かれ，これは 4 を 3 の所にやり，3 を 4 の所にやることを示している．同様に，$1, 2, 3, 4$ を $3, 2, 4, 1$ に置き換える置換は

$$\begin{pmatrix} 1 & 2 & 3 & 4 \\ 3 & 2 & 4 & 1 \end{pmatrix}$$

と書かれ，3 を 1 の所にやり，4 を 3 の所にやり，1 を 4 の所にやることを示している．

　元の順序 $1, 2, 3, 4$ は重要ではないことに注意する．置換

$$\begin{pmatrix} 4 & 2 & 1 & 3 \\ 3 & 2 & 1 & 4 \end{pmatrix}$$

は

$$\begin{pmatrix} 1 & 2 & 3 & 4 \\ 1 & 2 & 4 & 3 \end{pmatrix}$$

と同じ置換を表している．どちらの置換も 4 を 3 の所に，3 を 4 の所にやることを示している．同様に，

$$\begin{pmatrix} 1 & 2 & 3 & 4 \\ 3 & 2 & 4 & 1 \end{pmatrix}, \begin{pmatrix} 4 & 2 & 1 & 3 \\ 1 & 2 & 3 & 4 \end{pmatrix}, \begin{pmatrix} 2 & 3 & 4 & 1 \\ 2 & 4 & 1 & 3 \end{pmatrix}, \begin{pmatrix} 2 & 1 & 4 & 3 \\ 2 & 3 & 1 & 4 \end{pmatrix}$$

は同じ置換になっている．

もし置換

$$\begin{pmatrix} 1 & 2 & 3 & 4 \\ 1 & 2 & 4 & 3 \end{pmatrix}$$

を行い，次に置換

$$\begin{pmatrix} 1 & 2 & 3 & 4 \\ 3 & 2 & 4 & 1 \end{pmatrix}$$

を行えば，そのとき，その結果は次の置換になる．

$$\begin{pmatrix} 1 & 2 & 3 & 4 \\ 3 & 2 & 1 & 4 \end{pmatrix}$$

"上の"積において，二つの置換を一緒に次のように表記すると便利である．

$$\begin{pmatrix} 1 & 2 & 3 & 4 \\ 1 & 2 & 4 & 3 \\ 3 & 2 & 1 & 4 \end{pmatrix}$$

最初の二つの行は1番目の置換の結果を示しており，一方で後の二つの行は2番目の置換の結果を示している．1番目の置換を行ってから2番目の置換を行った結果は，1行目と3行目を取って得られる形の置換になる，すなわち，

$$\begin{pmatrix} 1 & 2 & 3 & 4 \\ 3 & 2 & 1 & 4 \end{pmatrix}$$

であり，3を1の所に，1を3の所にやる置換である．

12・2 置換の別の見方

§12・1の考え方は別の視点から考えることができる．A を集合 $\{1, 2, 3, 4\}$ とする．そのとき，置換

$$\begin{pmatrix} 1 & 2 & 3 & 4 \\ 1 & 2 & 4 & 3 \end{pmatrix}$$

は実際には図 12・1 (a) のように定義される集合 A からそれ自身への全単射のことである．

```
(a)  1 → 1      (b)  1 → 3
     2 → 2           2 → 2
     3 → 4           3 → 4
     4 → 3           4 → 1
```

図 12・1　関数としての置換

12・2 置換の別の見方

同様に,図 12・1 (b) は置換

$$\begin{pmatrix} 1 & 2 & 3 & 4 \\ 3 & 2 & 4 & 1 \end{pmatrix}$$

による結果を表している.

これから次の定義が導かれる.

> **定 義** 集合 A の**置換**は A から A への全単射である.

このように置換をみると,§12・1 で述べられた二つの置換を結び付ける方法は,関数の合成以外の何ものでもない.

たとえば,$A = \{1, 2, 3, 4\}$ の場合に戻ると,置換

$$\begin{pmatrix} 1 & 2 & 3 & 4 \\ 1 & 2 & 4 & 3 \end{pmatrix}$$

の後に置換

$$\begin{pmatrix} 1 & 2 & 3 & 4 \\ 3 & 2 & 4 & 1 \end{pmatrix}$$

を施してできる置換は,図 12・2 の図式のように書くことができる.

$$\begin{array}{ccccc} 1 & \to & 1 & \to & 3 \\ 2 & \to & 2 & \to & 2 \\ 3 & \to & 4 & \to & 1 \\ 4 & \to & 3 & \to & 4 \end{array}$$

図 12・2 置換の合成

これは前の置換の表し方では次のものになる.

$$\begin{pmatrix} 1 & 2 & 3 & 4 \\ 3 & 2 & 1 & 4 \end{pmatrix}$$

読者は置換を関数と考え,図 12・2 の表記を用いた方が,括弧表記を使うよりも簡単ではないかと思うかもしれない.それは確かに正しいのだが,括弧表記は置換という概念に対して伝統的なものであり,少し考えれば,図 12・2 の表記と括弧表記が同値であることはすぐにわかるし,それに括弧表記を用いると置換をコンパクトに書くことができるので,ページの節約にもなる.

定理 33 から,集合 A の置換全体からなる集合 S_A は関数の合成を演算として,群となることがすぐに従う.

A が有限集合 $\{1, 2, \cdots, n\}$ である特別な場合には，A のすべての置換からなる群は次数 n の**対称群**とよばれ，S_n と書かれる．

12・3 置換の計算練習

例 12・3・1 三つの元の集合上で，置換

$$\begin{pmatrix} 1 & 2 & 3 \\ 2 & 3 & 1 \end{pmatrix}$$

の後に，置換

$$\begin{pmatrix} 1 & 2 & 3 \\ 3 & 1 & 2 \end{pmatrix}$$

を施した結果を求めよ．

> この計算を行うために，これらの置換を通して，それぞれの元がどこに行くか"追跡"する必要がある．

[解答] 最初の置換で，$1 \to 2$ となり，次の置換で $2 \to 1$ となる．よって二つの置換を結び付けると，$1 \to 1$ となる．同様に，$2 \to 3 \to 2$, $3 \to 1 \to 3$ となる．よって，結び付けてできる置換は

$$\begin{pmatrix} 1 & 2 & 3 \\ 1 & 2 & 3 \end{pmatrix}$$

である．

これは恒等置換であり，それぞれの元は自分自身に写される．よって，

$$\begin{pmatrix} 1 & 2 & 3 \\ 2 & 3 & 1 \end{pmatrix} \text{ と } \begin{pmatrix} 1 & 2 & 3 \\ 3 & 1 & 2 \end{pmatrix}$$

は互いの逆であることに注意しよう．

> "逆"という単語はここで二つの意味をもっており，この二つの意味は一致する．つまり，二つの置換は全単射であり，それぞれは互いの逆関数である．また，二つの置換は逆元という群の意味での逆にもなっているのである．

例 12・3・2

$$x = \begin{pmatrix} 1 & 2 & 3 & 4 & 5 \\ 3 & 1 & 5 & 4 & 2 \end{pmatrix}, \quad y = \begin{pmatrix} 1 & 2 & 3 & 4 & 5 \\ 2 & 3 & 4 & 5 & 1 \end{pmatrix}$$

とする．

xy と yx を計算せよ．

[解答]

積表記が置換にどのように用いられるか注意しよう．

いつものように，xy は置換 y を施した後，置換 x を施す置換を表している．

この表記は関数の表記 $(fg)(a) = f(g(a))$ と調和するものになっている．

また置換 xy に対して，元を追跡すると，$1 \to 2 \to 1, 2 \to 3 \to 5, 3 \to 4 \to 4, 4 \to 5 \to 2$, $5 \to 1 \to 3$ となっている．よって，置換 xy は次のように与えられる．

$$xy = \begin{pmatrix} 1 & 2 & 3 & 4 & 5 \\ 1 & 5 & 4 & 2 & 3 \end{pmatrix}$$

同様に，yx は次で与えられる．

$$yx = \begin{pmatrix} 1 & 2 & 3 & 4 & 5 \\ 4 & 2 & 1 & 5 & 3 \end{pmatrix}$$

一般的には xy と yx は等しくないことに注意する．

例 12・3・3

$$x = \begin{pmatrix} 1 & 2 & 3 & 4 & 5 \\ 3 & 1 & 5 & 4 & 2 \end{pmatrix}$$

とする．置換 x^{-1} を計算せよ．

[解答] 2通りの方法がある．一つは

$$x^{-1} = \begin{pmatrix} 3 & 1 & 5 & 4 & 2 \\ 1 & 2 & 3 & 4 & 5 \end{pmatrix}$$

であることに注意して，この上の行を従来の並びに戻して，同時に下の行もそれに対応するように動かそう．これより，次を得る．

$$x^{-1} = \begin{pmatrix} 1 & 2 & 3 & 4 & 5 \\ 2 & 5 & 1 & 4 & 3 \end{pmatrix}$$

一方で，元を追跡してみよう．1から始めて，x は $1 \to 3$ とするので，

$$x^{-1} = \begin{pmatrix} 3 \\ 1 \end{pmatrix}$$

と書くことから始める．

それから，x は $2 \to 1$ とするので，

$$x^{-1} = \begin{pmatrix} 1 & 3 \\ 2 & 1 \end{pmatrix}$$

と続けて書く．このように続けていき，最後には次のようになる．

$$x^{-1} = \begin{pmatrix} 1 & 2 & 3 & 4 & 5 \\ 2 & 5 & 1 & 4 & 3 \end{pmatrix}$$

例12・3・4 S_3 の乗法演算表を書きあげよ．

［解答］ S_3 の中で可能な置換は，1, 2, 3 に従って，数 a, b, c を置換の 2 行目に並べる

$$\begin{pmatrix} 1 & 2 & 3 \\ a & b & c \end{pmatrix}$$

の 6 通りがある．

したがって，それらは次の六つの置換である．

$$e = \begin{pmatrix} 1 & 2 & 3 \\ 1 & 2 & 3 \end{pmatrix} \quad r = \begin{pmatrix} 1 & 2 & 3 \\ 2 & 3 & 1 \end{pmatrix} \quad r^2 = \begin{pmatrix} 1 & 2 & 3 \\ 3 & 1 & 2 \end{pmatrix}$$

$$x = \begin{pmatrix} 1 & 2 & 3 \\ 1 & 3 & 2 \end{pmatrix} \quad y = \begin{pmatrix} 1 & 2 & 3 \\ 3 & 2 & 1 \end{pmatrix} \quad z = \begin{pmatrix} 1 & 2 & 3 \\ 2 & 1 & 3 \end{pmatrix}$$

S_3 の群演算表は図 12・3 に示されている．

図 12・3 の群演算表を例 5・2・2 の D_3 の演算表と比較してみると，それらは次の対応により同じものであることがわかる．

$$\begin{array}{cccccc} e & r & r^2 & x & y & z \\ \updownarrow & \updownarrow & \updownarrow & \updownarrow & \updownarrow & \updownarrow \\ I & R & S & X & Y & Z \end{array}$$

これは二つの群 S_3 と D_3 が同型であることを示している．

> この S_3 と D_3 が同型であることを示す方法は妥当なものであるが，他の対称性の群には簡単には一般化できない．同型を示すためのもっと構成的な方法を与えよう．

	e	r	r^2	x	y	z
e	e	r	r^2	x	y	z
r	r	r^2	e	z	x	y
r^2	r^2	e	r	y	z	x
x	x	y	z	e	r	r^2
y	y	z	x	r^2	e	r
z	z	x	y	r	r^2	e

図 12・3　群 S_3

正三角形 **T** の対称性の群である D_3 を考える．$\phi \in D_3$ とする．そのとき **T** のそれぞれの頂点の ϕ による像は別の頂点になり，ϕ は頂点全体の集合を全単射的にそれ自身に写す．**T** の頂点を整数 $1, 2, 3$ でラベル付けし，$f(\phi)$ で次の置換を表すとする．

$$f(\phi) = \begin{pmatrix} 1 & 2 & 3 \\ \phi(1) & \phi(2) & \phi(3) \end{pmatrix}$$

このとき，f は $D_3 \to S_3$ なる関数である．

単射性：$\phi, \psi \in D_3$ に対して，$f(\phi) = f(\psi)$ とすると，

$$\begin{pmatrix} 1 & 2 & 3 \\ \phi(1) & \phi(2) & \phi(3) \end{pmatrix} = \begin{pmatrix} 1 & 2 & 3 \\ \psi(1) & \psi(2) & \psi(3) \end{pmatrix}$$

である．よって，$\phi(1) = \psi(1)$, $\phi(2) = \psi(2)$, $\phi(3) = \psi(3)$ となる．したがって，$\phi = \psi$ となり，f は単射である．

D_3 と S_3 はどちらも六つの元をもっているので，定理 26 から f は全単射であることがわかる．

次に，$f(\phi)$ を

$$f(\phi) = \begin{pmatrix} a & b & c \\ \phi(a) & \phi(b) & \phi(c) \end{pmatrix}$$

という形で書ける．ただし，a, b, c は整数 $1, 2, 3$ を任意の順序で並べたものであるとする．特にもし，ψ が D_3 の任意の元であるならば，

$$f(\phi) = \begin{pmatrix} \psi(1) & \psi(2) & \psi(3) \\ \phi(\psi(1)) & \phi(\psi(2)) & \phi(\psi(3)) \end{pmatrix}$$

したがって，

$$f(\phi)f(\psi) = \begin{pmatrix} \psi(1) & \psi(2) & \psi(3) \\ \phi(\psi(1)) & \phi(\psi(2)) & \phi(\psi(3)) \end{pmatrix} \begin{pmatrix} 1 & 2 & 3 \\ \psi(1) & \psi(2) & \psi(3) \end{pmatrix}$$

$$= \begin{pmatrix} 1 & 2 & 3 \\ \phi(\psi(1)) & \phi(\psi(2)) & \phi(\psi(3)) \end{pmatrix} = f(\phi\psi)$$

それゆえ，f は同型である． ∎

例 12・3・5 次の S_6 の元の位数を求めよ．

$$x = \begin{pmatrix} 1 & 2 & 3 & 4 & 5 & 6 \\ 3 & 1 & 2 & 4 & 6 & 5 \end{pmatrix}$$

[**解答**] 元 x の位数は $x^k = e$ である最小の正整数 k である．x の巾を順に考えて，

$$x^2 = \begin{pmatrix} 1 & 2 & 3 & 4 & 5 & 6 \\ 2 & 3 & 1 & 4 & 5 & 6 \end{pmatrix}, \quad x^3 = \begin{pmatrix} 1 & 2 & 3 & 4 & 5 & 6 \\ 1 & 2 & 3 & 4 & 6 & 5 \end{pmatrix},$$

$$x^4 = \begin{pmatrix} 1 & 2 & 3 & 4 & 5 & 6 \\ 3 & 1 & 2 & 4 & 5 & 6 \end{pmatrix}, \quad x^5 = \begin{pmatrix} 1 & 2 & 3 & 4 & 5 & 6 \\ 2 & 3 & 1 & 4 & 6 & 5 \end{pmatrix}, \quad x^6 = e$$

となる.

よって $x = \begin{pmatrix} 1 & 2 & 3 & 4 & 5 & 6 \\ 3 & 1 & 2 & 4 & 6 & 5 \end{pmatrix}$ の位数は 6 である.

12・4 偶置換と奇置換

以降の節では置換を偶置換, 奇置換という二つのタイプに分けることができることを示す. そのために多くの準備を必要とする.

x を $\{1, 2, \cdots, n\}$ の置換とする. そのとき, $\{1, 2, \cdots, n\}$ の元の対で, x によってその順序が逆転する個数を考えよう. すなわち, $N(x) =$ "集合 $\{(i, j): i < j$ かつ $x(i) > x(j)\}$ の元の数" を求めよう.

たとえば, S_5 において,

$$x = \begin{pmatrix} 1 & 2 & 3 & 4 & 5 \\ 3 & 5 & 2 & 1 & 4 \end{pmatrix}$$

とする.

このとき, 対 $(1, 2)$ は $(3, 5)$ になり, $3 < 5$ であるので, 対 $(1, 2)$ は x によってその順序は逆転されない. 一方で, $(2, 3)$ は $(5, 2)$ になり, $5 > 2$ であるので, 対 $(2, 3)$ は x によって, その順序が逆転される. 実際, 対 $(1, 3), (1, 4), (2, 3), (2, 4)$, $(2, 5), (3, 4)$ が x によってその順序が逆転されるものすべてである. そして残り四つの対のどれも x によって順序は変わらない. これは $N(x) = 6$, つまり

$$N\left(\begin{pmatrix} 1 & 2 & 3 & 4 & 5 \\ 3 & 5 & 2 & 1 & 4 \end{pmatrix}\right) = 6$$

であることを示している.

次に置換

$$y = \begin{pmatrix} 1 & 2 & 3 & 4 & 5 \\ 3 & 1 & 5 & 4 & 2 \end{pmatrix}$$

を考える.

この場合に, 対 $(1, 2), (1, 5), (3, 4), (3, 5), (4, 5)$ が逆転するものすべてである. よって, $N(y) = 5$ である.

最後に，積
$$yx = \begin{pmatrix} 1 & 2 & 3 & 4 & 5 \\ 5 & 2 & 1 & 3 & 4 \end{pmatrix}$$
を考えよう．

逆転する対は $(1,2), (1,3), (1,4), (1,5), (2,3)$ である．よって $N(yx)=5$ となる．$N(x)$ は偶数，$N(y)$ は奇数，$N(yx)$ は奇数であることに注意する．

置換についての上の計算の一般的結果が，略式的に図12・4にまとめられている．

$N(x)$	$N(y)$	$N(xy)$
偶置換	偶置換	偶置換
偶置換	奇置換	奇置換
奇置換	偶置換	奇置換
奇置換	奇置換	偶置換

図12・4 置換の積における逆転のまとめ

次に，この表で略式的に与えられた結果の証明を与えよう．

■ **定理40** S_n の任意の二つの置換 x と y に対して，$(-1)^{N(yx)} = (-1)^{N(y)+N(x)}$ が成り立つ．

[証明] 全部で M 個の対があると仮定する．

x で順序が逆転する対を考える．そのような対は $N(x)$ 個ある．x を施した結果に y を作用させたとき，それらのいくつかが元の順序に戻り（そのような対の数を k 個とする），一方で残りの $N(x)-k$ 個が逆転したままになる．

次に，元の M 個の対の残り，つまり x で逆転しない対を考える．それらは $M-N(x)$ 個ある．x を施した結果に y を作用させたとき，それらの $N(y)-k$ 個は逆転し，残りの $M-N(x)-(N(y)-k)$ 個は逆転しないままである．

以上より，yx により逆転する対を全部数えると，最初の段落のタイプが $N(x)-k$ 個，次の段落のタイプが $N(y)-k$ 個となる．したがって，逆転する対の数の総合 $N(yx)$ は $N(yx)=N(x)+N(y)-2k$ で与えられる．それゆえ，$(-1)^{N(yx)}=(-1)^{N(y)+N(x)}$ となる． ■

これは図12・4で与えられた結果が実際に成り立つことを示している．

> **定 義** $x \in S_n$ (n 個の記号上の置換の群)と仮定する．このとき，x は $N(x)$ が偶数であるならば，**偶置換**，奇数ならば，**奇置換**という．

それゆえ，置換全体の集合は偶置換と奇置換に分割される．

置換
$$x = \begin{pmatrix} 1 & 2 & \cdots & n \\ x(1) & x(2) & \cdots & x(n) \end{pmatrix}$$
を考える.

このとき，もし読者が上の行のそれぞれの数から，下の行のその数が現れている所へ直線を引けば，その直線達が交差する回数は $N(x)$ と等しくなっているということがわかると思う.

たとえば，置換
$$x = \begin{pmatrix} 1 & 2 & 3 & 4 \\ 2 & 3 & 4 & 1 \end{pmatrix}$$
を考えよう.

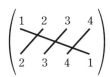

図 12・5　置換の横断

図 12・5 において，直線達は 3 箇所で交差している．よって，確かに $N(x)$ は交差する回数と一致している．

定理 41 はこの主張が正しいことを示している．

■ **定理 41**
$$x = \begin{pmatrix} 1 & 2 & \cdots & n \\ x(1) & x(2) & \cdots & x(n) \end{pmatrix}$$
を n 個の記号上の置換とする．このとき，$N(x)$ は上の行のそれぞれの数から，下の行のその数が現れている所へ引かれた直線達の交差する回数と等しい．

[証明]　上の行の元の数は，下の行の元の数とちょうど同じである．しかし，上の行においては元達は番号順になっている．

$i < j$ と仮定する．そのとき，置換 x の下の行で $x(i)$ は $x(j)$ の左にある.

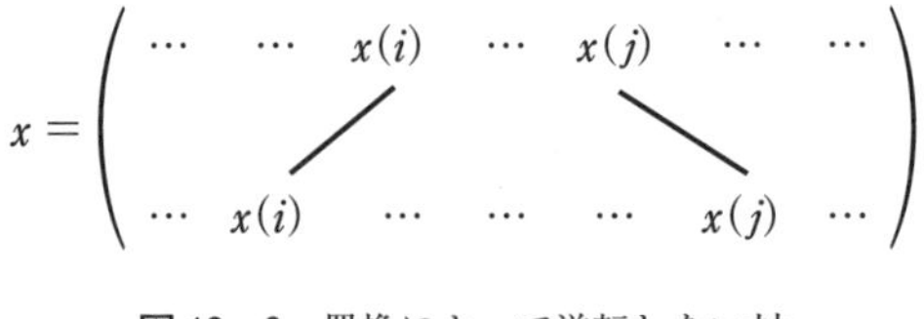

$$x = \begin{pmatrix} \cdots & \cdots & x(i) & \cdots & x(j) & \cdots & \cdots \\ \cdots & x(i) & \cdots & \cdots & \cdots & x(j) & \cdots \end{pmatrix}$$

図 12・6　置換によって逆転しない対

12・4 偶置換と奇置換

さて，まず $x(i) < x(j)$ と仮定しよう．そのとき，図 12・6 のように $x(i)$ はまた置換 x の上の行において，$x(j)$ の左にある．

> 上の行の数達 $1, 2, \cdots, n$ は，$x(1), x(2), \cdots, x(n)$ をある順序で並び替えたものになっていることを思い出そう．

次に $x(i) > x(j)$ と仮定する．このとき，図 12・7 のように，置換 x の上の行で $x(i)$ は $x(j)$ の右にある．

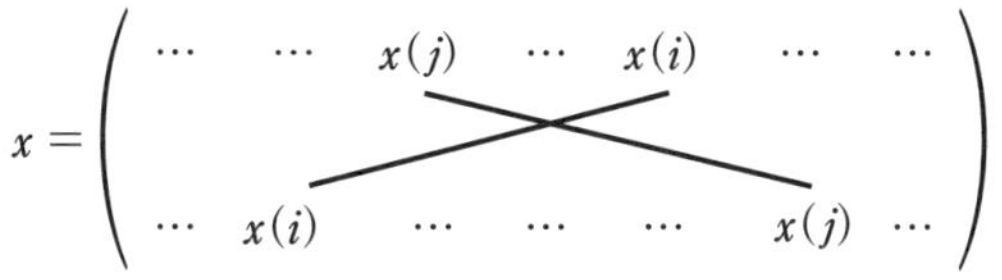

$$x = \begin{pmatrix} \cdots & \cdots & x(j) & \cdots & x(i) & \cdots & \cdots \\ \cdots & x(i) & \cdots & \cdots & \cdots & x(j) & \cdots \end{pmatrix}$$

図 12・7　置換によって逆転する対

それぞれの i に対して 1 本の直線，もしくは（こちらの方が好みならば）それぞれの $x(i)$ に対して 1 本の直線があり，全部で n 本の直線がある．そして，これらの中の 2 本の直線のそれぞれの交差は逆転 $i < j$: $x(i) > x(j)$ と対応している．

もっと正確に言うと，直線の交差の集合と対の集合 $\{(i, j): i < j$ かつ $x(i) > x(j)\}$ には一対一対応があるということである．したがって，$N(x)$ は交差の数である． ■

例 12・4・1　置換

$$x = \begin{pmatrix} 1 & 2 & 3 & 4 & 5 \\ 3 & 5 & 2 & 1 & 4 \end{pmatrix}$$

に対して，直線の 10 個の対のうち，6 個が交差しており，4 個は交差していない．図 12・8 は交差している一つの直線の対と交差していない一つの直線の対を示しており，図 12・9 はすべての直線の交差を示している．

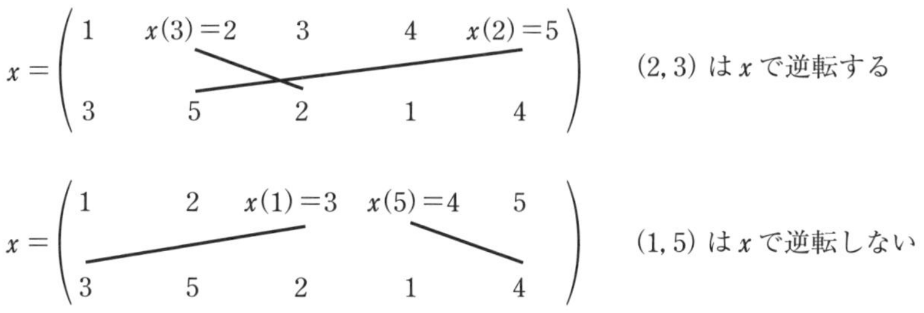

$$x = \begin{pmatrix} 1 & x(3)=2 & 3 & 4 & x(2)=5 \\ 3 & 5 & 2 & 1 & 4 \end{pmatrix} \quad (2,5)\text{ は }x\text{ で逆転する}$$

$$x = \begin{pmatrix} 1 & 2 & x(1)=3 & x(5)=4 & 5 \\ 3 & 5 & 2 & 1 & 4 \end{pmatrix} \quad (1,5)\text{ は }x\text{ で逆転しない}$$

図 12・8　逆転する横断と逆転しない横断

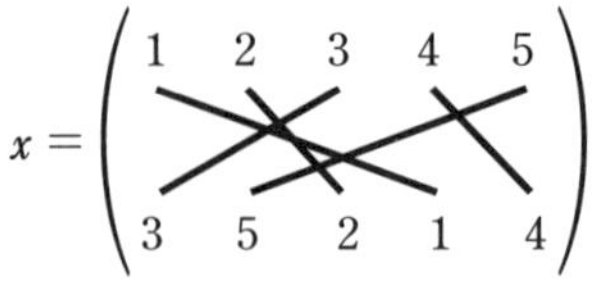

$$x = \begin{pmatrix} 1 & 2 & 3 & 4 & 5 \\ 3 & 5 & 2 & 1 & 4 \end{pmatrix}$$

図 12・9 置換のすべての横断を示している.

これから $N(x)=6$ であり, x は偶置換であることがわかる.

> このテーマはひとまず置いておいて, 置換を表現するための新しい表記を導入する.

12・5 巡回置換

置換

$$\begin{pmatrix} a_1 & a_2 & a_3 & \cdots & a_n \\ a_2 & a_3 & a_4 & \cdots & a_1 \end{pmatrix} \in S_n$$

は長さ n の**巡回置換**とよばれる. この置換は図 12・10 によって, それぞれの数がこの置換により円周上を反時計回りに一つ隣にある数へ写されるというように表現される.

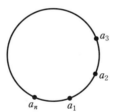

図 12・10 巡回表記

巡回置換

$$\begin{pmatrix} a_1 & a_2 & a_3 & \cdots & a_n \\ a_2 & a_3 & a_4 & \cdots & a_1 \end{pmatrix} \in S_n$$

は $(a_1 a_2 a_3 \cdots a_n)$ と書かれ, この記法は左から見ていって, $a_1 \to a_2, a_2 \to a_3, a_3 \to a_4$ などとして, 最後は $a_n \to a_1$ とすると約束した置換を表している.

> もし単に巡回置換 (12478635) というと, これを S_8 上で考えているのか, あるいは S_9, S_{29}, $n \geq 8$ の S_n などの上で考えているのか示されていないことに注意する. もしこの言い方で混乱が生じてしまうなら, その全体の集合が何であるかを明確にさせておかないといけない. その巡回置換に現れていない任意の数は, その置換の作用で固定される.

12・5 巡回置換

例 12・5・1 $(124) \in S_6$, すなわち

$$(124) = \begin{pmatrix} 1 & 2 & 3 & 4 & 5 & 6 \\ 2 & 4 & 3 & 1 & 5 & 6 \end{pmatrix}$$

を考える．また，$(1256) \in S_6$ を考える．

このとき，その積は

$$(1256)(124) = \begin{pmatrix} 1 & 2 & 3 & 4 & 5 & 6 \\ 5 & 4 & 3 & 2 & 6 & 1 \end{pmatrix}$$

となり，同様に

$$(124)(1256) = \begin{pmatrix} 1 & 2 & 3 & 4 & 5 & 6 \\ 4 & 5 & 3 & 1 & 6 & 2 \end{pmatrix}$$

となる．

これら二つの計算結果は異なっており，巡回置換 (124) と (1256) は可換ではない．

例 12・5・2 $(14) \in S_6$, $(235) \in S_6$ を考える．このとき，置換 $(14)(235)$ と置換 $(235)(14)$ は次のように与えられる．

$$(14)(235) = \begin{pmatrix} 1 & 2 & 3 & 4 & 5 & 6 \\ 4 & 3 & 5 & 1 & 2 & 6 \end{pmatrix} \text{ および } (235)(14) = \begin{pmatrix} 1 & 2 & 3 & 4 & 5 & 6 \\ 4 & 3 & 5 & 1 & 2 & 6 \end{pmatrix}$$

例 12・5・1 と例 12・5・2 の違いは，例 12・5・2 では巡回置換 (14) と (235) に共通の数がないが，(124) と (1256) には共通の数があるということである．

一般的に，巡回置換からなる集合があり，その巡回置換達の中で同じ数が繰返して現れないならば，それらは**互いに素**であるという．

互いに素な巡回置換は，集合 $\{1, 2, 3, \cdots, n\}$ の互いに素な部分集合上に作用するので，いつも互いに可換になる．

次に，具体的な例を用いて，任意の置換を互いに素な巡回置換の積で書く方法を示そう．

置換

$$\begin{pmatrix} 1 & 2 & 3 & 4 & 5 & 6 & 7 & 8 \\ 2 & 4 & 5 & 1 & 7 & 8 & 3 & 6 \end{pmatrix} \in S_8$$

を互いに素な巡回置換の積として書こう．まず 1 からスタートし，この置換を続けて作用させていき，1 から得られる像の列を計算すると，$1 \to 2 \to 4 \to 1$ を得る．よって，まず (124) と書く．それから，まだ使われていない数，たとえば 3 を取り，同様のことをすると，$3 \to 5 \to 7 \to 3$ を得るので，(357) と書く．まだ使われていない

数，たとえば 6 を取り，6→8→6 を得て，(68) となる．これですべての数を使ってしまっている．したがって，

$$\begin{pmatrix} 1 & 2 & 3 & 4 & 5 & 6 & 7 & 8 \\ 2 & 4 & 5 & 1 & 7 & 8 & 3 & 6 \end{pmatrix} = (124)(357)(68)$$

となり，これは互いに素な巡回置換の積になっている．置換

$$\begin{pmatrix} 1 & 2 & 3 & 4 & 5 & 6 & 7 & 8 \\ 2 & 4 & 5 & 1 & 7 & 6 & 8 & 3 \end{pmatrix}$$

に対して，同じことを行うと，

$$\begin{pmatrix} 1 & 2 & 3 & 4 & 5 & 6 & 7 & 8 \\ 2 & 4 & 5 & 1 & 7 & 6 & 8 & 3 \end{pmatrix} = (124)(3578)$$

が得られる．

巡回置換達の中に現れる数達が互いに素であることの重要性に注意しよう．

上記二つの例は一般的な結果への道標を与えてくれる．

■ **定理 42** 有限集合上の任意の置換は，互いに素な巡回置換達の積として書かれる．その積は，その巡回置換達の現れる順序と，それぞれの巡回置換の表し方を除いて一意的である．

> この結果はきちんとは証明しない．その証明はやろうと思えば少々面倒なものになるし，本質的には上に与えた例で行った方法から従うものだからである．

例 12・5・3

$$x = \begin{pmatrix} 1 & 2 & 3 & 4 & 5 & 6 & 7 & 8 \\ 1 & 3 & 5 & 7 & 2 & 4 & 6 & 8 \end{pmatrix}$$

x^2, x^{-1} のそれぞれを互いに素な巡回置換の積で表せ．

[**解答**] この節の方法を用いて，$x=(476)(235)$ を得る．x^2 によって，それぞれの数は x に対する巡回置換の表記の中で二つずつ場所の移動がある．よって，$x^2=(467)(253)$ である．x^{-1} による巡回は，x による巡回の逆回転になる．よって，$x^{-1}=(467)(253)$ である．

$x^2=x^{-1}$ であり，x^3 は恒等置換であることに注意する．

12・6 互　　換

互換とは長さ 2 の巡回置換のことである．たとえば，(34) や (26) などが互換である．

$(a_1 a_2 a_3 \cdots a_n) = (a_1 a_n)(a_1 a_{n-1}) \cdots (a_1 a_3)(a_1 a_2)$ であり，すべての巡回置換は互換の積として書けることに注意する．

> この式が成り立つことをみるための最も簡単な方法は，右辺を全部掛けてしまって，どのようなパターンになっているかをみることである．もしこの結果をもっと厳密に証明したいなら，数学的帰納法を用いる必要がある．

これより，すべての置換は互換の積として書けることがわかる．まず置換を巡回置換の積として書き，それから互換の積として書くのである．

これを実践してみよう．例 12・5・3 において，$x = (476)(235)$ である．$(476) = (46)(47)$，$(235) = (25)(23)$ と互換の積として書けるので，$x = (46)(47)(25)(23)$ となる．

この互換の積としての表し方は一意的ではないことに注意する．たとえば，巡回置換 (476) はまた $(74)(76)$ とも書ける．よって，x は $x = (74)(76)(25)(23)$ と書くこともできる．

実際，互換の積としての置換の表し方はまったく一意的ではない．なぜなら，$(ab)(ba)$ はどのような積のどのような場所にも入れることができるし，任意の互換 (ab) は $(ab) = (1a)(1b)(1a)$ と書くこともできる．

例 12・6・1 $(12)(476)(1235)$ を互換の積として表せ．

[解答]

> この問題の解き方として二つの異なる方法がある．元の置換が互いに素な巡回置換の積にはなっていないということを無視して，単にこの節の最初に与えた式を直接用いる方法，またはこの置換を互いに素な巡回置換の積に書き直し，それから互換の積にする方法である．

最初の方法を用いて，$(12)(46)(47)(15)(13)(12)$ を得る．

二つ目の方法を用いて，$(12)(476)(1235) = (476)(235)$ となり，それから $(12)(476)(1235) = (46)(47)(25)(23)$ を得る．

例 12・6・2 置換 $(12)(46)(47)(23)(45)$ の逆元を求めよ．

[解答] 互換の逆元はそれ自身なので，$(12)^{-1} = (12)$ である．$(xy)^{-1} = y^{-1} x^{-1}$ であることを用いて，$(12)(46)(47)(23)(45)$ の逆元は $(45)^{-1}(23)^{-1}(47)^{-1}(46)^{-1}(12)^{-1}$ $= (45)(23)(47)(46)(12)$ となる．

与えられた置換を互換の積として書くのに必要な互換の数は一意的ではないけれども，それぞれの置換を互換の積として書いたときには，その互換の数が偶数個であるか，奇数個であるかはいつも変わらないということは成り立っている．このこ

とは定理 44 で証明される．

互換が奇置換であるということは読者にとっても至極当然のことと思われる．

■**定理 43** 互換は奇置換である．

[**証明**] 互換 $t=(ij)\in S_n\ (i<j)$ とする．このとき，t は i と j を交換し，図 12・11 のように図示される．

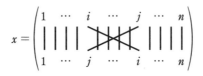

図 12・11 互換の横断

交差の数は $2(j-i-1)+1$ で，奇数である． ■

■**定理 44** 偶置換を互換の積として書いたとき，その互換の数は偶数である．そして奇置換を互換の積として書いたとき，その互換の数は奇数である．

[**証明**] 定理 43 から，すべての互換 t に対して，$(-1)^{N(t)}=-1$ である．$x\in S_n$ を任意の置換とし，x は k 個の互換の積として，$x=t_k t_{k-1}\cdots t_2 t_1$ と書かれていると仮定する．

このとき，定理 40 の明らかな拡張から，

$$\begin{aligned}(-1)^{N(x)} &= (-1)^{N(t_k)+N(t_{k-1})+\cdots+N(t_2)+N(t_1)}\\ &= (-1)^{N(t_k)}\times(-1)^{N(t_{k-1})}\times\cdots\times(-1)^{N(t_2)}\times(-1)^{N(t_1)}\\ &= \underbrace{(-1)(-1)\cdots(-1)(-1)}_{k個}\\ &= (-1)^k\end{aligned}$$

となる．

したがって，もし $N(x)$ が偶数ならば，k は偶数であり，もし $N(x)$ が奇数ならば，k は奇数である． ■

12・7 交代群

S_n の偶置換全体の集合 A_n は S_n の部分群であるということが推察される．このことを証明するために，$x,y\in A_n$ と仮定する．

x と y のそれぞれは偶数個の互換の積として書かれるので，xy もそのように書かれる（なぜなら偶数＋偶数＝偶数であるから）．よって，$x,y\in A_n$ ならば，$xy\in A_n$ である．

12・7 交代群

恒等置換 e は逆転させない，すなわち $N(e)=0$ なので，偶置換である．

もし x が i と j の順序を逆転させるなら，x^{-1} は $x(i)$ と $x(j)$ の順序を逆転させる．なので，x で逆転する対の数は x^{-1} で逆転する対の数と等しい．すなわち，$N(x)=N(x^{-1})$ である．よって，$x \in A_n$ ならば，$x^{-1} \in A_n$ である．

以上より，定理 20 によって，A_n が S_n の部分群であることがわかる．

> **定 義** n 個の記号からなる集合の置換全体の群 S_n の部分群 A_n は n 次の**交代群**とよばれる．

群 S_n の置換の半分が偶置換で，残り半分が奇置換であるということはそれほど不思議なことではない．しかし，厳密にそのことを証明するには，偶置換全体から奇置換全体への全単射を構成しなければならない．

そのような全単射の一つの例としては，$f(x)=(12)x$ によって定義される $f\colon A_n \to (S_n - A_n)$ である．f が全単射になることの証明は読者への練習問題（演習問題 12・15）とする．

それゆえ，A_3 は 3 個の元をもっており，A_4 は 12 個の元をもっている．一般的に，A_n は $\frac{1}{2}n!$ 個の元をもっている．

図 12・12 は交代群 A_4 を示しており，後で引用する．

図 12・12 において，元 $a=(12)(34)$，$b=(13)(24)$，$c=(14)(23)$ はそれぞれ位数 2 である．元 $x=(234)$，$y=(143)$，$z=(124)$，$t=(132)$ はそれぞれ位数 3 である．

	e	a	b	c	x	y	z	t	x^2	y^2	z^2	t^2
e	e	a	b	c	x	y	z	t	x^2	y^2	z^2	t^2
a	a	e	c	b	z	t	x	y	t^2	z^2	y^2	x^2
b	b	c	e	a	t	z	y	x	y^2	x^2	t^2	z^2
c	c	b	a	e	y	x	t	z	z^2	t^2	x^2	y^2
x	x	t	y	z	x^2	t^2	y^2	z^2	e	c	a	b
y	y	z	x	t	z^2	y^2	t^2	x^2	c	e	b	a
z	z	y	t	x	t^2	x^2	z^2	y^2	a	b	e	c
t	t	x	z	y	y^2	z^2	x^2	t^2	b	a	c	e
x^2	x^2	z^2	t^2	y^2	e	b	c	a	x	z	t	y
y^2	y^2	t^2	z^2	x^2	b	e	a	c	t	y	x	z
z^2	z^2	x^2	y^2	t^2	c	a	e	b	y	t	z	x
t^2	t^2	y^2	x^2	z^2	a	c	b	e	z	x	y	t

図 12・12　交代群 A_4

この章で学んだこと

- 集合上の置換とは何か
- 有限集合上の置換に対する表記と置換達の結び付け方
- 集合上の置換全体が群を形成すること
- 置換に適用される"偶"と"奇"の意味
- 与えられた置換が偶置換か奇置換かを決定する方法
- 巡回置換表記とは何か，そしてその使い方
- 互換の意味と，すべての置換を互換の積として書く方法
- それぞれの置換は互換の積として書かれたとき，その互換の数はいつも偶数個になっているか，いつも奇数個になっている．
- "交代群"の意味

演習問題 12

12・1 置換 a, b, c を S_5 から次のように取る．

$$a = \begin{pmatrix} 1 & 2 & 3 & 4 & 5 \\ 5 & 3 & 4 & 1 & 2 \end{pmatrix}, \quad b = \begin{pmatrix} 1 & 2 & 3 & 4 & 5 \\ 2 & 3 & 4 & 5 & 1 \end{pmatrix}$$

$$c = \begin{pmatrix} 1 & 2 & 3 & 4 & 5 \\ 5 & 3 & 2 & 4 & 1 \end{pmatrix}$$

置換 $ab, ba, a^2b, ac^{-1}, (ac)^{-1}, c^{-1}ac$ を計算せよ．

12・2 演習問題 12・1 の置換を用いて，方程式 $ax=b$, $axb=c$ を x について解け．

12・3 演習問題 12・1 の置換を用いて，a, b, c それぞれにおける逆転の数を求めよ．

12・4

$$a = \begin{pmatrix} 1 & 2 & 3 & 4 & 5 \\ 2 & 4 & 1 & 3 & 5 \end{pmatrix}, \quad b = \begin{pmatrix} 1 & 2 & 3 & 4 & 5 \\ 4 & 2 & 1 & 5 & 3 \end{pmatrix},$$

$$c = \begin{pmatrix} 1 & 2 & 3 & 4 & 5 \\ 1 & 4 & 2 & 3 & 5 \end{pmatrix}$$

とする．

a, b, c のそれぞれにおける逆転の数を求めよ．また，ab, bc, ca のそれぞれにおける逆転の数が偶数であるか，奇数であるかを演繹せよ．

12・5 置換

$$\begin{pmatrix} 1 & 2 & 3 & 4 & 5 \\ 1 & 3 & 5 & 2 & 4 \end{pmatrix} \text{ および } \begin{pmatrix} 1 & 2 & 3 & 4 & 5 \\ 3 & 1 & 4 & 2 & 5 \end{pmatrix}$$

が偶置換であるか，奇置換であるか求めるために，定理 41 で行ったような，置換の

上の行から下の行に直線を引く方法を適用せよ．

12・6 次の置換それぞれを互いに素な巡回置換の積として，巡回置換表記を用いて書け．

$$\begin{pmatrix} 1 & 2 & 3 & 4 & 5 \\ 3 & 4 & 5 & 2 & 1 \end{pmatrix} \begin{pmatrix} 1 & 2 & 3 & 4 & 5 \\ 3 & 1 & 4 & 2 & 5 \end{pmatrix} \begin{pmatrix} 1 & 2 & 3 & 4 & 5 \\ 4 & 5 & 3 & 1 & 2 \end{pmatrix}$$

12・7 次の S_6 における互いに素な巡回置換の積のそれぞれを，演習問題 12・1 で用いている表記で書け．

a) (123)(46)
b) (12346)
c) (12)(346)

12・8 次の S_7 の置換それぞれを，互いに素な巡回置換の積として書け．

a) (12)(347)(132)
b) (56)(347)(45)(132)
c) (34)(143)(43)(132)
d) (16)(15)(14)(13)(12)

12・9 演習問題 5・4 において，正方形でない長方形の対称性に対する群演算表を書いた．長方形の頂点を整数 1, 2, 3, 4 でラベル付けして，例 12・3・4 で行ったように，この群が S_4 の部分群 $\{e, (12)(34), (13)(24), (14)(23)\}$ と同型であることを示せ．この置換の群の演算表を書きあげよ．

12・10 群 S_4 は 24 個の元，S_3 は 6 個の元をもっている．$S_4 \cong \mathbf{Z}_4 \times S_3$ であるか，また $S_4 \cong \mathbf{Z}_2 \times \mathbf{Z}_2 \times S_3$ であるか調べよ．

12・11 巡回置換の位数はその長さと等しいことを証明せよ．

12・12 任意の置換の位数は，それを構成している互いに素な巡回置換達の長さの最小公倍数と等しいことを証明せよ（このことは例 12・3・5 の x の位数を求めるのに，より効率的な方法を与える．元 $x=(132)(56)$ であるので，位数は $3 \times 2 = 6$ である）．

12・13 S_n のすべての元は互換 (12), (13), …, (1n) の積で書けることを証明せよ．

12・14 S_n のすべての元は $(12 \cdots n-1)$ と $(n-1\, n)$ の積で書けることを証明せよ．

12・15 $f: A_n \to S_n - A_n$ を $f(x) = (12)x$ $(x \in A_n)$ で定義する．f は全単射であることを証明せよ．それゆえ，A_n の元の数は $\frac{1}{2}n!$ であることを示せ．

13

二 面 体 群

13・1 はじめに

読者は5章で初めて群の概念にふれ，正三角形の対称性の群である D_3 を学んだ．それから，演習問題 10・5 で，A の任意の部分集合 X に対して，集合 $\{f \in A \to A$ の全単射全体の集合: $f(X)=X\}$ は $A \to A$ の全単射全体からなる群の部分群になることを示した．

> $f(X)=X$ というのはすべての $x \in X$ に対して $f(x)=x$ であるわけではないことを思い出そう．たとえば，$A=\{1,2,3\}$，$X=\{1,2\}$，f を互換 (12) とすると，そのとき $f(X)=X$ であるが，$f(1) \neq 1$ そして $f(2) \neq 2$ である．

> **定義** A を実平面とする．このとき A の任意の部分集合 X に対して，距離を保存する関数 $f\colon A \to A$ で，$f(X)=X$ を満たすものを X の**対称性**とよぶ．X の対称性は $A \to A$ の全単射全体のなす群の部分群を形成する．これは X の**対称性の群**とよばれる．

距離を保存する関数というのは，平面上の点のすべての対 P, Q に対して，$f(P)$ と $f(Q)$ の距離が P と Q の距離と同じになるという性質をもっている[†]．実際に，平面からそれ自身へのすべての距離を保存する関数は全単射になる．そして $A \to A$ の距離を保存する関数全体のなす集合は，全単射全体の群の部分群になる．これらの主張はここでは証明しない．

> **定義** 正 n 角形の対称性の群は**二面体群** D_n とよばれる．

正三角形の対称性の群 D_3 は二面体群の一つの例である．

[†] 訳注：平面上の距離を保存する関数は，原点を中心とする回転か，原点を通る直線を軸とする鏡映と，平行移動による関数との合成によって得られることが知られている（ユークリッド変換とよばれる）．

13・1 はじめに

"二面体"という単語は，二つの面をもっているということを意味している．これは正多角形の表を一つの面，裏をもう一つの面として数えている．

X を任意の多角形，ϕ を X の対称性とする．このとき，X のそれぞれの頂点の像はまた X の頂点になる．そして，ϕ は全単射であるので，ϕ は頂点全体の集合をまたその集合に全単射的に写す．X が n 個の頂点 $1, 2, \cdots, n$ をもち，$f(\phi)$ を置換 $f(\phi) = \begin{pmatrix} 1 & 2 & \cdots & n \\ \phi(1) & \phi(2) & \cdots & \phi(n) \end{pmatrix}$ とすると，このとき f は X の対称性全体から S_n への関数になる．例 12・3・4 と同様に，この関数は単射であり，X の任意の二つの対称性 ϕ と ψ に対して，$f(\phi\psi) = f(\phi)f(\psi)$ を満たす．

正方形の対称性の群 D_4 を考えよう．図 13・1 の正方形の対称性は次で与えられる $H, V, L, M, R, R^2, R^3, I$ になる．

- H は "軸 h における鏡映" を表す．
- V は "軸 v における鏡映" を表す．
- L は "軸 l における鏡映" を表す．
- M は "軸 m における鏡映" を表す．
- R は "O を中心として反時計回りに 90 度回転" を表す．
- R^2 は "O を中心として反時計回りに 180 度回転" を表す．
- R^3 は "O を中心として反時計回りに 270 度回転" を表す．
- I は "何もしない" を表す．

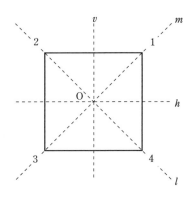

図 13・1　正方形とその対称性の軸

上述の関数 $f: D_4 \to S_4$ によって，これらの対称性の像は，$f(H)=(14)(23)$，$f(V)=(12)(34)$，$f(L)=(13)$，$f(M)=(24)$，$f(R)=(1234)$，$f(R^2)=(13)(24)$，$f(R^3)=(4321)$，$f(I)=e$ となる．これら八つの置換は S_4 の部分群を形成し，例 12・3・4 のように，D_4 はこの S_4 の部分群と同型になる．図 13・2 は D_4 の演算表である．

	I	R	R^2	R^3	H	L	V	M
I	I	R	R^2	R^3	H	L	V	M
R	R	R^2	R^3	I	M	H	L	V
R^2	R^2	R^3	I	R	V	M	H	L
R^3	R^3	I	R	R^2	L	V	M	H
H	H	L	V	M	I	R	R^2	R^3
L	L	V	M	H	R^3	I	R	R^2
V	V	M	H	L	R^2	R^3	I	R
M	M	H	L	V	R	R^2	R^3	I

図 13・2　二面体群 D_4

演算表の成分を早く計算するのに，紙で正方形を切取り，その両面の角に 1, 2, 3, 4 を書くと便利である．別の方法としては，対応する置換を掛けるとよい．たとえば，$f(H)f(R)=(14)(23)(1234)=(13)=f(L)$ であるので，$HR=L$ である．

この演算表からいろいろなパターンが見て取れることと思う．たとえば，図 13・2 に書かれている計算結果で，回転はすべて左上と右下にあり，鏡映はすべて右上と左下にある．しかしながら，このような演算表から二面体群のすべての構造が明らかになるわけではない．

13・2　一般的表記をめざして

上記のような表記を用いて二面体群の成分を計算するのは時間の無駄である．唯一の回転と唯一の鏡映を用いて，すべての元を表記した方がよいのである．a を反時計回り 90 度回転，b を任意の鏡映と仮定する．このとき，$a^4=b^2=e$ が成り立つ．また，われわれは図 13・2 の演算表から，どの鏡映 b を選んでも，$aba=b$ が成り立っていることが見て取れる．a と b を用いると，図 13・2 の演算表は図 13・3 のようになる．

関係 $a^4=b^2=e$ と $aba=b$ により，演算表を用いることなく，D_4 におけるすべての計算を行うことができる．D_4 において，$a^{-1}=a^3$ であるので，$aba=b$ から $ab=ba^3$ と $ba=a^3b$ を導くことができることを思い出そう．

13・2 一般的表記をめざして

	e	a	a^2	a^3	b	ba	ba^2	ba^3
e	e	a	a^2	a^3	b	ba	ba^2	ba^3
a	a	a^2	a^3	e	ba^3	b	ba	ba^2
a^2	a^2	a^3	e	a	ba^2	ba^3	b	ba
a^3	a^3	e	a	a^2	ba	ba^2	ba^3	b
b	b	ba	ba^2	ba^3	e	a	a^2	a^3
ba	ba	ba^2	ba^3	b	a^3	e	a	a^2
ba^2	ba^2	ba^3	b	ba	a^2	a^3	e	a
ba^3	ba^3	b	ba	ba^2	a	a^2	a^3	e

図 13・3 二面体群 D_4

たとえば,$(ba^2)(ba)$ を計算するには,次のようにするのである.

$$(ba^2)(ba) = ba(aba) = bab = b(ab) = b(ba^3) = a^3 \qquad (13 \cdot 1)$$

同様に $(ba)(ba^2) = baba^2 = b(aba)a = b^2a = a$ である.

群は a と b によって,関係 $a^4 = b^2 = e$ と $aba = b$ をもって,"生成されている"といわれる.

例 13・2・1 関係 $a^4 = b^2 = e$ と $ab = ba^3$ を用いて,$a^2b = ba^2$ と $a^3b = ba$ を証明せよ.

[解答]

> この例に対する答えを見ていくうえで,上述の関係がどのように b が a 達を通抜けるのに使われているかを注意しながら見ていこう.答えは読者が求めているよりももっと詳細に書いてある.二つ目の答えには一つ目の結果が用いられている.

$$a^2b = a(ab) = a(ba^3) = (ab)a^3 = (ba^3)a^3 = b(a^3a^3) = ba^2 \qquad (13 \cdot 2)$$

$$a^3b = a(a^2b) = a(ba^2) = (ab)a^2 = (ba^3)a^2 = b(a^3a^2) = ba \qquad (13 \cdot 3)$$

例 13・2・2 二面体群 D_4 のすべての部分群を求めよ.

[解答] まず自明な部分群である $\{e\}$ と D_4 自身がある.それから部分群 $\{e, a^2\}$(半回転の部分群と考えることができるもの)がある.それから部分群 $\{e, a, a^2, a^3\}$ があり,これで e と a の巾達のみを用いて構成される部分群がすべてあげられたことになる.

他に位数 2 の四つの部分群がある.それらは $\{e, b\}$,$\{e, ba\}$,$\{e, ba^2\}$,$\{e, ba^3\}$ である.

最後に,部分群 $\{e, a^2, b, ba^2\}$,$\{e, a^2, ba, ba^3\}$ がある.

これらが D_4 の部分群すべてである．この段階ではその証明は与えない．D_n の部分群は§13・4の主題になる．

13・3 一般の二面体群 D_n

$A_1 A_2 \cdots A_n$ が正多角形であると仮定する．a をその正多角形の中心のまわりに $2\pi/n$ ラジアンだけ反時計回りに回転させる $A_1 A_2 \cdots A_n$ の対称性とし，b を一つの軸に関しての任意の鏡映の対称性とする．図13・4は b の対称性の軸が正 n 角形の頂点を通っている場合を示している．

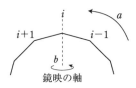

図13・4　頂点を通る対称性の軸

元 $e, a, a^2, \cdots, a^{n-1}$ はすべて異なっている．そして b はこれらのどれとも等しくない．したがって，$2n$ 個の元 $e, a, a^2, \cdots, a^{n-1}, b, ba, ba^2, \cdots, ba^{n-1}$ はすべて異なっている（演習問題13・5を見よ）．

また D_n の元の数は $2n$ である．というのは，n が偶数であろうと奇数であろうと，n 個の回転対称性がある．もし n が偶数であるなら，頂点を通らない $\frac{1}{2}n$ 本の鏡映の軸と，頂点を通る $\frac{1}{2}n$ 本の鏡映の軸があり，合わせて n 本の鏡映の軸がある．n が奇数であるなら，一つの頂点と辺の中点を通る鏡映対称性の n 本の軸がある．よって，いつも D_n には全部で $2n$ 個の対称性がある．

$2n$ 個の元 $e, a, a^2, \cdots, a^{n-1}, b, ba, ba^2, \cdots, ba^{n-1}$ は異なっており，D_n には $2n$ 個より多くの元はないので，$D_n = \{e, a, a^2, \cdots, a^{n-1}, b, ba, ba^2, \cdots, ba^{n-1}\}$ であることがわかる．この表記は D_3 や D_4 の特別な場合の結果を一般化している．

図13・4から $aba = b$ ということがわかる．また対称性の軸が辺の中点を通り，頂点を通らない場合にも，$aba = b$ が成り立つことがチェックできる．

よって，今われわれは二面体群 D_n において，関係式 $a^n = b^2 = e$，$aba = b$ をもっている．$aba = b$ から，i についての帰納法によって，すべての i に対して，$a^i b a^i = b$ が成り立つことを示すことができる．この式 $a^i b a^i = b$ を用いて，D_n における計算を行うことができる．たとえば，D_6 において，$(ba^4)(ba^5)$ の計算を次のように行うことができる．

$$(ba^4)(ba^5) = ba^4 ba^5 = b(a^4 ba^4)a = b(b)a = b^2 a = a \qquad (13 \cdot 4)$$

13・4 二面体群の部分群

例13・4・1 D_{12} の部分群を求めよ.

[**解答**] 図 13・5 には,正二十四角形(正確には頂点)が,四つの内接する正六角形,六つの内接する正方形,八つの内接する正三角形と一緒に描かれている.今,対称性 D_{12} は,正二十四角形の頂点を一つ飛びにとってできる正十二角形に対して考えている.

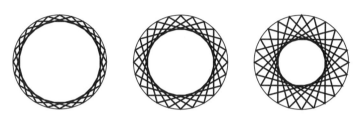

図 13・5 正二十四角形の中にある種々の正多角形

これらの内接する正多角形それぞれに対して,その対称性の群は D_{12} の部分群になる.さらに,それぞれにおいて,反時計回りに 15 度ずつ回転させた,それぞれ連続する二つ,三つ,四つの正多角形に対する対称性の群は異なっている.

というのは,図 13・6 で示されている二つの正方形を考えよう.頂点は 1, 7, 13, 19 と 3, 9, 15, 21 と番号づけられている.

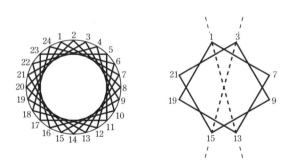

図 13・6 正二十四角形の中にある正方形

もし L が頂点 1 と 13 を通る軸に関する鏡映,M が頂点 3 と 15 を通る鏡映であるとすると,L は正方形 1, 7, 13, 19 の対称性になるが,正方形 3, 9, 15, 21 の対称性にはならない.一方で,M は 3, 9, 15, 21 の対称性になるが,正方形 1, 7, 13, 19 の対称性にはならない.

よって，D_{12} の中には D_6 の二つのコピーがあり，D_4 の三つのコピーがあり，D_3 の四つのコピーがある．また D_2（直線軸[†1]に対する対称性の群）の六つのコピーがある．それらは直交軸それぞれの対[†2]に対するものである．これら D_2 のそれぞれは $\{I, L, M, LM\}$ という形で与えられる．ただし，L, M はその直交している 2 本の直線軸それぞれに対する鏡映であり，LM は 180 度回転になる．

D_1 の 12 個のコピーがある．これらのそれぞれは I と 12 個の鏡映の一つによって構成される位数 2 の部分群である．

これらの D_{12} の 28 個の二面体部分群（27+D_{12} 自身）に加えて，回転だけからなる部分群がある．

それらは六つある．

- $\frac{1}{6}\pi$ の倍数の回転で構成される群．この群は明らかに 12 個の回転からなる．この群は $\mathbf{Z}_{12}$ と同型である．
- 内接する一つの正六角形の（よって，すべての内接する正六角形の）対称性であるすべての回転，すなわち $\frac{1}{3}\pi$ の倍数の回転で構成される群．この群は $\mathbf{Z}_6$ と同型である．
- 内接する一つの正方形の（よって，すべての内接する正方形の）対称性であるすべての回転，すなわち $\frac{1}{2}\pi$ の倍数の回転で構成される群．この群は $\mathbf{Z}_4$ と同型である．
- 内接する一つの正三角形の（よって，すべての内接する正三角形の）対称性であるすべての回転，すなわち $\frac{2}{3}\pi$ の倍数の回転で構成される群．この群は $\mathbf{Z}_3$ と同型である．
- 群 $\{I, P\}$，ただし P は π 回転を表す．
- 恒等部分群 $\{I\}$．

これらの部分群が D_{12} のすべての部分群の完全なリストである．しかし，D_{12} には，他に部分群は存在しないということの証明は，（14 章の）定理 47 を学ぶまでは，完全には与えることはできていない．この定理 47 というのは，有限群において，部分群の位数はその群の位数を割り切るということを主張するものである．

例 13・4・2 例 13・4・1 で扱った特別な場合は，二面体群 D_n の部分群に対する次の一般的な結果を与える．結果は証明なく与えられる．

[†1] 訳注：ここでいう直線軸とは正二十四角形の対角線のうち，最も長いもの達（それらは 12 本ある）のことを意味している．

[†2] 訳注：すなわち直交する 2 本の直線軸であり，そのような直交する 2 本の直線軸の取り方の組合せは 15 度ずつ回転しながら六つある．

$$D_n = \{e, a, a^2, \cdots, a^{n-1}, b, ba, ba^2, \cdots, ba^{n-1}\} \qquad (13 \cdot 5)$$

例 13・4・1 と同様に，巡回部分群と二面体部分群がある．$\{e, a, a^2, \cdots, a^{n-1}\}$ のそれぞれの部分群は D_n の部分群である．そして，定理 23 によってこれらの部分群はすべて巡回群である．本書の後の方で述べる定理 51 を先取りすると，n のすべての約数 d に対して，位数 d の巡回群がただ一つある．すなわち，$s = n/d$ として，$\{e, a^s, a^{2s}, \cdots, a^{(d-1)s}\}$ である．

また，n のそれぞれの約数 d に対して，D_n の n/d 個の二面体部分群がある．それらは次で与えられる．

$$\{e, a^s, a^{2s}, \cdots, a^{(d-1)s}\} \cup \{b, ba^s, ba^{2s}, \cdots, ba^{(d-1)s}\} \qquad (13 \cdot 6)$$

$$\{e, a^s, a^{2s}, \cdots, a^{(d-1)s}\} \cup \{ba, ba^{s+1}, ba^{2s+1}, \cdots, ba^{(d-1)s+1}\} \qquad (13 \cdot 7)$$

$$\vdots$$

$$\{e, a^s, a^{2s}, \cdots, a^{(d-1)s}\} \cup \{ba^{s-1}, ba^{2s-1}, ba^{3s-1}, \cdots, ba^{ds-1}\} \qquad (13 \cdot 8)$$

よって，n のそれぞれの約数 d に対して，D_n の一つの巡回部分群と n/d 個の二面体部分群がある．

他に D_n の部分群はあるだろうか．

A が D_n の部分群であると仮定する．$C_n = \{e, a, a^2, \cdots, a^{n-1}\}$ と置く．もし $A \subseteq C_n$ ならば，そのとき定理 23 によって A は巡回群である．

もし $A \not\subseteq C_n$ ならば，ある m に対して，$ba^m \in A$ となる．$B = A \cap C_n$ とする．このとき，B は C_n の部分群であるので，巡回群である．したがって，再び定理 51 を先取りすると，ある s に対して ($sd = n$ として)，$B = \{e, a^s, a^{2s}, \cdots, a^{(d-1)s}\}$ となることがわかる．

それから，

$$A = \{e, a^s, a^{2s}, \cdots, a^{(d-1)s}\} \cup \{ba^m, ba^{m+s}, ba^{m+2s}, \cdots, ba^{m+(d-1)s}\} \qquad (13 \cdot 9)$$

であることを示すことができる (演習問題 13・7 を見よ)．

これは A が上述の D_n の n/d 個の二面体部分群の一つになっていることを示している．

この章で学んだこと

- D_n の性質と D_n における計算の仕方

演習問題 13

13・1　§13・3 の表記の下，正 n 角形の鏡映の軸が辺の中点を通る場合において，

$aba=b$ であることを検証せよ．関係式 $aba=b$ を用いて，$(ba)^2=e$ であること，またさらに一般には $(ba^i)^2=e$ $(i=0,1,\cdots,n-1)$ であることを証明せよ．

13・2 D_n において次の計算をせよ．ただし，答えは $b^i a^j$ $(i\in\{0,1\}, j\in\{0,1,\cdots,n-1\})$ という形で与えよ．

a) $a(ba)$ b) a^{-1} c) $(ba)^{-1}$
d) $bab^{-1}a^{-1}$ e) $(ba)(ba^2)$

13・3 D_n において，$i\in\{1,2,3,\cdots,n-1\}$ に対して，$a^i b = b a^{n-i}$ が成り立つことを証明せよ．

13・4 D_n にはいくつの位数 2 の部分群があるか．

13・5 D_n において，$ba^i = ba^j$ $(i,j\in\{0,1,2,\cdots,n-1\})$ ならば，$i=j$ であること，そして任意の i,j に対して，$ba^i \neq a^j$ であることを示せ．

13・6 図 13・7 は正四面体を表している．正四面体の回転対称性全体からなる群 G は正四面体群とよばれる．

図 13・7 において，x,y,z,t は四面体の頂点から反対の面の中心への固定された軸を表しているとする．X,Y,Z,T はそれぞれ x,y,z,t のまわりの時計回り $\frac{2}{3}\pi$ 回転を表すとする．

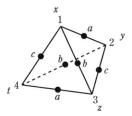

図 13・7 正 四 面 体

a とマークされた 2 点は逆側にある 2 辺の中点を通る固定された軸の反対の端点である．A は a のまわりの半回転を表す．同様に B と C は b と c に対応する軸のまわりの半回転を表す．正四面体のすべての異なる回転対称性を書きあげよ．また，それらの回転対称性の位数を求めよ．位数 6 の部分群は存在しないことを示せ．§13・1 と同様の方法で定義された関数 $f: G \to S_4$ による，G のそれぞれの元の像を求めよ．そして，そのことから G は A_4 と同型であることを示せ．

13・7 A を，ある m に対して $ba^m \in A$ であり，$A\cap C_n = \{e, a^s, a^{2s}, \cdots, a^{(d-1)s}\}$ (ただし，$sd=n$) であるような D_n の部分群とする．例 13・4・2 の最後に述べられた結果を証明せよ．すなわち，A は次で与えられることを証明せよ．

$$A = \{e, a^s, a^{2s}, \cdots, a^{(d-1)s}\} \cup \{ba^m, ba^{m+s}, ba^{m+2s}, \cdots, ba^{m+(d-1)s}\}$$

14

剰　余　類

14・1　はじめに

これまでわれわれがみてきた有限群の部分群の元の数は，確かに全体の群の元の数の約数になっていた．

この事実はラグランジュの定理とよばれる重要な結果である．

この章ではラグランジュの定理を証明することを目標とする．また，その途中で，本書の後の方で用いる重要な手法をいくつか紹介する．

重要なのは剰余類の概念である．

14・2　剰　余　類

> **定　義**　H を G の部分群，$x \in G$ とする．このとき，$xH = \{xh : h \in H\}$ と定義される元の集合 xH は，H の (G における) **左剰余類**とよばれる．$Hx = \{hx : h \in H\}$ と定義される集合 Hx は，H の (G における) **右剰余類**とよばれる．xH は x を含む (または x により生成される) H の左剰余類である．

例 14・2・1　一つの例として，群 D_3 (その群演算表は図 14・1 で示されている) と部分群 $H = \{e, a, a^2\}$ を考える．

	e	a	a^2	b	ba	ba^2
e	e	a	a^2	b	ba	ba^2
a	a	a^2	e	ba^2	b	ba
a^2	a^2	e	a	ba	ba^2	b
b	b	ba	ba^2	e	a	a^2
ba	ba	ba^2	b	a^2	e	a
ba^2	ba^2	b	ba	a	a^2	e

図 14・1　群 D_3

このとき，次の六つの左剰余類が考えられる．

$$eH = \{ee, ea, ea^2\} = \{e, a, a^2\}$$
$$aH = \{ae, aa, aa^2\} = \{a, a^2, e\}$$
$$a^2H = \{a^2e, a^2a, a^2a^2\} = \{a^2, e, a\}$$
$$bH = \{be, ba, ba^2\} = \{b, ba, ba^2\}$$
$$baH = \{bae, baa, baa^2\} = \{ba, ba^2, b\}$$
$$ba^2H = \{ba^2e, ba^2a, ba^2a^2\} = \{ba^2, b, ba\}$$

最初の三つの剰余類は互いに等しく，後の三つの剰余類も互いに等しいことに注意する．

例14・2・2 加法による，$\mathbf{Z}$ の部分群 $3\mathbf{Z}$ の左剰余類を書きあげよ．

［解答］

この例において，加法表記が剰余類に対して用いられる．また，アーベル群では，左剰余類と右剰余類は同じであることに注意する．

0 に対応する剰余類は集合 $0+3\mathbf{Z}$ である（これは 0 に $3\mathbf{Z}$ のすべての元，つまり 3 の倍数を次々に加えることによって形成される集合である）．つまり，$0+3\mathbf{Z}=3\mathbf{Z}$ である（例 4・5・3 を見よ）．$3\mathbf{Z}$ の他の剰余類は，$1+3\mathbf{Z}=\{\cdots, -5, -2, 1, 4, 7, \cdots\}$ と $2+3\mathbf{Z}=\{\cdots, -4, -1, 2, 5, 8, \cdots\}$ である．次に，r の剰余類，すなわち $r+3\mathbf{Z}$ を考えよう．もし $r \equiv 0 \pmod{3}$ であるとすると，$r+3\mathbf{Z}=3\mathbf{Z}$ である．もし $r \equiv 1 \pmod{3}$ であるとすると，$r+3\mathbf{Z}=1+3\mathbf{Z}$ である．もし $r \equiv 2 \pmod{3}$ であるとすると，$r+3\mathbf{Z}=2+3\mathbf{Z}$ である．それゆえ，$\mathbf{Z}$ には $3\mathbf{Z}$ の正確に三つの剰余類が存在する．

上述の二つの剰余類の例をよく観察して，剰余類がどのような性質をもっているのか推察してみるとよい．また，先に進む前に，D_3 における部分群 $H=\{e, X\}$ の剰余類を同様の方法で書きあげ，これらの剰余類に対しても，読者が推察した性質が成り立っているかをチェックしてみるとよい．

定理 45 と定理 46 は，上の例題から推察される一般的結果を証明している．

■ **定理 45** H を群 G の部分群，$x, y \in G$ とする．このとき，
 1. $x^{-1}y \in H$ ならば，かつそのときに限り $xH=yH$ である．
 2. $A=xH$ ならば，かつそのときに限り $x \in A$ (左剰余類) である．
 3. x と y が同じ左剰余類に属するならば，かつそのときに限り $xH=yH$ である．

［証明］

1. ならば $x^{-1}y \in H$，よってある $h \in H$ に対して，$x^{-1}y=h$ であると仮定する．このとき，$y=xh$ であり，$x=yh^{-1}$ である．

定理の"ならば"部分の証明は、$x^{-1}y \in H$ ならば $xH = yH$ であることを示すことになる。そのためには、$xH \subseteq yH$ と $yH \subseteq xH$ を示す必要がある。つまり元 $a \in xH$ を取ることから始めて、それが yH に属していることを示し、それから元 $a \in yH$ を取ることから始めて、それが xH に属していることを示す。

$a \in xH$ と仮定する。このとき、ある $h_1 \in H$ に対して、$a = xh_1$ となる。したがって、$x = yh^{-1}$ であるので、a を $a = xh_1 = yh^{-1}h_1$ という形で書くことができる。H は部分群であるので、定理 20 により $h^{-1}h_1 \in H$ である。したがって $a = y(h^{-1}h_1) \in yH$ となり、$xH \subseteq yH$ である。

次に $a \in yH$ と仮定する。このとき、ある $h_1 \in H$ に対して、$a = yh_1$ となる。したがって、$y = xh$ であるので、a を $a = yh_1 = xhh_1$ と書くことができる。H は部分群であるので、定理 20 により $hh_1 \in H$ である。したがって $a = x(hh_1) \in xH$ となり、$yH \subseteq xH$ となる。

したがって、$xH \subseteq yH$ かつ $yH \subseteq xH$ であるので、$xH = yH$ である。

[そのときに限り] $xH = yH$ と仮定する。$y = ye$ であり、H は部分群で、$e \in H$ であるので、y は剰余類 yH に属している。したがって、$xH = yH$ であるので、$y \in xH$ である。よってある元 $h \in H$ に対して、$y = xh$ となる。したがって、$x^{-1}y = h$ であり、$x^{-1}y \in H$ である。

2. [ならば] $A = xH$ と仮定する。このとき、$e \in H$ であるので、$xe \in xH$ であり、$x \in xH$ となるので、$x \in A$ である。

[そのときに限り] x が左剰余類 A の元であると仮定する。A は y に対応する左剰余類、すなわち $A = yH$ であると仮定する。$x \in yH$ ならば、ある $h \in H$ に対して $x = yh$ となる。したがって、$y^{-1}x = h$ であり、$y^{-1}x \in H$ である。しかし、上述の 1 において x と y の役割を交換したものを用いると、$xH = yH$ を得る。よって、$A = xH$ である。よって x がある左剰余類に属するならば、その左剰余類は xH である。

3. [ならば] x と y が同じ左剰余類 A に属していると仮定する。上述の 2 により、$A = xH$ かつ $A = yH$ であるので、$xH = yH$ となる。

[そのときに限り] $xH = yH$ であると仮定する。このとき、上述の 1 により $x^{-1}y \in H$ であるので、ある $h \in H$ に対して、$x^{-1}y = h$ となる。したがって、$y = xh$ であるので、$y \in xH$ となる。しかし上述の 2 により、$x \in xH$ であるので、x と y は同じ左剰余類に属している。 ∎

定理 45 の 1 の主張において、$x = e$ と置くことにより、$y \in H$ ならば、かつそのときに限り $yH = H$ であることがすぐに従う。

■ **定理 46** H を群 G の部分群とする。このとき、G は G における H の左剰余類達

の互いに素な和集合になる．

[証明] 群 G のそれぞれの元 x に対して，$x=xe$ かつ $e \in H$ であるので，$x \in xH$ である．したがって，G は H の左剰余類の和集合になる．よって，後は異なる剰余類が互いに素であることを示せばよい．

$xH \cap yH$ が空でないならば，そのときある $h_1, h_2 \in H$ に対して，$xh_1 = yh_2$ となる．このとき，$x^{-1}y = h_1 h_2^{-1} \in H$ となり，よって定理 45 の 1 により $xH = yH$ である．したがって，xH と yH は等しいか，互いに素であるかのどちらかである． ■

14・3 ラグランジュの定理

それでは，いよいよラグランジュの定理を証明しよう．証明は定理 46 からすぐに従う．

■ **定理 47（ラグランジュの定理）** H を有限群 G の部分群とする．このとき H の位数は G の位数を割り切る．

[証明] G の位数は n，H の位数は m であると仮定する．そのとき，H の左剰余類それぞれはちょうど m 個の元をもっている．なぜなら，もし $H=\{h_1, h_2, \cdots, h_m\}$，$x \in G$ とすると，剰余類 $xH = \{xh_1, xh_2, \cdots, xh_m\}$ となる（二つの元 xh_i と xh_j ($i \neq j$) は異なっていることに注意する．なぜなら定理 14 により，もし $xh_i = xh_j$ ならば $h_i = h_j$ となるからである）．

よって定理 46 により，G はそれぞれ m 個の元をもっている部分集合の互いに素な和集合になっている．したがって，m は n を割り切る． ■

> 読者はラグランジュの定理の逆も成り立つかどうか非常に気になるかもしれない．すなわち，もし m が群 G の位数の約数であるなら，位数 m の部分群が存在するかどうかということである．答えは"いつもは存在しない"である．交代群 A_4 は位数 12 の群であるが，位数 6 の部分群をもっていない（演習問題 13・6 を思い出そう）．しかしながら，§14・4 の定理 51 からわかるように，有限巡回群に対してはラグランジュの定理の逆も成立する．

14・4 ラグランジュの定理から導かれるもの

ラグランジュの定理にはいくつかの系がある．

■ **定理 48** 有限群 G において，G の元の位数は G の位数を割り切る．

[証明] $g \in G$ の位数 m は g によって生成される部分群の位数である．それゆえ，ラグランジュの定理によって，m は G の位数を割り切る． ■

この結果から，群の位数から多くの結果を簡単に導くことができる．たとえば，

もし群が5個の元をもっているなら，任意の部分群は単に1個の元のみ，つまり恒等元だけで構成されているか，もしくは5個の元で構成されているか（つまりこの場合は全体の群になるか），どちらかでなければならない．さらに，位数1の元は一意的な恒等元のみであるので，5個の元をもった群のすべての他の元の位数は5である．したがって，5個の元をもった群は巡回群である．

このことは次の定理を導く．

■**定理49** 素数位数のすべての群は巡回群である．
［証明］ 群の位数が素数 p であると仮定する．恒等元でない元 g を考える．g の位数は p を割り切り，1ではないので，それは p そのものでないといけない．したがって，g は群の生成元となり，群は巡回群である．　■

> この定理と定理35により，実際には，与えられた素数 p に対して，唯一の位数 p の群（すなわちそれは位数 p の巡回群）が存在するということがわかる．

次に，ラグランジュの定理から従う別の結果を二つあげよう．

■**定理50** G を位数 n の有限群とする．このとき，すべての $x \in G$ に対して，$x^n = e$ となる．
［証明］ 定理48から，G のそれぞれの元の位数は n を割り切る．元 $x \in G$ の位数は m であるとする．このとき m は n を割り切るので，ある正整数 k に対して，$n = km$ となる．よって，$x^n = x^{km} = (x^m)^k = e^k = e$ となることがわかる．　■

■**定理51** G を位数 n の有限巡回群とする．このとき，n のすべての約数 d に対して，位数 d の部分群が正確に一つ存在する．
［証明］ G は位数 n をもっているので，$G = \{e, a, a^2, \cdots, a^{n-1}\}$ と書ける．d を n の約数とする．このとき，$H = \{e, a^{n/d}, a^{2n/d}, \cdots, a^{(d-1)n/d}\}$ は位数 d の G の部分群である．

> これは位数 d の G の部分群が存在することを示している．次に，位数 d の部分群は他に存在しないことを示す．

K を G の位数 d の部分群とする．$b \in K$ とすると，ある s に対して $b = a^s$ と書け，定理50によって $b^d = e$ である．したがって，$(a^s)^d = e$，よって $a^{sd} = e$ である．しかし，このとき定理16の2から，n は sd を割り切る．よって，ある $m \in \mathbf{Z}$ によって $s = m(n/d)$ となる．したがって，$b = a^s = (a^{n/d})^m$ となり，$b \in H$ である．したがって，$K \subseteq H$ となる．しかし，H と K は同じ数の元をもっているので，$H = K$ である．　■

14・5 数論への二つの応用

定理 51 は数論への二つの応用がある.

> 以降，本書では以下の二つの定理は用いないので，もし読者が飛ばしたいと思うなら，これらは省略してもよい．しかしながら，これらの結果自体は頭の片隅に置いておくとよい．

■ **定理 52（フェルマーの小定理）** p を素数とする．このとき，すべての $a \in \mathbf{Z}$ に対して，$a^p \equiv a \pmod{p}$ が成り立つ．

［証明］ 群 $(\mathbf{Z}_p^*, \times)$ を考える．この群は $p-1$ 個の元をもっている．$[a] \in \mathbf{Z}_p^*$ に対して，定理 50 によって，$[a^{p-1}] = [a]^{p-1} = [1]$（$(\mathbf{Z}_p^*, \times)$ の恒等元）となる．したがって，p で割り切れないすべての整数 a に対して，$a^{p-1} \equiv 1 \pmod{p}$ となる．したがって，すべての $a \in \mathbf{Z}$ に対して，$a^p \equiv a \pmod{p}$ となる（a が p で割り切れるときは明らかに $a^p \equiv a \pmod{p}$ であることに注意する）． ■

■ **定理 53** 群 $(\mathbf{Z}_p^*, \times)$ は巡回群である．

［証明］ 最初に，もし m が $\mathbf{Z}_p^*$ の元の位数の最大数であるとすると，すべての $a \in \mathbf{Z}_p^*$ に対して，$a^m = 1$ が成り立つ．というのは，もし n が元 a の位数であるとすると，定理 19 により，位数が m と n の最小公倍数であるような元が存在する．l を m と n の最小公倍数とする．このとき，m は l を割り切る．しかし，元の一つは位数 l であり，m は元の位数の最大数であるので，$l \leq m$ である．したがって，$l = m$ である．よって，n は m を割り切り，$a^m = 1$ である．

m を $\mathbf{Z}_p^*$ の元の位数の最大数とする．このとき，前の段落から，$\mathbf{Z}_p^*$ の $p-1$ 個の元のそれぞれは多項式方程式 $x^m = 1$ を満たす．しかし，定理 9 により，$\mathbf{Z}_p$ に係数をもつ次数 m の多項式は，m 個より多くの根をもつことはできない．したがって，$p - 1 \leq m$ である．

一方で，定理 48（ラグランジュの定理から導かれる最初の系）から，元の位数は群の位数を割り切るので，m は $p-1$ を割り切る．したがって，$m = p-1$ である．

それゆえ，位数 $p-1$ の元が存在するので，$(\mathbf{Z}_p^*, \times)$ は巡回群である． ■

例 14・5・1 群 $(\mathbf{Z}_7^*, \times)$ は元 $\{1, 2, 3, 4, 5, 6\}$ で構成されており，定理 53 によると，それは巡回群である．そしてそれゆえ，生成元がある．しかしながら，どの元が生成元になるかは明らかではない．この場合，$3^2 = 2$, $3^3 = 6$, $3^4 = 4$, $3^5 = 5$, $3^6 = 1$ となるので，3 は生成元である．また，5 も生成元になる．

一方で，$(\mathbf{Z}_{101}^*, \times)$（100 個の元がある）では，生成元をみつけるのに少し時間がかかるかもしれない．しかしながら，定理 53 は少なくとも一つは生成元が必ずあることを保証しているのである．

14・6 さらなる剰余類の例

例 14・6・1 $G = \{1, \theta, \theta^2, \theta^3, \theta^4, \theta^5\}$ は六つの 1 の複素 6 乗根で構成されている群とする. ここで $\theta = e^{\pi i/3}$ である. $H = \{1, \theta^2, \theta^4\}$ とする. H の左剰余類を書きあげよ.

[解答] H の左剰余類は $H = \{1, \theta^2, \theta^4\}$ と $\theta H = \{\theta, \theta^3, \theta^5\}$ である. これらの剰余類は全体の群を分割している. よって, 任意の他の剰余類はこれらのどれかと同一でなければならない. 実際, $H = \theta^2 H = \theta^4 H = \{1, \theta^2, \theta^4\}$ であり, $\theta H = \theta^3 H = \theta^5 H = \{\theta, \theta^3, \theta^5\}$ である.

例 14・6・2 群 $(\mathbf{C}^*, \times)$ とその部分群 $\mathbf{T} = \{z \in \mathbf{C}^* : |z| = 1\}$ を考える.
$a \in \mathbf{C}^*$ に対して, $a\mathbf{T} = \{az \in \mathbf{C}^* : |z| = 1\} = \{z \in \mathbf{C}^* : |z| = |a|\}$ が剰余類である.

また, われわれはこのことを幾何的に考えることもできる. 複素平面において, 部分群 $\mathbf{T}$ は単位円周上の点の集合である (複素平面上の乗法の演算をもっている). 平面上の他の点 a を含む剰余類をみつけるために, 単位円上のそれぞれの点に a を掛ける. そうすると半径 $|a|$ の円を得る. したがって, その剰余類は複素平面の半径 $|a|$ の円となる. 図 14・2 には複素平面, 単位円 $\mathbf{T}$, 剰余類であるいくつかの円が描かれている. 確かに剰余類は互いに素であり, それらの和集合は $\mathbf{C}^*$ になっていることに注意する.

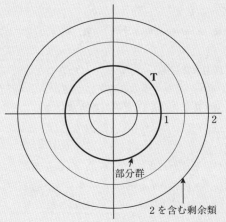

図 14・2 $(\mathbf{C}^*, \times)$ の単位円部分群とその剰余類

この章で学んだこと

- 左剰余類, 右剰余類の意味
- 群の部分群が与えられたとき, G のすべての元は H のある左剰余類に属していること

- 群 G の任意の部分群 H に対して，G は互いに素な H の剰余類の和集合になっていること
- 剰余類 xH と yH が同一であるための必要な，かつ十分な条件は $x^{-1}y \in H$ であること
- 有限群において，与えられた部分群のすべての剰余類は同じ数の元をもっていること
- ラグランジュの定理
- 素数位数のすべての群は巡回群であること

演習問題 14

14・1 図 13・3 の表を使って，D_4 における部分群 $\{e, a^2\}$，$\{e, b\}$ のすべての左剰余類，右剰余類を書きあげよ．それら左剰余類，右剰余類の重要な違いを一つ述べよ．

14・2 群 $\mathbf{Z}_2 \times \mathbf{Z}_3$ の $\mathbf{Z}_2 \times \{0\}$ の左剰余類をすべてみつけよ．

14・3 $G = (\mathbf{Z}, +)$，$H = 4\mathbf{Z}$ とする．G における H の剰余類を書きあげよ．

14・4 H を群 G の部分群とする．H の左剰余類全体と右剰余類全体の間には全単射が存在することを証明せよ．

14・5 $(\mathbf{Z}, +)$ は $(\mathbf{R}, +)$ の部分群とする．$(\mathbf{R}, +)$ における $(\mathbf{Z}, +)$ の左剰余類は何になるか．

14・6 加法による群 $\mathbf{R} \times \mathbf{R}$ において，固定された 0 でない元 (a, b) の倍数によって形成された部分群 (原点を通る一つの直線上にあるベクトル全体と考えることができる) の剰余類は，$\mathbf{R} \times \mathbf{R}$ 上の (a, b) と平行な直線になることを示せ．

14・7 H を群 G の部分群とする．もし $x \in yH$ ならば，そのとき $xH = yH$ であることを証明せよ．

14・8 生成元をみつけることによって，$(\mathbf{Z}_{13}{}^*, \times)$ は巡回群であることを検証せよ．

14・9 次のそれぞれの主張が正しいか誤りかチェックせよ．
 a) すべての群のすべての部分群は，その群の剰余類である．
 b) 群は無限個の剰余類をもつことはできない．
 c) 無限群において，無限部分群と無限個の剰余類の両方をもつことはできない．
 d) もし二つの剰余類が共通の元をもてば，それらは同一である．

14・10 H と K は群 G の有限部分群とし，H と K の位数は互いに素であるとする．$H \cap K = \{e\}$ であることを証明せよ．

14・11 もし H と K が群の部分群であり，それぞれの位数が 56 と 63 であるならば，そのとき部分群 $H \cap K$ は巡回群でなければならないことを示せ．

15

位数 8 までの群

15・1 はじめに

本章は他の章とは趣が異なるものになっている．本章の目的は位数が 8 までの群をすべて決定することにある．そのためのおもな道具は，定理 47 のラグランジュの定理（元の位数は群の位数を割り切らなければならないことを主張している）である．

位数 n のすべての巡回群は $\mathbf{Z}_n$ と同型であるが，そうは言っても，$\mathbf{Z}_n$ は加法による，整数の剰余類からなる "特定の群" $\{[0], [1], \cdots, [n-1]\}$ を表している．しばしば，位数 n の任意の巡回群を正確に "表す" ことができる $C_n = \{e, a, a^2, \cdots, a^{n-1}\}$ を用いて，抽象的に考える方が都合のよいことがある．本章では表記 C_n が任意の巡回群を表すのに用いられる．

15・2 素数位数の群

定理 49 から，素数位数のすべての群は巡回群である．これは同型を除いて，位数 $2, 3, 5, 7$ の唯一の群は巡回群 C_2, C_3, C_5, C_7 であることを示している．

15・3 位数 4 の群

G を位数 4 の群とする．G の元達の位数を考えよう．元の位数は G の位数を割り切るので，恒等元以外，位数は 2 か 4 のどちらかである．

最初に位数 4 の元があると仮定する．この場合，G は巡回群 C_4 でなければならない．

一方で，恒等元でないすべての元が位数 2 であると仮定する．a と b を恒等元でない二つの異なる元とする．元 ba を考える．それは恒等元ではない．というのは，もし恒等元だとしたら，$b = a^{-1} = a$ となってしまう．また，ba は a でも b でもない．なぜなら，もし ba が a か b だとしたら，$b = e$ や $a = e$ となってしまうからである．したがって，元 ba は他の元のどれとも等しくなく，$G = \{e, a, b, ba\} \cong C_2 \times C_2$ となる．

また定理 37 を適用することによって，このことはわかる．

$C_2 \times C_2$ の群演算表は図 15・1 に示されている．この群は演習問題 5・4 に出てきた 4 元群 V である．

	e	a	b	ba
e	e	a	b	ba
a	a	e	ba	b
b	b	ba	e	a
ba	ba	b	a	e

図 15・1　群 $V \cong C_2 \times C_2$

15・4　位数 6 の群

G を位数 6 の群とする．このとき，元の位数は 6 を割り切らなければならない．よって，恒等元以外，位数は 2, 3, 6 のどれかである．

G の恒等元でないすべての元が位数 2 をもつことはできない．このことは 6 が 2 の巾でないので，定理 37 からわかる．

最初に，G が位数 6 の元をもっていると仮定する．この場合，G は巡回群 C_6 でなければならない．

次に，G は位数 3 の元をもっているが，位数 6 の元はもたないと仮定する．この位数 3 の元を a とする．

もし $b \notin \{e, a, a^2\}$ ならば，そのとき $G = \{e, a, a^2, b, ba, ba^2\}$ である（これらは G の六つの異なる元である）．b^2 はこの G のリストの最後の三つの要素のどれとも等しくなれないことに注意する．なぜなら，もし等しくなると b は a の巾になってしまうからである．また，b^2 は a でも a^2 でもない．なぜなら，b^2 が a か a^2 になると，b は位数 6 になってしまう．よって $b^2 = e$ という可能性のみが残る．

次にすることは，積 ab が G のどの元と等しくなるか（できるか）を求めることである．明らかに $ab \neq e, a, a^2, b$ である．よって，次の考えるべき二つの場合がある．すなわち，$ab = ba$ と $ab = ba^2$ の場合がある．

場合 1：$ab = ba$　　ab の巾を考えて，次の結果を得る．

$$(ab)^2 = abab = aabb = a^2$$
$$(ab)^3 = (ab)^2 ab = a^2 ab = b$$
$$(ab)^4 = ab(ab)^3 = abb = a$$
$$(ab)^5 = (ab)^4 ab = aab = a^2 b$$
$$(ab)^6 = (ab)^5 ab = a^2 bab = a^2 abb = a^3 b^2 = e$$

これは ab の位数が6であることを示している．このことは位数6の元が存在しないという仮定に矛盾している．

場合 2：$ab=ba^2$　この場合，$ab=ba^2$ であるので，$aba=ba^2a=b$ である．また $a^3=b^2=e$ という関係式が成り立っている．それゆえ群 G は D_3 と同型である．その群演算表は図 $14 \cdot 1$ に与えられている．

15・5　位数 8 の群

G を位数 8 の群とする．G が位数 8 の元をもっているなら，G は巡回群 C_8 である．

G が巡回群でないならば，恒等元以外のすべての元の位数は 8 の真の約数でなければならないので，2 か 4 である．

恒等元でないすべての元が位数 2 であると仮定する．このとき定理 37 が適用され，G は $C_2 \times C_2 \times C_2$ と同型である．

$\{a,b,c\}$ を G の極小生成集合とすると，定理 36 から $G=\{e,a,b,c,bc,ac,ab,abc\}$ となる．G の群演算表は図 $15 \cdot 2$ に与えられる．

	e	a	b	c	bc	ac	ab	abc
e	e	a	b	c	bc	ac	ab	abc
a	a	e	ab	ac	abc	c	b	bc
b	b	ab	e	bc	c	abc	a	ac
c	c	ac	bc	e	b	a	abc	ab
bc	bc	abc	c	b	e	ab	ac	a
ac	ac	c	abc	a	ab	e	bc	b
ab	ab	b	a	abc	ac	bc	e	c
abc	abc	bc	ac	ab	a	b	c	e

図 $15 \cdot 2$　群 $C_2 \times C_2 \times C_2$

残る場合は恒等元以外のすべての元が位数 2 か 4 であり，位数が 4 の元が少なくとも一つ存在する（その元を a とする）群である．

もし $b \notin \{e,a,a^2,a^3\}$ とすると，そのとき $G=\{e,a,a^2,a^3,b,ba,ba^2,ba^3\}$ である（これらの元はすべて異なっていて，G の位数は 8 である）．b^2 はこの G の元のリストの最後の四つの要素と等しくなることはできない．なぜなら，もし等しくなると，b が a の巾になってしまうからである．b^2 は a でも a^3 でもない．なぜなら，もしそ

うなるとすると b は位数が 8 になってしまうからである．よって，残るは $b^2=e$ か $b^2=a^2$ の 2 通りである．

場合 1：$b^2=e$　　次にすることは，積 ab が G のどの元と等しくなるか（できるか）を求めることである．明らかに，$ab \neq e, a, a^2, a^3, b$ である．また $ab \neq ba^2$ である．なぜなら，もし $ab=ba^2$ とすると，$a=ba^2b^{-1}$ であり，$a^2=(ba^2b^{-1})^2=ba^4b^{-1}=bb^{-1}=e$ となり，a の位数は 4 であるという仮定に矛盾する．よって今，この場合 1 はさらに考えるべき二つの場合に分けられる．すなわち，$ab=ba$ か $ab=ba^3$ の場合である．

場合 1.1：$ab=ba$　　この場合，G はアーベル群であり，$C_4 \times C_2$ と同型である．図 15・3 はその群演算表を示している．群は a, b によって，関係式 $a^4=b^2=e$，$ba=ab$ の下，生成されている．

	e	a	a^2	a^3	b	ba	ba^2	ba^3
e	e	a	a^2	a^3	b	ba	ba^2	ba^3
a	a	a^2	a^3	e	ba	ba^2	ba^3	b
a^2	a^2	a^3	e	a	ba^2	ba^3	b	ba
a^3	a^3	e	a	a^2	ba^3	b	ba	ba^2
b	b	ba	ba^2	ba^3	e	a	a^2	a^3
ba	ba	ba^2	ba^3	b	a	a^2	a^3	e
ba^2	ba^2	ba^3	b	ba	a^2	a^3	e	a
ba^3	ba^3	b	ba	ba^2	a^3	e	a	a^2

図 15・3　群 $C_4 \times C_2$

定理 38 を用いて，位数 8 のアーベル群は三つあることを示すことができる．すなわち，それらは $C_2 \times C_2 \times C_2$，$C_4 \times C_2$，$C_8$ である．

場合 1.2：$ab=ba^3$　　この場合，関係式 $a^4=b^2=e, ab=ba^3$ が成り立つ．$ab=ba^3$ は $a^3=a^{-1}$ であるので，$aba=b$ と同値である．よって群 G は D_4 と同型である．その群演算表は図 13・3 に示される．

場合 2：$b^2=a^2$　　この場合，a, b どちらも位数 4 である．場合 1 のときと同様に，$ab \neq e, a, a^2, a^3, b$ であることは明らかである．加えて，もし $ab=ba^2$ ならば，$ab=bb^2$，$ab^2=b^4=e$ となり，これから $a=b^{-2}=b^2$ が得られ，矛盾である．よって，

またさらに二つの場合に分けられる．すなわち，$ab=ba$ と $ab=ba^3$ である．

場合 2.1：$ab=ba$　　この場合，G はアーベル群である．$c=ab^{-1}$ と置く．このとき，c は位数 2 である．なぜなら，$(ab^3)^2=a^2b^6=a^8=e$ だからである．よって，$G=\{e,a,a^2,a^3,c,ca,ca^2,ca^3\}$ となることがわかり，このときも $C_4\times C_2$ となる．

場合 2.2：$ab=ba^3$　　この場合，$G=\{e,a,a^2,a^3,b,ba,ba^2,ba^3\}$ である．ここで，$a^4=e$，$a^2=b^2$，$ab=ba^3$ である．

場合 2.2 の条件を満たす行列からなる群がある．もし $A=\begin{pmatrix} i & 0 \\ 0 & -i \end{pmatrix}$, $B=\begin{pmatrix} 0 & -1 \\ 1 & 0 \end{pmatrix}$ とすると，集合 $\{I, A, A^2, A^3, B, BA, BA^2, BA^3\}$ は乗法による，"複素数成分の可逆 2×2 行列全体のなす群" の部分群であることが（定理 20 を用いて）確かめることができる．また，$A^4=I$，$A^2=B^2$，$AB=BA^3$ であることに注意する．

集合 $G=\{e,a,a^2,a^3,b,ba,ba^2,ba^3\}$（ただし $a^4=e$，$a^2=b^2$，$ab=ba^3$）は群を形成する．この群は**四元数群** Q_4 とよばれる．その群演算表は図 15・4 に示される．

	e	a	a^2	a^3	b	ba	ba^2	ba^3
e	e	a	a^2	a^3	b	ba	ba^2	ba^3
a	a	a^2	a^3	e	ba^3	b	ba	ba^2
a^2	a^2	a^3	e	a	ba^2	ba^3	b	ba
a^3	a^3	e	a	a^2	ba	ba^2	ba^3	b
b	b	ba	ba^2	ba^3	a^2	a^3	e	a
ba	ba	ba^2	ba^3	b	a	a^2	a^3	e
ba^2	ba^2	ba^3	b	ba	e	a	a^2	a^3
ba^3	ba^3	b	ba	ba^2	a^3	e	a	a^2

図 15・4　群 Q_4

15・6　要　　約

- **素数位数 p の群**：C_p と同型．
- **位数 4 の群**：次のどちらかと同型．
  C_4，生成元 a で，$a^4=e$．
  $C_2\times C_2$，生成元 a, b で，$a^2=b^2=e$．

- **位数 6 の群**: 次のどちらかと同型.

　　C_6, 生成元 a で, $a^6=e$.
　　D_3, 生成元 a,b で, $a^3=b^2=e$, $aba=b$.

- **位数 8 の群**: 次のどれかと同型.

　　C_8, 生成元 a で, $a^8=e$.
　　$C_2\times C_2\times C_2$, 生成元 a,b,c で, $a^2=b^2=c^2=e$.
　　$C_4\times C_2$, 生成元 a,b で, $a^4=b^2=e$, $ab=ba$.
　　D_4, 生成元 a,b で, $a^4=b^2=e$, $aba=b$.
　　Q_4, 生成元 a,b で, $a^4=e$, $a^2=b^2$, $ab=ba^3$.

演習問題 15

15・1 この章の方法を用いて, 位数 11 の群を解析せよ.
15・2 この章の方法を用いて, 位数 9 の群を解析せよ.
15・2 この章の方法を用いて, 位数 10 の群を解析せよ.

16 同値関係

16・1 はじめに

同値関係とは"同一性"を述べるための数学的方法である.

たとえば,アルファベットの小文字と大文字全体からなる集合 ($a, b, c, \cdots, A, B, C, \cdots$) を考える.あなたはある目的で e と E を"同じもの"と考えたいことがあるかもしれないし,また別の目的では,小文字達全部を"同じもの"と考えたいこともあるかもしれない.またさらに他の目的のために,母音達をすべて"同じもの"と考えたいかもしれない.二つのものがある点で"同じもの"であるとき,その点においてはその二つはある特別な性質を共有している.その二つはその性質に関して"同値である"といわれる.同値関係という概念は,任意の他に考えられるそれら固有の特別な性質を無視して,"同じものである"ということを抽象的に議論するための,一つの手段を与えるものである.

しばしば幾何学では,合同な三角形達を,たとえそれらが他の位置にあって厳密には異なる三角形であったとしても,同値なものとして考えると便利なことがある.

$\mathbf{Z}$ において,5 による割り算で同じ余りをもつすべての数を同値なものと考えよう.そのとき $0, \pm 5, \pm 10, \cdots$ は互いに同値であり,$\cdots, -9, -4, 1, 6, 11, \cdots$ も同値であり,他にもそのような集合がいくつか考えられる.実際,この同値の意味で,$\mathbf{Z}_5$ の集合達が導かれる.

16・2 同値関係

> **定義** 集合 A 上の**同値関係**とは,$\sim$ によって表される A の元達の間の関係で,次の性質をもったものである.
> - すべての $x \in A$ に対して $x \sim x$ である   **反射律**
> - $x \sim y$ であるならば,$y \sim x$ である   **対称律**
> - $x \sim y$ かつ $y \sim z$ ならば,$x \sim z$ である   **推移律**

次にいくつかの例をあげよう.

例 16·2·1 $A=\{$英国に住んでいる人々$\}$ とし，もし x と y が同じ暦年に生まれたのであれば，$x \sim y$ とする．

明らかに x は x と同じ年に生まれているので，$x \sim x$ であり，$\sim$ は反射的である．

もし x が y と同じ年に生まれたとすれば，y は x と同じ年に生まれている．よって，$\sim$ は対称的である．

また，x が y と同じ年に生まれ，y は z と同じ年に生まれたとすると，x は z と同じ年に生まれている．よって，$\sim$ は推移的である．

したがって，$\sim$ は A 上の同値関係である．A は同じ暦年に生まれたすべての人々からなる部分集合達に分割されることに注意しよう．

例 16·2·2 $\mathbf{Z}$ 上の関係 $\sim$ を，$x-y$ が 5 で割り切れるならば $x \sim y$ であるとして定義するとき，その関係は同値関係であることを示せ．

[解答] $x-x=0$ は 5 で割り切れるので，$x \sim x$ である．よって $\sim$ は反射的である．

$x \sim y$ とすると，$x-y$ は 5 で割り切れる．したがって，$y-x$ が 5 で割り切れるので，$y \sim x$ である．よって $\sim$ は対称的である．

最後に，もし $x \sim y$ かつ $y \sim z$ であるならば，そのとき $x-y$ も $y-z$ も 5 で割り切れる．したがって，ある整数 m と n に対して $x-y=5m$，$y-z=5n$ となる．これらの二つの等式から $x-z=5(m+n)$ が得られ，$x-z$ は 5 で割り切れる．よって $x \sim z$ となり，推移的である．

それゆえ，$\sim$ は同値関係である．

$\mathbf{Z}$ は互いに関係し合っている元達からなる部分集合に分割されることに注意しよう．これらの部分集合達それぞれは $\mathbf{Z}_5$ の元になっている．

例 16·2·3 $A=\{$英国に住んでいる人達$\}$ 上の関係を，x が y の友達であるならば $x \sim y$ であると定めるとき，その関係は同値関係にはならない．なぜなら，われわれはこの関係に推移律が成り立つかを保証できないからである．x と z が友達でないとしても，x が y と友好的であり，y が z と友達であるということがあり得るからである．

例 16·2·4 $\mathbf{Z}$ 上の関係 $\sim$ を，$2x-y$ が 5 で割り切れるとき，$x \sim y$ であるとして定義しよう．

この関係は同値関係にはならない．なぜなら，すべての x に対して，x が $x \in \mathbf{Z}$ と関係があるわけではないからである．$x=1$ とすると，$2x-x=x=1$ であり，5 は 1 を割り切れない．よって 1 は 1 と関係がない．それゆえ，この関係は反射的でない．

実際，この関係は対称的でも推移的でもないが，単に条件のうちの一つが成り立たないことを示せば十分である．

例 16・2・1 と例 16・2・2 において，その関係は同値関係であった．そこで基礎となる集合 A と $\mathbf{Z}$ は，互いが関係し合っている元達からなる部分集合達に分割された．このような考え方によって，次の定義と定理が導かれる．

定 義 集合 $\bar{a} = \{x \in A : x \sim a\}$ は a の**同値類**とよばれる．

■**定理 54** $\sim$ を集合 A 上の同値関係とする．このとき，
1. それぞれの $a \in A$ に対して，$a \in \bar{a}$ である．
2. $\bar{a} = \bar{b}$ ならば，かつそのときに限り $a \sim b$ である．

この定理は a がそれ自身の同値類に入っており，a と b が関係あるならば，a と b の同値類は同一であり，その逆のことも成り立つことをいっている．

[証明]
1. $\sim$ は同値関係であるので，$a \sim a$ であり，よって $a \in \bar{a}$ である．
2. ならば　$\bar{a} = \bar{b}$ と仮定する．このとき，$\bar{a} \subseteq \bar{b}$ である．上述の 1 より，$a \in \bar{a}$ であるので，$a \in \bar{b}$ である．したがって，$a \sim b$ である．
そのときに限り　$a \sim b$ とする．まず $x \in \bar{a}$，すなわち $x \sim a$ であると仮定する．このとき，$x \sim a$ かつ $a \sim b$ であるので，推移律により $x \sim b$ である．したがって，$x \in \bar{b}$ である．よって，もし $x \in \bar{a}$ であるならば，$x \in \bar{b}$ である．よって，$\bar{a} \subseteq \bar{b}$ である．次に，$x \in \bar{b}$，すなわち $x \sim b$ と仮定する．しかし，$a \sim b$ であるので，対称律により $b \sim a$ である．したがって，$x \sim b$ かつ $b \sim a$ であるので，推移律により $x \sim a$ である．したがって，$x \in \bar{a}$ である．よって，もし $x \in \bar{b}$ ならば，$x \in \bar{a}$ である．よって $\bar{b} \subseteq \bar{a}$ である．したがって，$\bar{a} \subseteq \bar{b}$ かつ $\bar{b} \subseteq \bar{a}$ であるので，$\bar{a} = \bar{b}$ である． ∎

例 16・2・1 と例 16・2・2 において，A と $\mathbf{Z}$ が分けられてできた部分集合達は互いに素であった．このことから，分割の概念が導かれる．

16・3　分　割

定 義 集合 A の**分割**とは A の部分集合達への細分であり，A のすべての元それぞれがそれら部分集合の正確にどれか一つに入っているものをいう．

上述の定義の "正確にどれか一つ" の部分は，分割における部分集合達が互いに素であるということを保証している．

■**定理 55** 集合 A 上の任意の同値関係に対して，同値類の集合は A の分割を形成する．

[**証明**] A のすべての元は定理 54 の 1 によって,少なくとも一つの同値類に入っている.

あと残るは,異なる同値類は互いに素であることを示すことによって,それぞれの元が正確に一つの同値類に入っていることを証明することである.$a, b \in A$ とし,$\bar{a} \cap \bar{b}$ が空でないと仮定する.このとき,ある元 $x \in A$ で,$x \in \bar{a}$ かつ $x \in \bar{b}$ であるものが存在する.したがって,$x \sim a$ かつ $x \sim b$ である.$\sim$ は対称的であるので,$a \sim x$ である.よって,$a \sim x$ かつ $x \sim b$ であるので,推移律により $a \sim b$ である.したがって,定理 54 の 2 により,$\bar{a} = \bar{b}$ である.したがって,$\bar{a}$ と $\bar{b}$ は同一であるか,互いに素である. ∎

例 16・3・1 例 16・2・1 に立ち戻ろう.そこで同値関係は x と y は同じ暦年に生まれているならば $x \sim y$ としていた.その同値類達は同じ暦年に生まれたすべての人々からなる集合達になる.

例 16・3・2 例 16・2・2 に立ち戻ろう.例 16・2・2 において,$\mathbf{Z}$ 上の同値関係を,$x - y$ が 5 で割り切れるならば,$x \sim y$ としていた.その同値類達は $\mathbf{Z}_5$ の元達になる.実際,これは $\mathbf{Z}_5$ という集合を異なる視点から眺めているのである.

例 16・3・3 H を群 G の部分群とし,G 上の関係 $\sim$ を,$a^{-1}b \in H$ ならば $a \sim b$ であると定義する.

すべての $a \in H$ に対して,$a^{-1}a = e \in H$ である.したがって,$a \sim a$ であり,$\sim$ は反射的である.

もし $a \sim b$ ならば,$a^{-1}b \in H$ であり,H は部分群であるので,$(a^{-1}b)^{-1} \in H$ である.したがって,$b^{-1}a \in H$ となり,$b \sim a$ である.よって,$\sim$ は対称的である.

最後に,$a \sim b$ かつ $b \sim c$ ならば,そのとき $a^{-1}b \in H$ かつ $b^{-1}c \in H$ である.したがって,H は部分群であるので,$(a^{-1}b)(b^{-1}c) \in H$ つまり $a^{-1}c \in H$ である.したがって,$a \sim c$ である.よって $\sim$ は推移的である.

したがって,$\sim$ は G 上の同値関係である.

a を含んでいる同値類は $\bar{a} = \{x \in G : x \sim a\}$,すなわち $\bar{a} = \{x \in G : x^{-1}a \in H\}$ となる.

今どういう状況かというと,G 上には H の剰余類達からなるものと,$\sim$ の同値類達からなるものの,2 種類の分割があるということである.定理 45 は $aH = bH$ ならば,かつそのときに限り a と b は H の同じ左剰余類に入っているということをいっており,そして $a^{-1}b \in H$ であるならば,かつそのときに限り $aH = bH$ であるということをいっている.定理 54 は $\bar{a} = \bar{b}$ であるならば,かつそのときに限り a と b は $\sim$ の同じ同値類に入っているということをいっており,そして $a \sim b$ であるならば,かつそのと

きに限り $\bar{a}=\bar{b}$ であるということをいっている。例 16・3・3 の同値関係～は，$a^{-1}b \in H$ であるならば，かつそのときに限り $a \sim b$ であると与えられているので，例 16・3・3 は上の二つの定理を結び付ける．つまり，a と b は～の同じ同値類に入っているならば，かつそのときに限り a と b は同じ剰余類に入っている．よって，G 上の関係～の同値類はまさしく G における H の左剰余類達になる．

われわれは $\bar{a}=aH$ の簡潔な証明を与えることができる．もし $x \in \bar{a}$ ならば，$x^{-1}a \in H$ である．定理 45 の 1 から $xH=aH$ であるので，定理 45 の 2 から $x \in aH$ である．もし，$x \in aH$ ならば，そのとき定理 45 の 2 から $xH=aH$ である．定理 45 の 1 により $x^{-1}a \in H$ であるので，$x \in \bar{a}$ である．したがって，$\bar{a}=aH$ である．

例 16・3・4 次に数値的でない例をあげよう．A を英国の町の集合とする．a と b を町とし，a, b が同じ州にあるなら，$a \sim b$ とする．このとき，～は反射的，対称的，推移的であり，同値類は州達である．図 16・1 は英国の州への分割を表している．

図 16・1　同値類に分割された英国

16・4　重要な同値関係

次に 19 章の定理 63 で用いられる例をあげよう．

$f: X \to Y$ を任意の関数とする．このとき，"$f(a)=f(b)$ ならば $a \sim b$ とする" は X 上の同値関係を定義する．

$f(a)=f(a)$ であるので，$a \sim a$ であり，～は反射的である．

もし $a \sim b$ ならば，そのとき $f(a)=f(b)$ である．もちろん $f(b)=f(a)$ であるので $b \sim a$ である．よって，～は対称的である．

最後に，もし $a \sim b$ かつ $b \sim c$ ならば，そのとき $f(a)=f(b)$ かつ $f(b)=f(c)$ である．よって $f(a)=f(c)$ であり，$a \sim c$ である．よって $\sim$ は推移的である．したがって，$\sim$ は X 上の同値関係である．その同値類は f の**ファイバー**とよばれる．f のファイバー達は図 16・2 で表されている．

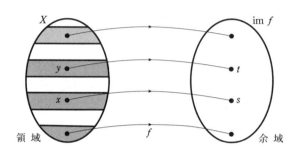

図 16・2　関数 f のファイバー

f のファイバー達は影付きの X の水平領域達で，それぞれの領域は f の像である im f の一つの固定した元に写るすべての元達で構成されている．たとえば，図 16・2 において y の属するファイバーは t に写る元全体（つまり y の属する影付きの領域）で構成されており，x の属するファイバーは s に写る元全体（つまり x の属する影付きの領域）で構成されている．図 16・2 は X のファイバー全体から im f への全単射があることを主張している．ファイバー全体の集合を $X/\sim$ で表す．

■ **定理 56**　$f\colon X\to Y$ を任意の関数とする．$\sim$ は $f(a)=f(b)$ ならば，$a \sim b$ と定義された同値関係とする．このとき，関数 $\theta\colon X/\sim\ \to$ im f を $\theta(\bar{x})=f(x)$ と定義すると，θ は全単射である．

［証明］

証明は三つの部分からなる．一つは，関数 θ が well-defined であることを示すことである．すなわち，もし $\bar{x}=\bar{y}$ ならば，$\theta(\bar{x})=\theta(\bar{y})$ であることを示す．他の二つは，関数が全単射であることを示すためにいつも行っている，全射性の部分と，単射性の部分である．

well-defined：$\bar{x}=\bar{y}$ と仮定する．このとき，定理 54 によって $x \sim y$ である．よって，$f(x)=f(y)$ である．したがって，θ は well-defined である．
単射性：$\theta(\bar{x})=\theta(\bar{y})$ と仮定する．そのとき，$f(x)=f(y)$ である．したがって，$x \sim y$ である．したがって，定理 54 により，$\bar{x}=\bar{y}$ であるので，θ は単射である．
全射性：f の像のそれぞれの y に対して，$f(x)=y$ であるような $x \in X$ が存在する．そ

のような x に対して，同値類 $\bar{x}$ が存在する．そして，その $\bar{x}$ に対して，$\theta(\bar{x})=f(x)=y$ である．したがって，θ は全射である．

以上より，θ は全単射である． ∎

この章で学んだこと
- 同値関係の定義
- 関係における"反射的"，"対称的"，"推移的"の意味
- 分割の定義
- 集合上の同値関係はその集合を同値類に分割すること

演習問題 16

16・1 次の関係がそれぞれ同値関係であることを示せ．それぞれの場合に，同値類を求めよ．
 a) $\mathbf{R}^2-(0,0)$ 上で，$ad-bc=0$ ならば，$(a,b)\sim(c,d)$ とする．
 b) $\mathbf{Q}$ 上で，$ps-qr=0$ ならば，$p/q\sim r/s$ とする．
 c) $\mathbf{Z}$ 上で，$x-y$ が 2 で割り切れるならば，$x\sim y$ とする．
 d) $\mathbf{Z}$ 上で，$2x+y$ が 3 で割り切れるならば，$x\sim y$ とする．
 e) $\mathbf{Z}$ 上で，$|x|=|y|$ ならば $x\sim y$ とする．

16・2 次の関係がそれぞれ同値関係であるかどうか答えよ．同値関係であるなら，その同値類を与えよ．
 a) $\mathbf{Z}$ 上で，$x-y$ がある整数の平方であるならば，$x\sim y$ とする．
 b) $\mathbf{Z}$ 上で，$xy>0$ ならば，$x\sim y$ とする．
 c) $\mathbf{N}$ 上で，$xy>0$ ならば，$x\sim y$ とする．
 d) $\mathbf{Z}$ 上で，$xy\geq 0$ ならば，$x\sim y$ とする．
 e) $\mathbf{R}$ 上で，$|a-b|\leq \frac{1}{2}$ ならば，$a\sim b$ とする．
 f) $\mathbf{Q}$ 上で，$z\in\mathbf{Q}$ で $|z-a|\leq\frac{1}{2}$ かつ $|z-a|\leq\frac{1}{2}$ なるものが存在するならば，$a\sim b$ とする．
 g) 平面上の直線全体からなる集合上で，l が m と平行ならば，$l\sim m$ とする．
 h) $\mathbf{R}^2$ 上で，$bd=0$ ならば，$(a,b)\sim(c,d)$ とする．
 i) 平面上の三角形の集合上で，A が B と相似ならば，$A\sim B$ とする．
 j) 平面上の三角形の集合上で，A が B と合同ならば $A\sim B$ とする．
 k) 平面上の直線全体からなる集合上で，l が m と直交しているならば，$l\sim m$ とする．

17

剰 余 群

17・1 はじめに

8章で，デカルト積を用いることにより，小さい群達から，より大きな新しい群達を構成する方法をみた．デカルト積を表すのに乗法記号×が用いられていた．

おそらく読者はもうすでに，ある意味で除法に対応する何かしらの操作が群の集合達の間にあるのではないかと推察しているかもしれない．実際，そのような操作が (ある状況では) 存在する．本章の目的はそのような状況を調べることにある．

図 17・1 (a) は群 D_3 を表しており，一つの着目点は部分群 $H = \{e, a, a^2\}$ が影付きの状態になっており，剰余類 bH が影が付いてない状態になっていることである．もし読者が本を十分離し，個々の元達がうっすらとしか見えないようにしてから図 17・1 (a) を見ると，図 17・1 (b) のように見えると思う．これはまた，二つの元 (灰色と白色) からなる群の演算表になっている．この 2 色からなる群は Z_2 と同型である．

(a)

	e	a	a^2	b	ba	ba^2
e	e	a	a^2	b	ba	ba^2
a	a	a^2	e	ba^2	b	ba
a^2	a^2	e	a	ba	ba^2	b
b	b	ba	ba^2	e	a	a^2
ba	ba	ba^2	b	a^2	e	a
ba^2	ba^2	b	ba	a	a^2	e

(b)

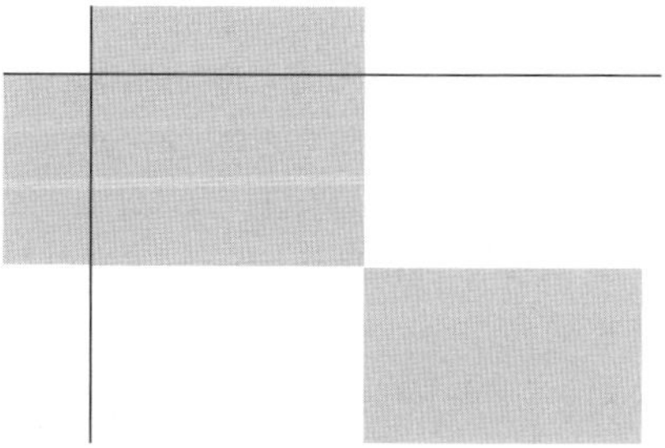

図 17・1 (a) 群 D_3 と (b) 群 $D_3/Z_3 \cong Z_2$

この状況を記述するために，除法表記の形式を用いて $D_3/H \cong Z_2$ と書く．読者はまた，H が Z_3 と同型であるので，$D_3/Z_3 \cong Z_2$ とも書けることもわかるだろう．D_3/Z_3 は剰余群 (または因子群) の一つの例である．

しかしながら，$D_3/Z_3 \cong Z_2$ から $D_3 \cong Z_2 \times Z_3$ であるとはいえない (われわれは

17・1 はじめに

§11・5 で $\mathbf{Z}_2 \times \mathbf{Z}_3 \cong \mathbf{Z}_6$ であり，§15・4 で D_3 は $\mathbf{Z}_6$ と同型ではないことをみた）．

次に別の例をあげよう．今度は D_4 とその部分群 $H=\{e, a^2\}$ を用いよう．図 17・2 は D_4 の演算表であり，その部分集合達が互いに異なるように影が付けられている．

	e	a^2	a	a^3	b	ba^2	ba	ba^3
e	e	a^2	a	a^3	b	ba^2	ba	ba^3
a^2	a^2	e	a^3	a	ba^2	b	ba^3	ba
a	a	a^3	a^2	e	ba^3	ba	b	ba^2
a^3	a^3	a	e	a^2	ba	ba^3	ba^2	b
b	b	ba^2	ba	ba^3	e	a^2	a	a^3
ba^2	ba^2	b	ba^3	ba	a^2	e	a^3	a
ba	ba	ba^3	ba^2	b	a^3	a	e	a^2
ba^3	ba^3	ba	b	ba^2	a	a^3	a^2	e

図 17・2　D_4 と影が付けられた $\mathbf{Z}_2$ の剰余類達

この場合も，個々の元達がうっすらとしか見えないようにして図 17・2 を見れば，四つの元からなる群 V が出てくる．よって，$D_4/H \cong V$ と書ける．もしくは，H は二つの元からなるので，$\mathbf{Z}_2$ と同型であるから，$D_4/\mathbf{Z}_2 \cong V$ とも書ける（図 17・3）.

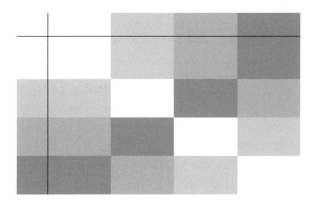

図 17・3　群 $D_4/\mathbf{Z}_2 \cong V$

また別の例をあげよう．群 D_3 の元の順序を並び替えて，部分群 $H=\{e, b\}$ が図 17・4 の左上の部分に白色で書かれるようにする．左剰余類 $aH=\{a, ab\}$ は薄い影が付けられ，三つ目の剰余類 $a^2H=\{a^2, a^2b\}$ はより濃い影が付けられている．

	e	b	a	ab	a^2	a^2b
e	e	b	a	ab	a^2	a^2b
b	b	e	a^2b	a^2	ab	a
a	a	ab	a^2	a^2b	e	b
ab	ab	a	b	e	a^2b	a^2
a^2	a^2	a^2b	e	b	a	ab
a^2b	a^2b	a^2	ab	a	b	e

図 17・4　D_3 ではうまくいかない．

読者は図 17・4 の影の付け方から，きれいなパターンはもはやないことが見て取れると思う．図 17・4 を少し離して見て，その色達が群を形成することを見るのはもはや不可能である．この場合に，$D_3/\mathbf{Z}_2 \cong \mathbf{Z}_3$ と書くことはできない．

$ab = ba^2$ であり，$a^2b = ba$ であることを思い出そう．

"$D_3/\mathbf{Z}_3 \cong \mathbf{Z}_2$ ということはできるが，$D_3/\mathbf{Z}_2 \cong \mathbf{Z}_3$ や $D_3 \cong \mathbf{Z}_2 \times \mathbf{Z}_3$ とはいえない" という部分群と剰余類の特徴とは何であろうか．

17・2　集合の元としての集合

本節のタイトルは誤植ではない．本節は集合を元とする集合について述べる．読者はもうすでに，そのようないくつかの例に出会っている．たとえば，4 章の $\mathbf{Z}_n$ や 16 章の関数のファイバーの集合 $X/\sim$ などがそうである．ここでさらに，いくつかの例をあげよう．

例 17・2・1　$\mathbf{Z}_{10}$ の元を考えよう．読者は計算結果を確認するのに，$\mathbf{Z}_{10}$ の元を用いる方法をよく知っていることと思う．たとえば，$2349 \times 3487 \neq 8910961$ は 1 の位が間違っているのですぐにわかる．実際，われわれがここで行っているのは，明確にというよりも暗に，次の操作である．

もともとの数は $2349 \in [9]_{10}$ であり，$3487 \in [7]_{10}$ である．$[9]_{10}$ に $[7]_{10}$ を掛けて，$[9]_{10} \times [7]_{10} = [3]_{10}$ となる．最後に，$8910961 \neq [3]_{10}$ であるので，掛け算の結果は間違っている．

$[9]_{10} \times [7]_{10} = [3]_{10}$ という主張は，もし集合 $[9]_{10}$ から任意の元を取り，それに集合 $[7]_{10}$ の任意の元を掛けると，その結果はいつも集合 $[3]_{10}$ にあるということを主張していることを思い出そう．

例 17・2・2　今，読者は桁積という操作を考案しようと試みているとする．一つの

非負整数の桁積というのは，その整数のすべての桁の数を掛け合わせることを繰返し，1桁になるまで続けるというものである．たとえば，64→24→8, 97→63→18→18→8 である．

非負整数全体を桁積で分割したときの集合達は次のようになる．ただし，最初の30までの数といくつかの他の数のみ表示している．

$\langle 0 \rangle = \{0, 10, 20, 25, 30, \cdots, 56, \cdots, 69, \cdots\}$

$\langle 1 \rangle = \{1, 11, \cdots\}$

$\langle 2 \rangle = \{2, 12, 21, 26, \cdots\}$

$\langle 3 \rangle = \{3, 13, \cdots\}$

$\langle 4 \rangle = \{4, 14, 22, 27, \cdots\}$

$\langle 5 \rangle = \{5, 15, \cdots\}$

$\langle 6 \rangle = \{6, 16, 23, 28, \cdots, 48, \cdots, 84, \cdots\}$

$\langle 7 \rangle = \{7, 17, \cdots\}$

$\langle 8 \rangle = \{8, 18, 24, 29, \cdots\}$

$\langle 9 \rangle = \{9, 19, \cdots\}$

$\langle n \rangle$ はその桁積が n である非負整数全体からなる集合である．

積 $6 \times 3 = 18$ を考える．18 の桁積は 8 である．よって $18 \in \langle 8 \rangle$ である．しかし，$\langle 6 \rangle \times \langle 3 \rangle$ を $\langle 6 \rangle$ の任意の元と $\langle 3 \rangle$ の任意の元を掛けたものとみると，これは $\{18, 48, 69, 78, 84, \cdots\}$ となる．しかし，これらの数すべてを元とするような唯一の集合は上の集合のリストにはない．よって，この場合に整数の積を反映するようなやり方で集合達を掛けることはできない．

> **定義** X と Y を集合 A の部分集合とし，二項演算 $\circ$ が A 上に定義されているとする．このとき，集合 XY を $x \circ y$ ($x \in X, y \in Y$) と表される A の元全体からなる集合とする．この A の部分集合全体からなる集合上の演算は，"A の演算 $\circ$ によって**誘導された演算**" とよばれる．

XY の中の積達は異なっていなくてもよいことに注意する．$x_1 \neq x_2$ かつ $y_1 \neq y_2$ であるが，$x_1 y_1 = x_2 y_2$ となってもよい．しかしながら，繰返しは無視される．さらに，二つの部分集合は，そのそれぞれの部分集合の中の異なる元達（繰返しは無視している）が同じならば，かつそのときに限り等しい．読者は演習問題 17・1, 17・2 を解くことを試みてほしい．

17・3 群の元としての剰余類

以上のことと剰余類にどのような関係があるのだろうか．

H を群 G の部分群とし，a, b を G の任意の二つの元とする．また H の剰余類達は，G の演算によって誘導された G の部分集合全体からなる集合上の演算により，群を

形成すると仮定する．a と b に対応する二つの剰余類は aH と bH である．$(aH)(bH)$ を求めるために，これら二つの剰余類の積を算出するときは，aH のすべての元を取り，それに bH のすべての元を掛けなければならない．

剰余類全体の集合は群であるので，演算により閉じてなければならない．よって，結果として生じる積 $(aH)(bH)$ は別の一つの剰余類になってなければならない．どの剰余類がその剰余類になるだろうか．$e \in H$ であるので，$a = ae \in aH$ であり，$b = be \in bH$ である．よって，集合 $(aH)(bH)$ の一つの元は ab である．よって積 $(aH)(bH)$ の剰余類は ab を含んでなければならない．それゆえ，定理45の2により，それは abH でなければならない．

もし G のすべての a, b に対して，$(aH)(bH) = (ab)H$ が成り立つならば，部分群について，どのようなことをいうことができるだろうか．その答えは定理57に集約されている．

■ **定理57** H を群 G の部分群とする．そのとき，すべての $x \in G$ に対して $x^{-1}Hx \subseteq H$ ならば，かつそのときに限り，G のすべての a と b に対して $(aH)(bH) = (ab)H$ である．

[証明]

ならば　すべての $x \in G$ に対して，$x^{-1}Hx \subseteq H$ と仮定する．$a, b \in G$ とする．

まず $(aH)(bH) \subseteq (ab)H$ を示す必要がある．

$g \in (aH)(bH)$ を考える．このとき，$g = (ah_1)(bh_2)$ なる $h_1, h_2 \in H$ がある．よって，$g = ab(b^{-1}h_1b)h_2$ である．今，すべての $x \in G$ に対して，$x^{-1}Hx \subseteq H$ であるので，ある $h \in H$ が存在して，$b^{-1}h_1b = h$ となる．それゆえ，$g = abhh_2$ となる．H は部分群であるので，$hh_2 \in H$ となり，$g = abh_3$ なる $h_3 \in H$ が存在する．よって，$g \in (ab)H$ である．したがって，$(aH)(bH) \subseteq (ab)H$ である．

次に $(ab)H \subseteq (aH)(bH)$ を示す．

$g \in (ab)H$ を考える．このとき $g = abh_1$ なる $h_1 \in H$ が存在する．したがって，$g = a(bh_1b^{-1})b$ となる．今，すべての $x \in G$ に対して，$x^{-1}Hx \subseteq H$ であるので，$x = b^{-1}$ として，$bh_1b^{-1} = h$ なる $h \in H$ がある．それゆえ，$g = ahb = (ah)(be)$ となり，$g \in (aH)(bH)$ である．したがって，$(ab)H \subseteq (aH)(bH)$ である．

よって，$(aH)(bH) \subseteq (ab)H$ かつ $(ab)H \subseteq (aH)(bH)$ であるので，$(aH)(bH) = (ab)H$ がわかる．

そのときに限り　G のすべての a と b に対して，$(aH)(bH) = (ab)H$ であると仮定し，x を G の元とする．もし $g \in x^{-1}Hx$ ならば，そのとき $g = x^{-1}hx$ なる $h \in H$ がある．

よって，$g=(x^{-1}h)(xe)$ で，それは $(x^{-1}H)(xH)$ の要素，つまり $(x^{-1}x)H=eH=H$ の要素である．よって，$x^{-1}Hx \subseteq H$ である． ∎

17・4　正規部分群

すべての $x \in G$ に対して $x^{-1}Hx \subseteq H$ であるという条件は重要であり，一つの定義を生じさせる．その前にまず，この条件から，すべての $x \in G$ に対して $x^{-1}Hx=H$ が導かれることに注意しよう．

■**定理 58**　すべての $x \in G$ に対して $x^{-1}Hx \subseteq H$ であるとする．このとき，すべての $x \in G$ に対して $x^{-1}Hx=H$ である．

［**証明**］　x を G の任意の元とする．この場合に，単に $H \subseteq x^{-1}Hx$ であることだけを証明すればよい．H の任意の元 h を取る．このとき，$h=x^{-1}(xhx^{-1})x=x^{-1}kx$ である（ただし $k=xhx^{-1}$）．しかし，$k=y^{-1}hy$ である（ただし $y=x^{-1}$）．したがって，すべての $x \in G$ に対して $x^{-1}Hx \subseteq H$（特に $y^{-1}Hy \subseteq H$）であるので，$k \in H$ である．それゆえ，$h=x^{-1}kx \in x^{-1}Hx$ である．よって，$H \subseteq x^{-1}Hx$ であり，$x^{-1}Hx=H$ である． ∎

> **定 義**　群 G の部分群 H は，それぞれの $x \in G$ に対して，$x^{-1}Hx=H$ であるならば，**正規部分群**という．

定理 58 は，部分群 H が正規であることを示すには，すべての $x \in G$ に対して，$x^{-1}Hx \subseteq H$ であることを示せば十分であることをいっている．
またアーベル群 G において，すべての部分群は正規であることに注意する．なぜなら，すべての $x \in G$ と $h \in H$ に対して $x^{-1}hx=hx^{-1}x=he=h \in H$ だからである．

H を G の部分群とする．もし H が正規部分群であるなら，G から誘導された乗法によって H の剰余類は群を形成するといえるだろうか．答えは yes である．

§17・3 のはじめの議論から，G のすべての a,b に対して，$(aH)(bH)=(ab)H$ ならば，かつそのときに限り，剰余類全体の集合は（G の演算によって誘導された G の部分集合全体の集合上の）演算によって，閉じているということがわかる．

定理 57 は，H が G の正規部分群であるならば，かつそのときに限り，G のすべての a,b に対して，$(aH)(bH)=(ab)H$ であることを示している．

これら二つの主張を結び付けると，H の正規性は，H の剰余類全体の集合が，G の演算によって誘導される部分集合の乗法の演算によって，閉じているための必要な，かつ十分な条件であることがわかる．

以上の長い議論を経て，やっとわれわれは次の定理にたどり着く．

■**定理 59**　G を群とし，H を正規部分群とする．このとき，H の剰余類全体の集合

は，G の群演算によって誘導される G の部分集合全体の集合上の演算によって，群を形成する．

[証明] われわれはもうすでに定理の主張で述べられている演算が剰余類全体の集合上で閉じていることを，定理の前で述べた注意からわかっている．

剰余類の乗法演算が結合的であることを証明するために，$aH((bH)(cH))=aH((bc)H)=(a(bc))H$ であることに注意する．同様に，$((aH)(bH))cH=((ab)H)cH=((ab)c)H$ である．しかし，G における群演算は結合的である．すなわち $a(bc)=(ab)c$ であるので，$(a(bc))H=((ab)c)H$ である．よって結果が従う．

剰余類 eH（または H）は恒等元である．なぜなら，$(eH)(aH)=(ea)H=aH$ であり，$(aH)(eH)=(ae)H=aH$ であるからである．

最後に，$a^{-1}H$ は aH の逆元になる．なぜなら，$(a^{-1}H)(aH)=(a^{-1}a)H=eH$ であり，$(aH)(a^{-1}H)=(aa^{-1})H=eH$ であるからである．

四つのすべての群の公理は満たされているので，G の群演算によって誘導される G の部分集合全体の集合上の演算によって，H の剰余類全体は群を形成する． ■

> **定義** H を G の正規部分群とする．このとき，定理 59 に出てくる剰余類全体の群は G における H の**剰余群**とよばれ，G/H と書かれる．"因子群"という用語も，剰余群を表すのにしばしば用いられる．

もし G が有限であるなら，そのとき G/H も有限であることに注意する．G は剰余類の互いに素な和集合になり，ラグランジュの定理の証明の中で示したように，これら剰余類それぞれにある元の数は H の位数と同じである．したがって，G の元の数は，H の元の数と剰余類の数の積と等しい．したがって，群 G/H の位数は，G の位数を H の位数で割ったものになる．

17・5 剰 余 群

次に，剰余群のいくつかの例をあげよう．

例 17・5・1 D_6 において，部分群 $H=\{e, a^3\}$ は正規であることを示せ．群 D_6/H を求めよ．

[解答]

> H が正規であることを証明するために，すべての $g\in G$ に対して，$g^{-1}Hg\subseteq H$ であることを証明しなければならない．

D_6 は $a^6=b^2=3$ と $aba=b$ を満たす a と b で生成されている．集合 $g^{-1}Hg$ の元を考える．これらは二つのタイプ，$g^{-1}eg$ と $g^{-1}a^3g$ からなっている．一つ目の場合は，$g^{-1}eg=g^{-1}g=e\in H$ となる．二つ目の場合に対して，$g=b^ia^j$（$i=0, 1$, $j=0, 1, 2, 3, 4,$

5) とする．このとき，$(b^i)^{-1}=b^i$ であるので，$g^{-1}a^3g=(b^ia^j)^{-1}a^3b^ia^j=a^{-j}b^ia^3b^ia^j$ である．今，もし $i=0$ ならば，$b^ia^3b^i=a^3$ であるので，$g^{-1}a^3g=a^{-j}a^3a^j=a^3\in H$ となる．一方で，もし $i=1$ ならば，$b^ia^3b^i=ba^3b=(bab)(bab)(bab)$ である．よって，$aba=b$ を用いると，$bab=a^{-1}(aba)b=a^{-1}bb=a^{-1}$ である．したがって，$ba^3b=(a^{-1})^3=a^{-3}=a^3$ である．よって，$g^{-1}a^3g=a^{-j}ba^3ba^j=a^{-j}a^3a^j=a^3\in H$ となる．それゆえ，すべての $g\in G$ に対して，$g^{-1}Hg\subseteq H$ となる．

それゆえ，H は正規部分群である．よって，D_6/H は群になる．前節の最後の注意から，この群は $12\div 2=6$ 個の元をもっている．D_6 の元は $e,a,a^2,a^3,a^4,a^5,b,ba,ba^2,ba^3,ba^4,ba^5$ である．$a^3\in H$ であるので，定理 45 から D_6 における H のすべての左剰余類は H,aH,a^2H,bH,baH,ba^2H となる．よって，剰余群 D_6/H はこれら六つの剰余類で構成される．

D_6/H において，$(a^2H)(bH)$ のような典型的な計算は，まず $(a^2H)(bH)=(a^2b)H$ と計算して行われる．それから D_6 において，§13・3 から $a^iba^i=b$ という関係式を用いて，$a^2b=(a^2ba^2)a^{-2}=ba^{-2}=ba^4$ となるので，$(a^2b)H=(ba^4)H=baH$ となる．したがって，$(a^2H)(bH)=baH$ となる．

図 17・5 はその群演算表を表している．

	H	aH	a^2H	bH	baH	ba^2H
H	H	aH	aH	bH	baH	ba^2H
aH	aH	a^2H	H	ba^2H	bH	baH
a^2H	a^2H	H	aH	baH	ba^2H	bH
bH	bH	baH	ba^2H	H	aH	a^2H
baH	baH	ba^2H	bH	a^2H	H	aH
ba^2H	ba^2H	bH	baH	aH	a^2H	H

図 17・5　群 D_6/H

図 17・5 の演算表を例 5・2・2 の D_3 に対する演算表と比較すると，それらが次の対応によって同じものであることが見て取れる．

$$\begin{array}{cccccc} H & aH & a^2H & bH & baH & ba^2H \\ \updownarrow & \updownarrow & \updownarrow & \updownarrow & \updownarrow & \updownarrow \\ I & R & S & X & Y & Z \end{array}$$

これは D_6/H が D_3 と同型であることを示している．

例 17・5・2　群 $(\mathbf{Z},+)$ と n の倍数全体で構成される部分群 $(n\mathbf{Z},+)$ を考えよう．群 $(\mathbf{Z},+)$ はアーベル群であるので，正規性の条件は自動的に満たされ，この部分群は

正規である．

$n\mathbf{Z}$ の剰余類は $n\mathbf{Z}, 1+n\mathbf{Z}, 2+n\mathbf{Z}, \cdots, (n-1)+n\mathbf{Z}$ からなる．この剰余類全体の集合は，$(r+n\mathbf{Z})+(s+n\mathbf{Z})=(r+s)+n\mathbf{Z}$ によって与えられる演算によって，群を形成する．実際，$\mathbf{Z}/n\mathbf{Z}\cong\mathbf{Z}_n$ を示すのは難しくない．

例 17・5・3 群 $(\mathbf{Z}_4\times\mathbf{Z}_8)/(\mathbf{Z}_4\times\{0\})$ を求めよ．

[解答] 群 $\mathbf{Z}_4\times\mathbf{Z}_8$ は 32 個の元をもっており，その部分群 $\mathbf{Z}_4\times\{0\}$ は 4 個の元をもっている．したがって，剰余群 $(\mathbf{Z}_4\times\mathbf{Z}_8)/(\mathbf{Z}_4\times\{0\})$ は 8 個の元をもっている．

$\mathbf{Z}_4\times\mathbf{Z}_8$ のそれぞれの元は (a,b) という形になっている．ただし，a は四つの剰余類 $[i]_4$ $(0\leq i\leq 3)$ の一つ，b は八つの剰余類 $[j]_8$ $(0\leq j\leq 7)$ の一つである．しかし，$(a,b)-(0,b)=(a,0)\in\mathbf{Z}_4\times\{0\}$ である．したがって定理 45 により，$\mathbf{Z}_4\times\{0\}$ のすべての剰余類は $(0,b)+(\mathbf{Z}_4\times\{0\})$ という形になる．したがって，剰余群 $(\mathbf{Z}_4\times\mathbf{Z}_8)/(\mathbf{Z}_4\times\{0\})$ の元は八つの剰余類 $(0,0)+(\mathbf{Z}_4\times\{0\})$, $(0,1)+(\mathbf{Z}_4\times\{0\})$, $(0,2)+(\mathbf{Z}_4\times\{0\})$, $(0,3)+(\mathbf{Z}_4\times\{0\})$, $\cdots$, $(0,7)+(\mathbf{Z}_4\times\{0\})$ となる．

元 $(0,1)+(\mathbf{Z}_4\times\{0\})$ の位数は 8 である．よって，$(\mathbf{Z}_4\times\mathbf{Z}_8)/(\mathbf{Z}_4\times\{0\})$ は巡回群 $\mathbf{Z}_8$ である．それゆえ，$(\mathbf{Z}_4\times\mathbf{Z}_8)/(\mathbf{Z}_4\times\{0\})\cong\mathbf{Z}_8$ となる．

これはまるで群 $\mathbf{Z}_4$ が $\mathbf{Z}_8$ を残して消されたようになっている．

例 17・5・4 群 $\mathbf{Z}_8\times\mathbf{Z}_4/\langle(2,0)\rangle$ を求めよ．

[解答] 群 $\mathbf{Z}_8\times\mathbf{Z}_4$ は 32 個の元をもっており，$(2,0)$ によって生成される部分群 $\langle(2,0)\rangle$ は 4 個の元をもっている．よって $\langle(2,0)\rangle$ は $\mathbf{Z}_8\times\mathbf{Z}_4$ において 8 個の剰余類をもっている．よって剰余群 $\mathbf{Z}_8\times\mathbf{Z}_4/\langle(2,0)\rangle$ は 8 個の元をもっている．

$\mathbf{Z}_8\times\mathbf{Z}_4$ のそれぞれの元は (a,b) という形になっている．ただし，a は八つの剰余類 $[i]_8$ $(0\leq i\leq 7)$ の一つ，b は四つの剰余類 $[j]_4$ $(0\leq j\leq 3)$ の一つである．もし，a が 0, 2, 4, 6 の属する同値類ならば，そのとき $(a,b)-(0,b)=(a,0)\in\langle(2,0)\rangle$ である．一方で，もし a が 1, 3, 5, 7 の属する同値類ならば，そのとき $(a,b)-(1,b)=(a-1,0)\in\langle(2,0)\rangle$ となる．したがって，定理 45 により，$\langle(2,0)\rangle$ のすべての剰余類は $(0,0)+\langle(2,0)\rangle$ (すなわち部分群 $\langle(2,0)\rangle$ 自身)，$(0,1)+\langle(2,0)\rangle$, $(0,2)+\langle(2,0)\rangle$, $(0,3)+\langle(2,0)\rangle$, $(1,0)+\langle(2,0)\rangle$, $(1,1)+\langle(2,0)\rangle$, $(1,2)+\langle(2,0)\rangle$, $(1,3)+\langle(2,0)\rangle$ となる．したがって，これら八つの剰余類は $\mathbf{Z}_8\times\mathbf{Z}_4/\langle(2,0)\rangle$ の元全体である．

$\mathbf{Z}_8\times\mathbf{Z}_4/\langle(2,0)\rangle$ のこれらの元の位数を調べると，4 個の元が位数 4 であり，3 個の元が位数 2 であることがわかる．よって 15 章から剰余群は $\mathbf{Z}_2\times\mathbf{Z}_4$ と同型である．したがって，$\mathbf{Z}_8\times\mathbf{Z}_4/\langle(2,0)\rangle\cong\mathbf{Z}_2\times\mathbf{Z}_4$ と書ける．

この章で学んだこと
- 群の二つの部分集合同士を掛け合わせる規則
- 群の演算によって誘導される規則を用いて，二つの剰余類を結び付ける方法
- 正規部分群の意味とその判定法
- 剰余群の意味

演習問題 17

17・1 群 D_3 において，与えられた集合 A と B に対して，集合 AB を計算せよ．
 a) $A=\{a,b\}$, $B=\{e,ba\}$
 b) $A=\{e,ba^2\}$, $B=\{e,a,a^2\}$
 c) $A=\{a,b\}$, $B=\{e,a,a^2\}$
 d) $A=\{b,ba,ba^2\}$, $B=\{e,a,a^2\}$

17・2 §15・5で出てきた四元数群 Q_4 において，$H=\{e,a^2\}$, $A=\{a,ba\}$, $B=\{ba,ba^3\}$ とする．集合 HA, HB, AB, AH, BH, BA を計算せよ．

17・3 群 D_3 において，H を部分群 $H=\{e,a,a^2\}$ とする．集合 aH と Hb を求めよ．

17・4 群 $\mathbf{Z}_6 \times \mathbf{Z}_4/\langle(2,2)\rangle$ を求めよ．

17・5 群 $\mathbf{Z}_6 \times \mathbf{Z}_4/\langle(3,2)\rangle$ を求めよ．

17・6 D_3 の部分群 $H=\{e,b\}$ は正規でないことを示せ．

17・7 次のそれぞれの主張が正しいか誤りかチェックせよ．
 a) 二つの剰余類は同一であるか互いに素であるかの，どちらかである．
 b) 元達の数が同じである二つの剰余類は存在しない．

17・8 図15・4の演算表を用いて，$H=\{e,a^2\}$ が Q_4 の正規部分群であることを証明せよ．群 Q_4/H はどのような群と同型であるか決定せよ．

17・9 G を群とする．G の部分群 H に対して，G における H のすべての右剰余類がまた G における H の左剰余類になるならば，かつそのときに限り，H は G の正規部分群であることを証明せよ．

18

準 同 型

18・1 準 同 型

11章で読者は同型について学んだ．そこで読者は二つの群 $(G, \circ)$ と $(H, \cdot)$ は，全単射 $f\colon G \to H$ で，すべての $x, y \in G$ に対して，$f(x \circ y) = f(x) \cdot f(y)$ となるものが存在するならば，同型であるということを学んだ．

本章では準同型について説明する．準同型と同型の違いは，f がもはや全単射であるわけではないということである．

> **定義** $(G, \circ)$ と $(H, \cdot)$ を群とする．そのとき，**準同型**とは関数 $f\colon G \to H$ で，すべての $x, y \in G$ に対して，$f(x \circ y) = f(x) \cdot f(y)$ となるものをいう．

> "準同型"という用語は"同じ構造"という意味をもっている．よって群 G のいくつかの構造的性質が，H の中の G の像に反映されることが予想される．

次にいくつかの例をあげよう．

例 18・1・1 $(\mathbf{Z}, +)$ から群 $(\{1, i, -1, -i\}, \times)$ への関数 $f(n) = i^n$ を考える．

これは準同型になる．なぜなら，$f(m)f(n) = i^m i^n = i^{m+n} = f(m+n)$ となっているからである．1 に写る元は $\{\cdots, -8, -4, 0, 4, 8, 12, \cdots\}$ であり，i に写る元は $\{\cdots, -7, -3, 1, 5, 9, 13, \cdots\}$ であり，-1 に写る元は $\{\cdots, -6, -2, 2, 6, 10, \cdots\}$ であり，$-i$ に写る元は $\{\cdots, -5, -1, 3, 7, 11, \cdots\}$ である．

実際，群 $(\mathbf{Z}, +)$ は四つの同値類に分割される．ここで，同値関係は $f(x) = f(y)$ ならば，$x \sim y$ として与えられる．与えられた同値類のそれぞれの元は，$\{1, i, -1, -i\}$ の同じ元に写される．

例 18・1・2 $(\mathbf{M}, \times)$ を行列の乗法による実数成分の可逆 2×2 行列全体のなす群とし，$(\mathbf{R}^*, \times)$ を乗法による 0 でない実数全体のなす群とする．

> 定義によって，行列 A に対して行列 B で $AB = BA = I$ なるものが存在するならば，すなわち A が乗法による逆元をもつならば，かつそのときに限り A は可逆である．$\det A \neq 0$ ならば，かつそのときに限り行列 A は可逆であることを思い出そう．

このとき $f:(\mathbf{M},\times)\to(\mathbf{R}^*,\times)$ を $f(A)=\det A$ と定めると，$\det A\neq 0$ であるので，f は well-defined であり，$f(A)f(B)=(\det A)(\det B)=\det(AB)=f(AB)$ が成り立つので，準同型である．

$(\mathbf{R}^*,\times)$ の恒等元に写る $(\mathbf{M},\times)$ の元は，行列式が 1 である行列である．

例 18·1·1，例 18·1·2 どちらにおいても，G の恒等元は H の恒等元に写されていることに注意する．これは定理 60 で証明される一般的な事実である．

■ **定理 60** G と H を二つの部分群，$f: G\to H$ を準同型とする．このとき $f(e_G)=e_H$ である．また，もし $f(g)=h$ なら，$f(g^{-1})=h^{-1}$ である．

[証明] 同型についての定理である定理 34 において，同型の全単射という性質を使うことなく同じ結果が証明されている．したがって，同じ証明がここでも成り立つ． ∎

例 18·1·3 G と H を任意の群とする．このとき，関数 $f: G\to H$ を，すべての $x\in G$ に対して，$f(x)=e_H$ として定めると，f は準同型になる．なぜなら，$f(x)f(y)=e_H e_H=e_H=f(xy)$ であるからである．これは自明な準同型とよばれる．

例 18·1·4 で示されるように，二つの群の間に非自明な準同型がないこともある．

例 18·1·4 われわれは $(\mathbf{Z}_3, +)$ から $(\mathbf{Z}_2, +)$ への準同型を探そうと試みているとする．$\mathbf{Z}_3$ の恒等元は $\mathbf{Z}_2$ の恒等元に写されなければならないが，$1\in\mathbf{Z}_3$ の像は何になるだろうか．$f(1)=0$ と仮定する．このとき，$f(2)=f(1+1)=f(1)+f(1)=0+0=0$ であるので，自明な準同型になる．次に $f(1)=1$ と仮定する．これは残るもう一つの可能性である．このとき，$f(0)=f(2+1)=f(2)+f(1)=0+1=1$ となり，これは矛盾である．したがって，自明な準同型は $\mathbf{Z}_3$ から $\mathbf{Z}_2$ への唯一の準同型である．

例 18·1·5 関数 $f: S_n\to(\{1,-1\},\times)$ を，x が偶置換ならば $f(x)=1$，x が奇置換ならば $f(x)=-1$ として定義する．$x,y\in S_n$ に対して，定理 40 から，x と y がどちらも偶置換であるか，どちらも奇置換であるならば，xy は偶置換になる．したがって，$f(x)=f(y)=1$ または $f(x)=f(y)=-1$ ならば，$f(xy)=1$ となるので，どちらの場合も $f(xy)=f(x)f(y)$ が成り立つ．また定理 40 から，x,y のどちらか一つが偶置換で，もう一つが奇置換ならば，xy は奇置換である．よって，$f(x)=1$ かつ $f(y)=-1$ であるか，$f(x)=-1$ かつ $f(y)=1$ であるならば，$f(xy)=-1$ となる．よって，どちらの場合も $f(xy)=f(x)f(y)$ が成り立つ．それゆえ，どのような場合にも $f(xy)=f(x)f(y)$ が成り立ち，関数 f は準同型である．

例 18·1·6 関数 $f: \mathbf{Z}_4\to\mathbf{Z}_2$ を $f([n]_4)=[n]_2$ として定義する．これが準同型であることを証明するために，次に注意する．

$$f([m]_4 + [n]_4) = f([m+n]_4)$$
$$= [m+n]_2$$
$$= [m]_2 + [n]_2$$
$$= f([m]_4) + f([n]_4)$$

例 18・1・7 $f_1: G_1 \to H_1$ と $f_2: G_2 \to H_2$ を群の準同型とする.関数 $f: G_1 \times G_2 \to H_1 \times H_2$ を $f((g_1, g_2)) = (f_1(g_1), f_2(g_2))$ として定義する. f は準同型であることが次のようにしてわかる.

$$\begin{aligned}
f((x_1, x_2)(y_1, y_2)) &= f((x_1 y_1,\ x_2 y_2)) & & G_1 \times G_2 \text{ において} \\
&= (f_1(x_1 y_1),\ f_2(x_2 y_2)) & & f \text{ の定義から} \\
&= (f_1(x_1) f_1(y_1),\ f_2(x_2) f_2(y_2)) & & \text{準同型から} \\
&= (f_1(x_1),\ f_2(x_2))(f_1(y_1),\ f_2(y_2)) & & H_1 \times H_2 \text{ において} \\
&= f((x_1, x_2)) f((y_1, y_2)) & & f \text{ の定義から}
\end{aligned}$$

特に,この結果と例 18・1・6 より, $f: \mathbf{Z}_4 \times \mathbf{Z}_4 \to \mathbf{Z}_2 \times \mathbf{Z}_2$ を $f(([m]_4, [n]_4)) = ([m]_2, [n]_2)$ で定義すると, f は準同型になることがわかる. $\mathbf{Z}_2 \times \mathbf{Z}_2$ の恒等元に写る元は $f(([m]_4, [n]_4)) = ([0]_2, [0]_2)$,すなわち $([m]_2, [n]_2) = ([0]_2, [0]_2)$ を満たしている.このような元達は $\mathbf{Z}_4 \times \mathbf{Z}_4$ において,$\{(0, 0),\ (2, 0),\ (0, 2),\ (2, 2)\}$ という集合を形成する.

例 18・1・8 N を群 G の正規部分群とする.このとき,関数 $f: G \to G/N$ を $x \in G$ に対して, $f(x) = xN$ として定義すると, f は準同型になる.

x と y を G の元とする.このとき f の定義によって, $f(x) f(y) = (xN)(yN)$ であり, G/N の群演算の定義により, $(xN)(yN) = (xy)N$ である.しかし, f の定義により, $(xy)N = f(xy)$ である.したがって,確かに $f(x) f(y) = f(xy)$ が成り立つ.

G/N の恒等元は剰余類 N である. N に写る元達は方程式 $f(x) = N$ の解,すなわち $xN = N$ なる元 x 達になる.定理 45 の 1 により, $x^{-1} y \in N$ であるならば,かつそのときに限り $xN = yN$ である. $x = e$ と置くと, $y \in N$ ならば,かつそのときに限り $yN = N$ となる.したがって,その解の集合は N となる.

この例の重要性は §18・2 の記述(二つ目の影付きの部分)の中で与えられる.

18・2 準同型の核

例 18・1・1 から例 18・1・7 までの多くの例の中で,われわれは準同型によって恒等元に写される元達の集合が,領域の中の部分群を形成していることをみてきた.

例 18・1・1 において，その部分群は $4\mathbf{Z}$ である．一方，例 18・1・2 においては，その集合は行列式が1のすべての行列からなる部分群であった．

> **定義** 群 G から部分群 H への準同型の**核**とは，f によって H の恒等元に写される G のすべての元からなる集合のことをいう．f の核は $\ker f$ と書かれる[†]．

次に，準同型の核は領域の部分群になる（実際には正規部分群になる）ことの証明を与えよう．

■ **定理 61** $f: G \to H$ を群 G から群 H への準同型とする．このとき，f の核は G の正規部分群になる．

> 証明の中で，まず最初に，核が部分群になることを示すため，定理 20 の条件が用いられる．

［証明］ 定理 60 から，$f(e_G) = e_H$ であるので，$e_G \in \ker f$ となる．
$x, y \in \ker f$ と仮定する．そのとき，$f(x) = f(y) = e_H$ である．よって，$f(xy) = f(x)f(y) = e_H e_H = e_H$ であるので，$xy \in \ker f$ となる．
また，定理 60 から $f(x^{-1}) = f(x)^{-1} = e_H^{-1} = e_H$ となるので，$f(x^{-1}) = e_H$ であり，$x^{-1} \in \ker f$ となる．
以上から，$\ker f$ は G の部分群である．
$x \in G, k \in \ker f$ と仮定する．$x^{-1}kx \in \ker f$ を証明するために，f によって $x^{-1}kx$ が H の恒等元に写されることを示さなければならない．実際，$f(x^{-1}kx) = f(x^{-1})f(k)f(x) = f(x^{-1})e_H f(x) = f(x^{-1})f(x) = f(x^{-1}x) = f(e_G) = e_H$ である．したがって，$x^{-1}kx \in \ker f$ となる．よって，$\ker f$ は G の正規部分群である． ■

> もう読者にとって，部分群の像が部分群になるということは驚くべきことではないだろう．このことは演習問題で与えられる．以下，この事実は認めて話を進める．
> 定理 61 が，すべての核は正規部分群であるということを主張しているのに対して，例 18・1・8 がなぜ重要かというと，このことの逆もまた成り立つことを示しているからである．すなわち，群 G のすべての正規部分群 N はある準同型の核になる．正確にいうと，準同型 $f: G \to G/N$ で，$x \in G$ に対して，$f(x) = xN$ として定義されるものの核になっているのである．

今，二つの元 $x, y \in G$ が準同型 $f: G \to H$ によって同じ元に写されると仮定する．われわれは x と y について何かいうことはできるだろうか．その答えはそれらが G における $\ker f$ の同じ剰余類に属しているということである．

[†] 訳注: ker は kernel（核）の略で，"カーネル" と読む．

18. 準同型

■ **定理62** f を群 G から群 H への準同型であるとする．このとき，x と y が G における $\ker f$ の同じ剰余類に属するならば，かつそのときに限り $f(x)=f(y)$ である．

[証明]

ならば $K=\ker f$ とする．x と y が K の同じ剰余類にあると仮定する．このとき $xK=yK$ であるので，定理45 の 1 により，$x^{-1}y\in K$ である．このとき，$f(x)^{-1}f(y)=f(x^{-1})f(y)=f(x^{-1}y)=e_H$ となるので，$f(x)=f(y)$ である．

そのときに限り $f(x)=f(y)$ と仮定する．このとき，$f(x^{-1}y)=f(x^{-1})f(y)=f(x)^{-1}f(y)=e_H$ である．これは $x^{-1}y\in K$，したがって $xK=yK$ であることを示している． ∎

この章で学んだこと

- 群の間の準同型とは何か
- 恒等元は恒等元に，逆元は逆元に写されるということ
- 準同型の核とは何か
- 準同型の核は正規部分群であること
- 二つの元が準同型の核の同じ剰余類に属するならば，かつそのときに限り，それらはその準同型によって同じ元に写されるということ

演習問題 18

18・1 $f: G \to H$ を群 G から群 H への準同型であるとする．G の部分群の像は H の部分群であることを証明せよ．

18・2 $f: G \to H$ を群 G から群 H への全射準同型であるとする．もし G が巡回群であるならば，H も巡回群であることを証明せよ．

18・3 G を群とし，a を G の任意の元とする．$f: (\mathbf{Z}, +) \to G$ を $f(n)=a^n$ で定義すると，これは準同型であることを証明せよ．

18・4 次のどの関数が準同型であるか決定せよ．準同型であるものに対してはその核を求めよ．

  a) $f: (\mathbf{R}^*, \times) \to (\mathbf{R}^*, \times),\ f(x)=|x|$
  b) $f: (\mathbf{R}, +) \to (\mathbf{Z}, +),\ f(x)=x$ を超えない最大の整数
  c) $f: (\mathbf{Z}, +) \to (\mathbf{Z}, +),\ f(x)=x+1$
  d) $f(\mathbf{R}^*, \times) \to (\mathbf{R}^*, \times),\ f(x)=1/x$

18・5 $f: G \to H,\ g: H \to K$ は群の準同型とする．$gf: G \to K$ は準同型であることを証明せよ．

18・6 $f: G \to H$ を群の準同型とする．$\ker f=\{e_G\}$ ならば，かつそのときに限り f は単射であることを証明せよ．

19

第 一 同 型 定 理

19・1 核についてのさらなる説明
$f: G \to H$ が群の準同型であり,さらに全射であると仮定する.

われわれは 18 章で,準同型の核は恒等元に移される元達で構成されており,固定された a に対する $x \in G$ についての方程式 $f(x)=a$ の解達が G の一つの剰余類になることをみた. $f(g)=a$ なる一つの $g \in G$ を取ると,その剰余類は gK となる.ただし,$K = \ker f$ である.

状況は前に書いたものとまったく同様であるが,今回はそれを抽象的に書いている.

例 19・1・1 われわれは複素数方程式 $z^3 = 8i$ のすべての根を探そうと試みているとする.一つの方法は,まず $z^3 = 8i$ の一つの根をみつけ,それから方程式 $z^3 = 1$ のすべての根をその一つの根に掛けることである.

これは群準同型の具体例の一つである.$(\mathbf{C}^*, \times)$ において,関数 $f: (\mathbf{C}^*, \times) \to (\mathbf{C}^*, \times)$ を $f(z)=z^3$ で定義する.この関数は任意の複素数 z_1, z_2 に対して,$f(z_1)f(z_2) = z_1^3 z_2^3 = (z_1 z_2)^3 = f(z_1 z_2)$ であるので,準同型である.

この場合に,$z^3 = 8i$ の一つの根は $2\left(\cos \frac{1}{6}\pi + i \sin \frac{1}{6}\pi\right)$ である.準同型の核 K は方程式 $z^3 = 1$ の解の集合,すなわち $K = \left\{1, \cos \frac{2}{3}\pi + i \sin \frac{2}{3}\pi, \cos \frac{4}{3}\pi + i \sin \frac{4}{3}\pi\right\}$ である.よって,$z^3 = 8i$ の根達は剰余類 $2\left(\cos \frac{1}{6}\pi + i \sin \frac{1}{6}\pi\right)K$ の元達,すなわち $\left\{2\left(\cos \frac{1}{6}\pi + i \sin \frac{1}{6}\pi\right), 2\left(\cos \frac{5}{6}\pi + i \sin \frac{5}{6}\pi\right), 2\left(\cos \frac{3}{2}\pi + i \sin \frac{3}{2}\pi\right)\right\}$ である.実際 3 番目の根は $-2i$ である.

もし読者が $z^3 = 8i$ の一つの根が $-2i$ であることに最初に気づいたとしたら,核のすべての元を $-2i$ にかけて,$-2i$ を含む剰余類を計算しても,上記と同じ結果を得る.

例 19・1・2 $(\mathbf{D}, +)$ は無限回微分可能関数の集合とする.これは方程式 $(f_1 + f_2)(x) = f_1(x) + f_2(x)$ によって定義される関数の加法によって,群となる.$d(f) = df/dx$ で定義される微分関数 $d: (\mathbf{D}, +) \to (\mathbf{D}, +)$ を考えよう.

まず関数 d は準同型であることに注意しよう．なぜなら $d(f_1)+d(f_2)=df_1/dx+df_2/dx=d(f_1+f_2)/dx=d(f_1+f_2)$ が成り立つからである．

次に微分方程式 $df/dx=2x$ を考えよう．まず $df/dx=2x$ の任意の解をみつけよう．たとえば一つの解 x^2 を取る．それから，d の核を求めよう．すなわち，それは方程式 $df/dx=0$ の解の集合である．定数関数は微分して 0 であり，微分して 0 である関数は定数関数だけであるので，核は $K=\mathbf{R}$ によって与えられる．解 $f=x^2$ と核を結び付けて，微分方程式 $df/dx=2x$ のすべての解は x^2+c (c は実数定数) という形で与えられることがわかる．

例 19・1・3 次に例 19・1・2 を拡張しよう．$(\mathbf{D},+)$ は加法による，無限回微分可能関数達のなす群と仮定する．$d(f)=df/dx+f$ によって定義された関数 $d:(\mathbf{D},+)\to(\mathbf{D},+)$ を考えよう．

今，微分方程式 $df/dx+f=2$ を考える．まず $df/dx+f=2$ の解をみつけよう．たとえばそれを $f(x)=2$ とする．それから d の核を求めよう．すなわち，それは $df/dx+f=0$ の解の集合なので，$f(x)=Ae^{-x}$ (ただし $A\in\mathbf{R}$) である．解 $f(x)=2$ と核を結び付けて，微分方程式 $df/dx+f=2$ のすべての解は $f(x)=Ae^{-x}+2$ という形で与えられることがわかる．

微分方程式を解くとき，核はしばしば余関数とよばれ，もう一つの解は特殊解とよばれる．例 19・1・2 と例 19・1・3 に出てくるような特別な方程式を解くときに，読者はわざわざ上記の例のように剰余類的観点からみた方法を用いるようには言われないと思う．しかしながら，より広く，抽象的な視点をもって，基本的でよく知られている方法（たとえば上記のような微分方程式の解法）を俯瞰できるということは大変価値があることである．また逆に，上記のような具体例をみることで，剰余類，核，準同型などの抽象的内容を，よりよく理解することができる．上の例 19・1・2 と例 19・1・3 では，与えられた微分方程式のすべての解が求まったという確信を得るのに，実際に剰余類についての群論的結果が用いられているのである．

19・2 核による剰余群

群の準同型の核は正規部分群である（定理 61 を見よ）．したがって，核の剰余類のなす集合は，群演算によって誘導される演算によって，剰余群を形成する．

例 19・2・1 例 18・1・1 において，$(\mathbf{Z},+)$ から群 $(\{1,i,-1,-i\},\times)$ への関数で，$f(n)=i^n$ と定義されるものを考えた．また，われわれはこの関数が準同型であることを示した．その核は $K=\{n\in\mathbf{Z}:i^n=1\}$ であり，これは明らかに 4 の倍数全体で構成されており，$4\mathbf{Z}$ になる．その剰余群は $\mathbf{Z}/4\mathbf{Z}$ であり，四つの元 $4\mathbf{Z}$，$1+4\mathbf{Z}$，$2+4\mathbf{Z}$，$3+4\mathbf{Z}$ からなる．

例19・2・2 例 18・1・7 において，関数 $f: \mathbf{Z}_4 \times \mathbf{Z}_4 \to \mathbf{Z}_2 \times \mathbf{Z}_2$ で，$f((([m]_4, [n]_4)) = ([m]_2, [n]_2)$ によって与えられるものが準同型であり，その核は $K = \{([0]_4, [0]_4), ([2]_4, [0]_4), ([0]_4, [2]_4), ([2]_4, [2]_4)\}$ であることをみた．$\mathbf{Z}_4 \times \mathbf{Z}_4$ には16個の元があり，K には 4 個の元があるので，剰余群 $(\mathbf{Z}_4 \times \mathbf{Z}_4)/K$ には $16/4 = 4$ 個の元がある．四つの剰余類は K, $([1]_4, [0]_4) + K$, $([0]_4, [1]_4) + K$, $([1]_4, [1]_4) + K$ である．これらの剰余類はすべて異なっている．なぜなら $i, j, k, l \in \{0, 1\}$ に対して，$([i]_4, [j]_4) + K = ([k]_4, [l]_4) + K$ であると仮定する．このとき，定理 45 により，$([k-i]_4, [l-j]_4) = ([k]_4, [l]_4) - ([i]_4, [j]_4) \in K$ である．しかし，$([k-i]_4, [l-j]_4) \in K$ と $i, j, k, l \in \{0, 1\}$ の条件のどちらも成り立つことは，$i = k$ かつ $j = l$ でなければ不可能である．したがって，四つの剰余類は異なっており，これらが剰余群 $(\mathbf{Z}_4 \times \mathbf{Z}_4)/K$ の元全体である．

$(\mathbf{Z}_4 \times \mathbf{Z}_4)/K$ のすべての元は位数 2 であるので，$(\mathbf{Z}_4 \times \mathbf{Z}_4)/K$ は巡回群ではない．よって，位数 4 の群のもう一つの可能性である $\mathbf{Z}_2 \times \mathbf{Z}_2$ と同型になる．したがって，$(\mathbf{Z}_4 \times \mathbf{Z}_4)/K \cong \mathbf{Z}_2 \times \mathbf{Z}_2$ となる．

19・3 第一同型定理

読者は例 19・2・1 と例 19・2・2 から，今から述べる定理を推測できるかもしれない．すなわち，もし群 G から群 H への全射準同型 f があるならば，そのとき核の剰余類のなす群はその像と同型である．図 19・1 はそのことを理解するのに役立つ．

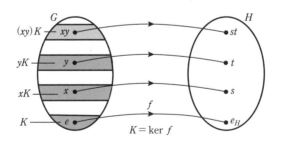

図 19・1　全射群準同型の核

左の図に，G の恒等元 e，二つの元 x と y，その積 xy の四つの元が書かれている．右の図に，準同型によるこれら四つの元の H 上の像が書かれている．準同型の関係 $f(xy) = f(x)f(y)$ というのは，この場合に $f(xy) = st$ であり，G 上での積 xy は H 上の s と t の積 st に写されるということで言い表される．

G の最下部にある影の付いた領域は $\ker f$ を表しており，K と書いておく．影の付いた領域 xK は x を含んでいる G における K の剰余類を表している．同様に，y と

xy を含む剰余類，すなわち yK と $(xy)K$ に影が付けられている．これら剰余類（剰余群 G/K の中にある）は $(xK)(yK) = (xy)K$ という規則に従って結び付けられる．

よって，図の左側にある影付きの剰余類の群は，図の右側にある像と同型である．
次に，しばしば**第一同型定理**とよばれる定理の形式的証明を与えよう．

> この第一同型定理という専門用語には，いくつか異なる使い方がある．つまり，いくつかの同型定理とよばれる定理があって（本書で扱っているのはそのうちの一つのみである），他書では違う同型定理を第一同型定理とよぶこともある[†]．

■ **定理 63**（**第一同型定理**） $f: G \to H$ を群の準同型とする．このとき $G/\ker f \cong \mathrm{im}\, f$ である．

[**証明**] $K = \ker f$ とし，f の像を $\mathrm{im}\, f$ とする．まず K は定理 61 により正規部分群であるので，G/K は群であり，（演習問題 18・1 により）$\mathrm{im}\, f$ は準同型による群の像であるので，群になることに注意する．

> 今，証明は二つに分かれたより糸を一緒に引き寄せることでなされる．つまり，同値類に関する結果，特に定理 56 と準同型についての定理 62 である．

関数 $f: G \to H$ に §16・4 での結果を適用して，G 上の同値関係で，$f(x) = f(y)$ ならば，かつそのときに限り $x \sim y$ として与えられるものと，全単射 $\theta: G/\sim \to \mathrm{im}\, f$ で，$x \in G$ に対して，$\theta(\bar{x}) = f(x)$ として与えられるものが存在する．しかし，定理 62 によって，$\sim$ の同値類達は $K = \ker f$ の剰余類全体からなる．すなわち，それぞれの $x \in G$ に対して，$\bar{x} = xK$ である．よって，θ は $G/K \to \mathrm{im}\, f$ なる関数で，$\theta(xK) = f(x)$ で与えられるものである．

> われわれは今，準同型の性質 $\theta((xK)(yK)) = \theta(xK)\theta(yK)$ を示すことによって，θ が同型であることを示さなければならない．

$$\begin{aligned}
\theta((xK)(yK)) &= \theta((xy)K) & &G \text{ の剰余類を結び付ける} \\
&= f(xy) & &\theta \text{ の定義を使う} \\
&= f(x)f(y) & &f \text{ は準同型である} \\
&= \theta(xK)\theta(yK) & &\theta \text{ の定義}
\end{aligned}$$

したがって，θ は同型である． ∎

[†] 訳注：少なくとも邦書では，本書で第一同型定理とよんでいる定理を準同型定理とよぶことが多いように思う．

19・3 第一同型定理

この定理は二つの群の同型をつくり上げる．その同型な二つの群の対は，簡単には同型であるとは思いつかないものであることもある．

例 19・3・1 $(\mathbf{Z}, +)$ と $(\mathbf{Z}_n, +)$，関数 $f: (\mathbf{Z}, +) \to (\mathbf{Z}_n, +)$ で $f(m) = [m]$ なるものを考える．この関数は $f(m_1) + f(m_2) = [m_1] + [m_2] = [m_1 + m_2] = f(m_1 + m_2)$ であるので準同型である．f の像は $\mathbf{Z}_n$ 全体になる．核は部分群 $n\mathbf{Z}$ である．よって，第一同型定理によって，$\mathbf{Z}/n\mathbf{Z} \cong \mathbf{Z}_n$ である．

例 19・3・2 $(\mathbf{M}, \times)$ を行列の積による，実数成分をもった可逆 2×2 行列全体のなす群とし，$(\mathbf{R}^*, \times)$ を乗法による，0 でない実数全体のなす群とする．
例 18・1・2 において，われわれは $f: (\mathbf{M}, \times) \to (\mathbf{R}^*, \times)$ で $f(A) = \det A$ によって定義されたものが準同型であることをみた．f の核は行列式が 1 である行列全体からなる集合 $\mathbf{U}$ となる．実数 z が与えられたとき，$\det \begin{pmatrix} z & 0 \\ 0 & 1 \end{pmatrix} = z$ であるので，像は $\mathbf{R}^*$ である．第一同型定理によって，$\mathbf{M}/\mathbf{U} \cong \mathbf{R}^*$ となる．

例 19・3・3 $f: (\mathbf{R}, +) \to (\mathbf{C}^*, \times)$ を $f(x) = e^{2\pi i x}$ とする．これは $f(x+y) = e^{2\pi i(x+y)} = e^{2\pi i x + 2\pi i y} = f(x)f(y)$ であるので，準同型である．
核は $e^{2\pi i x} = 1$ であるような実数 x 全体からなる集合であり，それは $\mathbf{Z}$ である．像は絶対値が 1 の複素数の集合，すなわち単位円上にある複素数全体の集合 $\mathbf{T}$ となる．よって $\mathbf{R}/\mathbf{Z} \cong \mathbf{T}$ (単位円上にある複素数全体の集合) となる．この例において，第一同型定理が表しているのは，単位円 $\mathbf{T}$ の元を $\mathbf{T}$ の元に掛けることは，その元達の偏角[†]を加えることと対応しているということである．また，このことは，実軸を長さ無限の目盛りのついた針金とみなし，そのスケールを 2π 倍したもの (つまり長さが 2π の所には 1，4π の所には 2 の目盛りがついているもの) を，複素数平面の 1 に針金の 0 を合わせてからスタートし，単位円 $\mathbf{T}$ の上にぐるぐる巻き付けていくようなものとみなすことができる．

例 19・3・4 G を群とし，a を G の任意の元とする．そのとき，演習問題 18・3 から，$f: (\mathbf{Z}, +) \to G$ を $f(n) = a^n$ として定めると，群準同型になる．f の像は $\langle a \rangle$ であり，$\ker f = \{m \in \mathbf{Z}: a^m = e\}$ となる．

もし a が無限位数をもつならば，定理 16 の 1 により，$\ker f = \{0\}$ である．

もし a が有限位数 n をもつならば，そのとき定理 16 の 2 により，$\ker f = n\mathbf{Z}$ である．

[†] 訳注: 複素数 $\mathbf{Z}$ の偏角とは，複素数平面上で，正の実軸から反時計回りに一般角で測った原点と $\mathbf{Z}$ を結ぶ直線までの角度のことである．

それゆえ，もし G が巡回群であるならば（よって f は全射となる），第一同型定理により，

　　　もし G が無限巡回群であるならば，そのとき $G \cong \mathbf{Z}$ である．
　　　もし G が有限巡回群であるならば，そのとき $G \cong \mathbf{Z}/n\mathbf{Z}$ である．

これは定理 35 の結果の別証明を与える．

この章で学んだこと
- 準同型を使った方程式の解き方
- 第一同型定理とその意味
- 二つの群が同型であることを証明するための第一同型定理の使い方

演習問題 19

19・1 S_n を n 個の記号上の置換全体のなす群，A_n を S_n の交代群とする．A_n が S_n の正規部分群であることと $S_n/A_n \cong (\{1, -1\}, \times)$ を示せ．

19・2 全射準同型 $f: (\mathbf{C}^*, \times) \to (\mathbf{R}^+, \times)$ を一つ求め，それに第一同型定理を適用せよ．

19・3 $\mathbf{a}$ を三次元空間 $\mathbf{R}^3$ 上の固定された 0 でないベクトルとし，$f: (\mathbf{R}^3, +) \to (\mathbf{R}, +)$ を $f(x) = \mathbf{a} \cdot \mathbf{x}$ ($\mathbf{x}$ と $\mathbf{a}$ の内積) によって定義されるものとする．f が準同型であることを示し，第一同型定理の主張を確認せよ．

19・4 G を群 $(\{a+bi: a, b \in \mathbf{Z}\}, +)$ とし，H を正規部分群 $(\{2a+2bi: a, b \in \mathbf{Z}\}, +)$ とする．G/H はどのような群になるか答えよ．

19・5 p と q を正整数とする．$\mathbf{Z}_{pq}/(p\mathbf{Z})_{pq} \cong \mathbf{Z}_p$ であることを証明せよ．ただし，$(p\mathbf{Z})_{pq} = \{[0]_{pq}, [p]_{pq}, [2p]_{pq}, \cdots, [(q-1)p]_{pq}\}$ とする．

演習問題の解答

1章

1・1 奇数を $2m+1, 2n+1$ とする．このとき，その積は $(2m+1)(2n+1)=4mn+2m+2n+1=2(2mn+m+n)+1$ であり，これは奇数である．

1・2 $m^2-n^2=6$ となる正整数が存在すると仮定する．このとき，$(m+n)(m-n)=6$ である．6の整数因数分解は次のどれかになる．$6=(1)(6)$, $6=(-1)(-6)$, $6=(2)(3)$, $6=(-2)(-3)$．よって，$m+n>m-n>0$ であるので，$m+n=6, m-n=1$ であるか，$m+n=3, m-n=2$ であるかどちらかである．それゆえ，$m=\frac{7}{2}, n=\frac{5}{2}$ または $m=\frac{5}{2}, n=\frac{1}{2}$ となる．それぞれの場合に矛盾となるので，仮定が誤りである．

1・3 $n^2+n=n(n+1)$ である．これは二つの連続した整数の積であるので，それらの一つは偶数である．したがって，その積は偶数である．

1・4 われわれは1枚目のカードが縞模様でないことを確認するために，それをひっくり返す必要があり，4枚目のカードがダイヤモンドであることを確認するために，4枚目のカードをひっくり返す必要がある（2枚目のカードはひっくり返す必要がない．なぜならそれは格子模様でも縞模様でもよいからである．3枚目も必要がない．なぜなら，それは格子模様であるので，ダイヤモンドでも，ダイヤモンドでなくてもよい）．もし，1枚目のカードが縞模様であるか，4枚目のカードがダイヤモンドでないなら，主張は誤りである．

1・5 もしわれわれが $\sqrt{4}=a/b$ を用いて同様の証明をしようとすれば，$a^2=4b^2$ を得るので，a^2 は4の倍数であることを演繹できるが，a それ自体が4の倍数であることは演繹できない．それは4が素数でないので，成り立たないのである（定理4を見よ）．簡単な反例は，4は 6^2 を割り切るが4は6を割り切らないということである．

1・6 $x=-2$ を考える．このとき，$-2<1$ は正しい．しかし $(-2)^2=4$ であり，$4>1$ である．よって $x=-2$ は反例である．

1・7 $\sqrt{a+b}=\sqrt{a}+\sqrt{b}$ ならば，そのとき両辺の平方をとって，$a+b=a+2\sqrt{ab}+b$ となる．したがって，$2\sqrt{ab}=0$ となり，$\sqrt{ab}=0$ となる．したがって，$ab=0$ であるので，$a=0$ または $b=0$ が成り立つ．

1・8 ならば pq は奇数であり，p と q の一つ，たとえば p が偶数であると仮定する．そのとき，ある整数 m に対して，$p=2m$ であり，$pq=2mq=2(mq)$ は2で割り切れる．これは矛盾である．したがって，p と q どちらも奇数である．

そのときに限り 演習問題 1・1 を見よ．

1・9 $N=a_n10^n+a_{n-1}10^{n-1}+\cdots+a_110+a_0$ とする．ここですべての $i=0,1,\cdots,n$ に対して，$0\leq a_i<10$ である．

必要性：9が N を割り切ると仮定する．このことから，9が $a_n10^n+a_{n-1}10^{n-1}+\cdots+a_110+a_0$ を割り切ることが従う．しかし，すべての i に対して，10^i は9による割

算で余り1となる.よって,N と $a_n+\cdots+a_0$ は9による割り算で,同じ余りをもっている.しかし,9はNを割り切るので,この余りは0であり,よって $a_n+\cdots+a_0$ は9によって割り切れ,各桁の数の和は9によって割り切れる.

十分性:9が各桁の数の和を割り切る,すなわち,9は $a_n+\cdots+a_0$ を割り切ると仮定する.そのとき,9はまた次の和を割り切る.

$$(a_n+\cdots+a_0)+\left(\overbrace{99\cdots9}^{n\text{個の}9}a_n+\cdots+9a_1\right)=N$$

2章

2・1 a) 適切に定義されている.

b) これは疑わしい.4月1日は米国と日本では異なる時間になっており,何が誕生の時刻を設定しているのかという疑問がある.もしこのような問題が解決されるのであれば,その集合は well-defined としてよい.

c) これは well-defined である.けれども,A を求めるのは難しいかもしれない.

2・2 a) 正しい. b) 誤り.定義を見よ. c) 正しい.

2・3 $\{-2,-1,0,1,2\}$,違う.

2・4 $x\in\mathbf{Z}$ とする.このとき,$x=x/1$ $(x\in\mathbf{Z},\ 1\in\mathbf{Z}^*)$ であるので,$x\in\mathbf{Q}$ である.

2・5 $2\mathbf{Z}\subseteq\mathbf{Z}$ は正しい.なぜなら,もし $y\in 2\mathbf{Z}$ ならば,このときある $x\in\mathbf{Z}$ に対して,$y=2x$ となる.よって $y\in\mathbf{Z}$ である.$\mathbf{Z}\subseteq 2\mathbf{Z}$ は正しくない.たとえば $3\in\mathbf{Z}$ であるが,$3\notin 2\mathbf{Z}$ ではない.$2\mathbf{Z}$ は偶数全体の集合である.

2・6 第一の部分:$A\cup B=B$ ならば $A\cap B=A$ であることの証明.$x\in A\cap B$ と仮定する.このとき $x\in A$ である($A\cap B$ の定義による).それゆえ,$A\cap B\subseteq A$ である.次に,$x\in A$ と仮定する.そのとき,$x\in A\cup B$ であるので($A\cup B$ の定義による),$x\in B$ である(仮定).したがって,$x\in A$ かつ $x\in B$ であるので,$x\in A\cap B$ である.それゆえ,$A\subseteq A\cap B$ となる.したがって,$A=A\cap B$ である.

第二の部分:$A\cap B=A$ ならば $A\cup B=B$ であることの証明.$x\in A\cup B$ と仮定する.このとき $x\in A$ または $x\in B$ である($A\cup B$ の定義による).$x\in A$ と仮定する.そのとき,$A=A\cap B$ であるので,$x\in A\cap B$ であり,$x\in B$ となる.どちらにしても $x\in B$ であるので,$A\cup B\subseteq B$ である.次に,$x\in B$ と仮定する.このとき,$x\in A\cup B$ である($A\cup B$ の定義による).よって,$B\subseteq A\cup B$ である.したがって,$A\cup B=B$ である.したがって,主張 $A\cup B=B$ と $A\cap B=A$ は同値である.

実際に,これら二つの主張はまた $A\subseteq B$ という主張と同値である.例 2・7・1 を見よ.

2・7 第一の部分:$A\cap(B\cup C)\subseteq(A\cap B)\cup(A\cap C)$ の証明.$x\in A\cap(B\cup C)$ を仮定する.このとき,$x\in A$ かつ $x\in B\cup C$ である.したがって,$x\in A$ かつ($x\in B$ ま

たは $x \in C$ である．よって，($x \in A$ かつ $x \in B$) または ($x \in A$ かつ $x \in C$) が成り立つ．
それゆえ，$x \in (A \cap B) \cup (A \cap C)$ となるので，$A \cap (B \cup C) \subseteq (A \cap B) \cup (A \cap C)$ である．
第二の部分： $(A \cap B) \cup (A \cap C) \subseteq A \cap (B \cup C)$ の証明．$x \in (A \cap B) \cup (A \cap C)$ を仮定する．このとき，($x \in A$ かつ $x \in B$) または ($x \in A$ かつ $x \in C$) が成り立つので，$x \in A$ かつ ($x \in B$ または $x \in C$) となる．したがって，$x \in A \cap (B \cup C)$ が成り立つ．

2・8　a) 正しい．
b) 誤り．実際，もし $A \subseteq (A \cap B)$ ならば，$A \subseteq B$ となる．
c) 正しい．　d) 正しい．
e) 誤り．この主張はある集合 A に対しては正しい．たとえば，$A = \{$抽象的対象$\}$ と仮定すると，$A \in A$ である．
f) 誤り．定義を見よ．
g) 誤り．実際，$A = B$ ならば，かつそのときに限り $(A \cup B) \subseteq (A \cap B)$ である．

> 演習問題 2・8e はラッセルの逆理（パラドックス）と密接な関係がある．ラッセルの逆理とは次のようなものをいう．$X = \{A: A \notin A\}$ とする．このとき $X \notin X$ ならば，かつそのときに限り $X \in X$ である．床屋のパラドックスとは次のようなものである．ある床屋の主人は自分自身を散髪しないすべての人を散髪する．また，その床屋の主人は自分自身を散髪する人は散髪しない．誰が床屋の主人を散髪するのだろうか．答えはそのような状況は存在できないということである．また同様に，"すべての集合の集合" という状況は（修正しなければ）存在できない．

2・9　$x \in B$ と仮定する．このとき，$|x - 1| < 2$ であるので，$-2 < x - 1 < 2$ つまり $-1 < x < 3$ である．それゆえ，$-3 < x < 3$ である（これは上記より弱い不等式である）．よって，$x \in A$ である．したがって，$B \subseteq A$ である．

2・10　主張は A が一つの元だけからなるときは正しい．二つの部分集合 $\emptyset$ と A が存在する．主張が $n = k$ に対して正しいと仮定し，$k+1$ 個の元，$a_1, a_2, \cdots, a_k$ と x で構成されている集合を考える．このとき，$\{a_1, a_2, \cdots, a_k\}$ の 2^k の部分集合のすべてに対して，x を加えるか，加えないかのどちらかがある．それゆえ，$k+1$ 個の元をもった集合には，$2 \times 2^k = 2^{(k+1)}$ 個の部分集合が存在する．よって，もし主張が $n = k$ に対して正しいならば，また $n = k+1$ に対しても正しい．したがって，数学的帰納法の原理によって，主張はすべての正整数に対して正しい．

3章

3・1　a) 二項演算．
b) 二項演算
c) 二項演算ではない．0 で割ることはできない．

d) 二項演算ではない．2^{-1} は $\mathbf{Z}$ では定義されない．
e～h) 二項演算
i) 二項演算ではない．すべての行列同士が積で計算できるわけではない．
j) 二項演算ではない．$\det(A-B)$ は行列ではない．
k) 二項演算ではない．$(-1)^{1/2}$ は定義されない．

4章

4・1 $m=6$, $n=4$, $a=3$ と仮定する．このとき，m と n は互いに素ではない．6 は 12 を割り切るので，m は na を割り切るが，6 は 3 を割り切らないので，m は a を割り切らない．したがって，定理 2 の結果は，m と n が互いに素でないならば正しくない．

4・2 $m=6$, $n=10$, $k=30$ と仮定する．このとき，m は k を割り切り，n は k を割り切る．しかしながら，$mn=60$ は $k=30$ を割り切らない．したがって，定理 3 の結果は，m と n が互いに素でないならば，正しくない．

4・3 a) 正しい．
b) 正しい．
c) 誤り．$5 \equiv -13 \pmod{3}$ である．なぜなら 3 は 18 を割り切る．したがって，$5 \not\equiv -13 \pmod{3}$ は誤りである．

4・4 a) 1, b) 0, c) 3, d) 0

4・5 順番に数 $0, 1, 2, \cdots, 10$ を調べていって，5 と 6 のみが解であることがわかる．または，方程式 $x^2 - 3 \equiv 0 \pmod{11}$ を因数分解して（これは $x^2 + 8 \equiv 0 \pmod{11}$ と同じことである），$(x+6)(x+5) \equiv 0 \pmod{11}$ を得るので，定理 8 を用いて，$x \equiv -6 \pmod{11}$ または $x \equiv -5 \pmod{11}$ となる．これは最初の方法で得られていた 0 から 10 までの範囲で，$x=5$, $x=6$ のみが解であるということの別解を与える．11 を法として，5 または 6 と合同なすべての整数はまた解となる．

> 定理 8 は 11 が素数であるので，11 を法として二つの解のみが存在するということを保証している．

4・6 最初に $a \leq b$ と仮定する．このとき，$\min\{a,b\}=a$ と $\max\{a,b\}=b$ が成り立つ．よって，$\min\{a,b\}+\max\{a,b\}=a+b$ となる．しかし，もし $a \geq b$ ならば，このとき，$\min\{a,b\}=b$ と $\max\{a,b\}=a$ となる．よって，$\min\{a,b\}+\max\{a,b\}=b+a=a+b$ となる．

4・7 a) もし h_1 が最大公約数ならば，そのとき h_2 は a と b どちらも割り切るので，(ii) の性質によって，$h_2 \leq h_1$ となる．同様に $h_1 \leq h_2$ である．したがって，$h_1 = h_2$ である．

b) まず $\alpha \leq \beta$ と仮定する．このとき，p^α は p^β の約数で，かつ自分自身の約数でもある．よって，p^α は p^α と p^β の公約数である．また，これら二つの整数には，他に p^α より大きな公約数（p^α の約数）は存在しない．よって，p^α は p^α と p^β の最大公約数である．同様に，もし $\beta \leq \alpha$ ならば，最大公約数は p^β である．したがって，p^α と p^β の最大公約数は $p^{\min\{\alpha,\beta\}}$ となる．

c) 定理5の後の注意2により，$p_1^{\alpha_1} p_2^{\alpha_2} \cdots p_n^{\alpha_n}$ の約数全体は正確に $p_1^{\lambda_1} p_2^{\lambda_2} \cdots p_n^{\lambda_n}$ （ただし $i=1, 2, \cdots, n$ に対して，$0 \leq \lambda_i \leq \alpha_i$）となり，$p_1^{\beta_1} p_2^{\beta_2} \cdots p_n^{\beta_n}$ の約数全体は正確に $p_1^{\mu_1} p_2^{\mu_2} \cdots p_n^{\mu_n}$ （ただし $i=1, 2, \cdots, n$ に対して，$0 \leq \mu_i \leq \beta_i$）となる．よって，その公約数全体は正確に $p_1^{\varepsilon_1} p_2^{\varepsilon_2} \cdots p_n^{\varepsilon_n}$ （ただし $i=1, 2, \cdots, n$ に対して，$0 \leq \mu_i \leq \alpha_i, \beta_i$）となる．したがって，その最大公約数は $p_1^{\gamma_1} p_2^{\gamma_2} \cdots p_n^{\gamma_n}$ （ただし $i=1, 2, \cdots, n$ に対して，$\gamma_i = \min\{\alpha_i, \beta_i\}$）である．

4・8 a) もし l_1 が最小公倍数ならば，そのとき l_2 は a と b 両方の倍数であるので，(ii) の性質によって，$l_1 \leq l_2$ となる．同様に $l_2 \leq l_1$ である．したがって，$l_1 = l_2$ である．

b) まず $\alpha \leq \beta$ と仮定する．このとき，p^β は p^α の倍数で，かつ自分自身の倍数でもある．よって，p^α と p^β の最小公倍数は p^β である．同様に，もし $\beta \leq \alpha$ ならば，最小公倍数は p^α である．したがって，p^α と p^β の最小公倍数は $p^{\max\{\alpha,\beta\}}$ となる．

c) $a = p_1^{\alpha_1} p_2^{\alpha_2} \cdots p_n^{\alpha_n}$, $b = p_1^{\beta_1} p_2^{\beta_2} \cdots p_n^{\beta_n}$, $c = p_1^{\delta_1} p_2^{\delta_2} \cdots p_n^{\delta_n}$ （ただし $i=1, 2, \cdots, n$ に対して，$\delta_i = \max\{\alpha_i, \beta_i\}$）とする．それぞれの i に対して，$\delta_i \geq \alpha_i$ かつ $\delta_i \geq \beta_i$ であるので，c は a と b 両方の倍数である．今 d を a と b の任意の他の公倍数とする．このとき，それぞれの i に対して，d は $p_i^{\alpha_i}$ と $p_i^{\beta_i}$ 両方の倍数であり，よって $p_i^{\delta_i}$ の倍数である．$p_1^{\delta_1}$ と $p_2^{\delta_2}$ は互いに素であるので，定理3から，d は $p_1^{\delta_1} p_2^{\delta_2}$ の倍数になることがわかる．それから，$p_1^{\delta_1} p_2^{\delta_2}$ と $p_3^{\delta_3}$ は互いに素であるので，d は $p_1^{\delta_1} p_2^{\delta_2} p_3^{\delta_3}$ の倍数となる（定理3をもう一度使っている）．これを続けて，d は c の倍数であることがわかり，よって $c \leq d$ である．したがって，c は a と b の最小公倍数である．

4・9 演習問題4・7と4・8の表記を用いて，
$$ab = p_1^{\alpha_1} p_2^{\alpha_2} \cdots p_n^{\alpha_n} p_1^{\beta_1} p_2^{\beta_2} \cdots p_n^{\beta_n} = p_1^{\alpha_1+\beta_1} p_2^{\alpha_2+\beta_2} \cdots p_n^{\alpha_n+\beta_n}$$
であり，
$$hl = p_1^{\gamma_1} p_2^{\gamma_2} \cdots p_n^{\gamma_n} p_1^{\delta_1} p_2^{\delta_2} \cdots p_n^{\delta_n} = p_1^{\gamma_1+\delta_1} p_2^{\gamma_2+\delta_2} \cdots p_n^{\gamma_n+\delta_n}$$
となる．

しかし演習問題4・6から，それぞれの i に対して，$\alpha_i + \beta_i = \gamma_i + \delta_i$ である．したがって，$ab = hl$ となる．

5章

5・1

	1	5	7	11
1	1	5	7	11
5	5	1	11	7
7	7	11	1	5
11	11	7	5	1

これは群演算表である．

5・2

	I	F	G	H	K	L
I	I	F	G	H	K	L
F	F	G	I	L	H	K
G	G	I	F	K	L	H
H	H	K	L	I	F	G
K	K	L	H	G	I	F
L	L	H	K	F	G	I

閉じていること，恒等元，逆元の条件は，表を作成するときに行ったことから従う．

5・3 ∘が $\mathbf{R}-\{-1\}$ 上の二項演算であるかをチェックするために，まず $x\circ y\in\mathbf{R}$ ということに注意しよう．しかし $x\circ y=-1$ となりうるだろうか．もし $x\circ y=-1$ ならば，このとき $x+y+xy=-1$, $x+y+xy+1=0$, $(x+1)(y+1)=0$ であるので，$x=-1$ または $y=-1$ となる．$-1\notin\mathbf{R}-\{-1\}$ であるので，演算∘は $\mathbf{R}-\{-1\}$ 上で閉じている．演算∘は結合的である．なぜなら，$(x\circ y)\circ z=(x+y+xy)\circ z=x+y+xy+z+xz+yz+xyz$ であり，また $x\circ(y\circ z)=x\circ(y+z+yz)=x+y+z+yz+xy+xz+xyz$ であるからである．恒等元は 0 である．なぜなら，$x\circ 0=x+0+0=x$ であり $0\circ x=0+x+0=x$ だからである．最後に，x の逆元は $-x/(1+x)$ である（$x\ne -1$ なので，これは実数になる）．なぜなら，$x\circ(-x/(1+x))=x-x/(1+x)-x^2/(1+x)=0$（ちょっとした式変形をする）であり，また $-x/(1+x)\circ x=-x/(1+x)+x-x^2/(1+x)=0$ となるからである．また，$-x/(1+x)\ne -1$ であることに注意すると，$-x/(1+x)\in\mathbf{R}-\{-1\}$ であることがわかる．

5・4 長方形に軸を入れたものを考える．I を恒等変換，X を水平な軸に関する平面の鏡映，Y を垂直軸に関する平面の鏡映，R を長方形の中心のまわりにおける平面の180度回転とする．このとき，演算表は次のようになる．

	I	X	Y	R
I	I	X	Y	R
X	X	I	R	Y
Y	Y	R	I	X
R	R	Y	X	I

5・5

	1	3	7	9
1	1	3	7	9
3	3	9	1	7
7	7	1	9	3
9	9	7	3	1

5・6 もし $1, 2, 4, 8$ をそれぞれ $1, 3, 9, 7$ と名前を付け替え，行と列の順番を並べ直せば，演算表は同一のものになる．また他にも演算表が同じになるような名前の付け替え方がある．

	1	2	4	8
1	1	2	4	8
2	2	4	8	1
4	4	8	1	2
8	8	1	2	4

5・7 もし $a^2=a$ ならば，そのとき $a^{-1}(a^2)=a^{-1}a=e$ であり，$a^{-1}(a^2)=(a^{-1}a)a=ea=a$ であるので，$e=a$ である．別解としては，定理 14 の 4 を用いて，$aa=a=ae$ から a を削除して，すぐに $a=e$ を得る．

5・8 a と b を G の任意の二つの元とする．このとき ab はまた G の元であるので，$(ab)^2=e$ である．したがって，$abab=e$ である．この方程式に左から a^{-1} を掛け，右から b^{-1} をかけると，$a^{-1}ababb^{-1}=a^{-1}eb^{-1}$ つまり $ba=a^{-1}b^{-1}$ を得る．しかし，$a^2=e$ であるので，$a=a^{-1}$ であり，$b^2=e$ であるので，$b=b^{-1}$ である．したがって，$a^{-1}b^{-1}=ab$ であり，それゆえ $ba=ab$ となる．したがって，G はアーベル群である．

5・9 与えられた演算をもった集合が群でないことを示すためには，単に一つの理由を与えれば十分である．それゆえ，読者は群ではないことを示しているが，以下の答えとは異なる（しかし，同じように妥当な）ものをあげていてもよい．

a) $1+1=2$ となり，演算が閉じてないので，群ではない．

b) これは群である．この集合を G と置く．もし a と b を G の任意の元とすると，ある整数 $m, n, p, q \in \mathbf{Z}$ に対して，$a=2^m 5^n, b=2^p 5^q$ と書ける．したがって，$ab=2^m 5^n 2^p 5^q = 2^{m+p} 5^{n+q}$ となり，$m+p, n+q \in \mathbf{Z}$ であるので，$ab \in G$ である．演算は実数上で結合的であるので，G 上でも結合的である．$0 \in \mathbf{Z}$ であるので，$1=2^0 5^0 \in G$ である．しかし，すべての $g \in \mathbf{R}$ に対して，$1g=g1=g$ であり，G は $\mathbf{R}$ の部分集合である．最後に，もし $a=2^m 5^n \in G$ ならば，このとき $2^{-m} 5^{-n} \in G$ であり，かつ $a 2^{-m} 5^{-n} = 2^m 5^n 2^{-m} 5^{-n} = 2^{m-m} 5^{n-n} = 2^0 5^0 = 1$ となる．同様に $2^{-m} 5^{-n} a = 1$ である．したがって，$2^{-m} 5^{-n}$ は G 上での $a=2^m 5^n$ の逆元である．したがって，$2^m 5^n \ (m, n \in \mathbf{Z})$ なる形のすべての数の集合は，乗法によって，群となる．

c) 群ではない．もし次の形

$$\begin{pmatrix} x & y \\ 0 & 0 \end{pmatrix}$$

の恒等元を探そうとしたら，すべての
$$\begin{pmatrix} a & b \\ 0 & 0 \end{pmatrix}$$
に対して，
$$\begin{pmatrix} a & b \\ 0 & 0 \end{pmatrix}\begin{pmatrix} x & y \\ 0 & 0 \end{pmatrix} = \begin{pmatrix} a & b \\ 0 & 0 \end{pmatrix}$$
となる．これより $a=0$, $b=1$ に対して，
$$\begin{pmatrix} 0 & 0 \\ 0 & 0 \end{pmatrix} = \begin{pmatrix} 0 & 1 \\ 0 & 0 \end{pmatrix}\begin{pmatrix} x & y \\ 0 & 0 \end{pmatrix} = \begin{pmatrix} 0 & 1 \\ 0 & 0 \end{pmatrix}$$
となることがわかる．

この方程式を満たす x と y は存在しない．

d) 群ではない．
$$\begin{pmatrix} 1 & 0 \\ 1 & 1 \end{pmatrix} \quad と \quad \begin{pmatrix} \sqrt{2} & 0 \\ 1 & 1 \end{pmatrix}$$
はどちらも集合の要素である．しかし，
$$\begin{pmatrix} 1 & 0 \\ 1 & 1 \end{pmatrix}\begin{pmatrix} \sqrt{2} & 0 \\ 1 & 1 \end{pmatrix} = \begin{pmatrix} \sqrt{2} & 0 \\ 1+\sqrt{2} & 1 \end{pmatrix}$$
である．

$1+\sqrt{2} \notin \mathbf{Q}$ であるので，閉じていない．

5・10 読者は集合が閉じていることを，すべての可能性を書き下すことで簡単に確認することができる．演算表に結果を記入するとき，ミスをしないようにしよう．また別の方法として，それぞれの行列を
$$\begin{pmatrix} (-1)^m & 0 \\ 0 & (-1)^m \end{pmatrix} \quad ただし\, m, n \in \mathbf{Z}$$
というように書いて，それからたとえば演習問題 5・9 の b のような一般的議論を書いてもよい．一般的に，行列は行列の積により，結合的であるので，この集合は結合的である．行列
$$\begin{pmatrix} 1 & 0 \\ 0 & 1 \end{pmatrix}$$
は恒等元となる．そして，演算表から，すべての行列が自分自身を逆元としてもっていることを確認できる．

5・11 m と n を正整数とする．このとき，
$$x^m x^n = \underbrace{xx\cdots x}_{m個}\underbrace{xx\cdots x}_{n個} = \underbrace{xx\cdots x}_{m+n個} = x^{m+n}$$

$$(x^m)^n = \underbrace{\underbrace{xx\cdots x}_{m個}\underbrace{xx\cdots x}_{m個}\cdots\underbrace{xx\cdots x}_{m個}}_{n個} = \underbrace{xx\cdots x}_{mn個} = x^{mn}$$

$$x^m x^{-n} = \underbrace{xx\cdots x}_{m個}\underbrace{x^{-1}x^{-1}\cdots x^{-1}}_{n個}$$

となる.

まず $m>n$ と仮定する. このとき, 積 xx^{-1} の中の n 個を削除して,

$$x^m x^{-n} = \overbrace{xx\cdots x}^{m-n \text{個}}$$

を得る.

次に $m<n$ と仮定する. このとき, 積 xx^{-1} の中の m 個を削除して,

$$x^m x^{-n} = \overbrace{x^{-1}x^{-1}\cdots x^{-1}}^{n-m \text{個}}$$

を得る.

しかし, もし $m<n$ ならば, 定義によって

$$x^{m-n} = \overbrace{x^{-1}x^{-1}\cdots x^{-1}}^{n-m \text{個}}$$

である. したがって, $x^m x^{-n} = x^{m-n}$ となる. 最後に, $m=n$ と仮定する. このとき,

$$x^m x^{-n} = \overbrace{xx\cdots x}^{m \text{個}} \overbrace{x^{-1}x^{-1}\cdots x^{-1}}^{m \text{個}} = e$$

しかし, $x^{m-n} = x^{m-m} = x^0 = e$ であるので, 再び $x^m x^{-n} = x^{m-n}$ である. したがって, m と n を任意の正整数とすると, $x^m x^{-n} = x^{m-n}$ が成り立つ. 上記と同じ議論によって, $x^{-m} x^{-n} = x^{-m-n}$ を得る. 以上より, すべての $s, t \in \mathbf{Z}$ に対して, $x^s x^t = x^{s+t}$ が成り立つ.

結果 $x^{-m} = (x^m)^{-1} = (x^{-1})^m$ は定義からすぐに従う.

よって,

$$\begin{cases} (x^m)^{-n} = ((x^m)^n)^{-1} = (x^{mn})^{-1} = x^{m(-n)} \\ (x^{-m})^n = ((x^m)^{-1})^n = (x^m)^{-n} = x^{m(-n)} = x^{(-m)n} \\ (x^{-m})^{-n} = ((x^{-m})^n)^{-1} = (x^{(-m)n})^{-1} = x^{-(-m)n} = x^{(-m)(-n)} \end{cases}$$

したがって, すべての $s, t \in \mathbf{Z}$ に対して, $(x^s)^t = x^{st}$ である.

また, $x^n = (x^{-n})^{-1} = (x^{-1})^{-n}$ である. よって, すべての $s \in \mathbf{Z}$ に対して, $x^{-s} = (x^s)^{-1} = (x^{-1})^s$ が成り立つ.

5・12 a) 正しい. 定義を見よ.

b) 正しい. たとえば, 恒等元.

c) 誤り. $(\mathbf{Z}, +)$ は無限である.

d) 誤り. たとえば, 群 $\{e\}$.

e) 誤り. e は位数 1 である.

f) 誤り. n が N を割り切らなければならない. 定理 16 の 2 を見よ.

g) 誤り．例 $5\cdot 2\cdot 2$ の D_3 を見よ．

5・13 まず $(x^s)^{n/h}=x^{ns/h}=(x^n)^{s/h}=e^{s/h}=e$ に注意する．定理 16 の 2 により，x^s の位数は n/h を割り切る．m が $(x^s)^m=e$ なる正整数と仮定する．このとき，$x^{sm}=e$ となり，よって定理 16 の 2 により，n は sm を割り切る．したがって，n/h は $(s/h)m$ を割り切る．しかし n/h と s/h は互いに素である．というのは，もし $d>1$ を n/h と s/h の公約数とすると，このとき $dh>h$ は n と s の公約数になるが，h が n と s の最大公約数であることに矛盾する．したがって，定理 2 により，n/h は m を割り切る．よって，$n/h\leq m$ となる．したがって，$(x^s)^{n/h}$ は e と等しい x^s の最小巾になる．したがって，x^s の位数は n/h である．

6章

6・1 部分群は $\{6\}$，$\{6,4\}$，$\{6,4,2,8\}$ である．唯一の真の部分群は $\{6,4\}$ である．

6・2 $x,y\in H$ とする．このとき $(xy)^2=xyxy$ であり，G はアーベル群であるので，$xyxy=x^2y^2=ee=e$ である．よって $(xy)^2=e$ であり，したがって，$xy\in H$ となる．$e^2=e$ であるので，$e\in H$ である．$x\in H$ に対して，$x^2=e$ であるので，$x^{-2}x^2=x^{-2}e$ つまり $e=x^{-2}=(x^{-1})^2$ であるので，$x^{-1}\in H$ である．したがって，定理 20 により，H は G の部分群である．

6・3 $x,y\in H$ とする．このとき $(xy)^3=xyxyxy$ であり，G はアーベル群であるので，$xyxyxy=x^3y^3=ee=e$ である．よって $(xy)^3=e$ であり，したがって，$xy\in H$ となる．$e^3=e$ であるので，$e\in H$ である．$x\in H$ に対して，$x^3=e$ であるので，$x^{-3}x^3=x^{-3}e$ つまり $e=x^{-3}=(x^{-1})^3$ であるので，$x^{-1}\in H$ である．したがって，定理 20 により，H は G の部分群である．

6・4 $x,y\in H$ とする．x は位数 m，y は位数 n であるとする．このとき，G はアーベル群であるので，$(xy)^{mn}=x^{mn}y^{mn}=(x^m)^n(y^n)^m=e^ne^m=e$ となる．したがって，xy は有限位数をもっているので，$xy\in H$ である．$e^1=e$ であるので，e の位数は有限であり，$e\in H$ である．$x\in H$ に対して，もし x が有限位数 m をもつならば，$x^m=e$ である．このとき，$x^{-m}x^m=x^{-m}e$ であり，$e=x^{-m}$ となる．したがって，$(x^{-1})^m=e$ であり，x^{-1} は有限位数をもつ．よって，$x^{-1}\in H$ である．それゆえ，定理 20 により，H は G の部分群である．

6・5 a) 正しい． b) 正しい．例 $5\cdot 2\cdot 2$ を見よ．
c) 誤り．$(\mathbb{C}^*,\times)$ において，i の位数は 4 である．
d) 誤り．乗法によって，可逆行列全体のなす群は無限群であり，行列式が 1 である行列全体は非アーベル群を形成する．
e) 誤り．$\{e\}$ のみで構成されている自明な群は真の部分群をもたない．さらに重要

6・6 $x,y \in A \cap B$ とする．このとき，$x,y \in A$ かつ $x,y \in B$ であり，A と B は部分群であるので，$xy \in A$ かつ $xy \in B$ となる．よって，$xy \in A \cap B$ である．A と B はどちらも部分群であるので，$e \in A$ かつ $e \in B$ であり，$e \in A \cap B$ である．$x \in A \cap B$ とする．このとき，$x \in A$ かつ $x \in B$ である．よって，A と B は部分群であるので，$x^{-1} \in A$ かつ $x^{-1} \in B$ であり，$x^{-1} \in A \cap B$ となる．よって，定理20により，$A \cap B$ は G の部分群である．

$A \cup B$ が G の部分群であるというのは正しくない．例5・2・2の群 D_3 を考えよう．$\{I,X\}$ と $\{I,Y\}$ は部分群である．しかし $\{I,X,Y\}$ は部分群ではない．

6・7 $a \in H$ であり，H は部分群であるので，$a^2 = aa \in H$ である．$a \in H$ かつ $a^2 \in H$ であるので，$aa^2 = a^3 \in H$ となる．帰納的に，すべての $n \in \mathbf{N}$ に対して，$a^n \in H$ が従う．同様に，$a \in H$ であり，H は部分群であるので，$a^{-1} \in H$ である．したがって，すべての $m \in \mathbf{N}$ に対して，$a^{-m} \in H$ となる．最後に，H は部分群であるので，$a^0 = e \in H$ である．したがって，$\langle a \rangle = \{a^n : n \in \mathbf{Z}\}$ であるので，$\langle a \rangle \subseteq H$ が従う．

6・8 ならば すべての $a,b \in H$ に対して，$ab^{-1} \in H$ と仮定する．H は空でないので，ある元 $x \in H$ が存在する．したがって，$xx^{-1} \in H$ であるので，$e \in H$ である．そして，$e,x \in H$ であるので，$x^{-1} = ex^{-1} \in H$ となる．最後に，任意の $x,y \in H$ に対して，$y^{-1} \in H$ であるので，$xy = x(y^{-1})^{-1} \in H$ となる．したがって，定理20により，H は G の部分群である．

そのときに限り H は G の部分群であると仮定する．このとき $e \in H$ であるので，H は空ではない．このとき，任意の元 $y \in H$ に対して，その逆元 $y^{-1} \in H$ となる．それゆえ，もし $x,y \in H$ ならば，このとき $x,y^{-1} \in H$ であり，定理20により，$xy^{-1} \in H$ となる．

6・9 $x,y \in H$ とする．このとき，$gx = xg$ であり，$gy = yg$ であるので，$gxy = xgy = xyg$ である．したがって，$g(xy) = (xy)g$ となるので，$xy \in H$ である．また，$ge = g = eg$ であるので，$e \in H$ である．最後に，$x \in H$ とする．このとき，$gx = xg$ であるので，$x^{-1}gxx^{-1} = x^{-1}xgx^{-1}$，$x^{-1}ge = egx^{-1}$ であり，$x^{-1}g = gx^{-1}$ となる．したがって，$x^{-1} \in H$ となる．したがって，定理20により，H は G の部分群である．

6・10 H は K の部分集合であり，K は G の部分集合であるので，H は G の部分集合である．このとき，H は K の部分群であるので，H は K の演算によって，群となる．そして，K は G の部分群であるので，K は G の演算によって，群となる．よって，H は G の演算によって，群となる．したがって，H は G の部分群である．

7章

7・1 2（または8）は一つの生成元であることを示す．$2^1 = 2$, $2^2 = 4$, $2^3 = 8$, $2^4 = 6$

であるので，2 は $(\{2,4,6,8\}, \times \bmod 10)$ に対する生成元である．したがって，これは巡回群である．

7・2 生成元 g をもった位数 12 の巡回群の真の部分群は，$\{e, g^6\}$，$\{e, g^4, g^8\}$，$\{e, g^3, g^6, g^9\}$，$\{e, g^2, g^4, g^6, g^8, g^{10}\}$ ですべてである．

定理 51 を先取りすると，これらがこの群の真の部分群すべてであることがわかる．

7・3 1 と 5．

7・4 a) 正しい．
b) 誤り．$\mathbf{Z}_4$ において，1 と 3 は生成元であるが，2 はそうではない．
c) 正しい．上記の b を見よ．
d) 誤り．定理 23 を見よ．
e) 正しい．定理 22 を見よ．
f) 誤り．例 7・2・3 を見よ．
g) 誤り．z が生成元であると仮定する．もし $|z| \neq 1$ ならば，z の巾は i と等しくなれない．もし $|z|=1$ ならば，z の巾は 2 と等しくなれない．

7・5 任意の 0 でない元 $g \in \mathbf{R}$ に対して，$\frac{1}{2}g$ は g の整数倍でない $\mathbf{R}$ の元である．したがって，g は生成元ではない．したがって，アーベル群 $(\mathbf{R}, +)$ は生成元をもたず，巡回群ではない．

群に対して加法表記を用いるとき，g^n は ng となることを思い出そう．

7・6 a) 巡回群ではない．$5^2=1, 7^2=1, 11^2=1$ であるので，生成元は存在しない．
b) 巡回群ではない．議論は演習問題 7・5 と同じである．
c) 巡回群ではない．まず無限巡回群は恒等元以外，有限位数の元をもたないことに注意する．というのは，もし a が無限巡回群の生成元であるとし，$b(\neq e)$ を有限位数の元とすると，ある正整数 d に対して，$b^d=e$ となり，a は生成元であるので，ある正整数 n に対して，$b=a^n$ と書ける．したがって，$a^{nd}=e$ となり，a は有限位数をもち，群は無限になることはできない．しかし，$\mathbf{T}$ は無限であり，恒等元以外の有限位数の元をもっている．たとえば，-1 は位数 2 である．したがって，$\mathbf{T}$ は巡回群ではない．
d) 巡回群ではない．$a+bi$ が生成元であるとする．このとき，$i \in \mathbf{Z}[i]$ であるので，ある整数 n に対して，$i=n(a+bi)$ と書ける．よって，実部と虚部による等式より，$na=0$ と $nb=1$ を得る．解は $n=1, b=1, a=0$ の i と $n=-1, b=-1, a=0$ の $-i$ のみである．しかし i も $-i$ も生成元にはならない．なぜなら ni や $n(-i)$ という形の数は 2 にはなれないからである．

8章

8・1 a) 誤り．$\mathbf{Z}\times\mathbf{Z}$を考えよ． b) 正しい． c) 正しい． d) 誤り．

8・2 $A\times B\times C=\{(a,b,c): a\in A, b\in B, c\in C\}$

$$\mathbf{Z}_2\times\mathbf{Z}_2\times\mathbf{Z}_2=\left\{\begin{array}{l}(0,0,0),\ (0,0,1),\ (0,1,0),\ (0,1,1),\\(1,0,0),\ (1,0,1),\ (1,1,0),\ (1,1,1)\end{array}\right\}$$

8・3 $(a,b)\in\mathbf{Z}\times\mathbf{Z}$と仮定する．このとき$a\in\mathbf{Z}, b\in\mathbf{Z}$である．しかし，$\mathbf{Z}\subseteq\mathbf{Q}$である．したがって，$a\in\mathbf{Q}, b\in\mathbf{Q}$であるので，$(a,b)\in\mathbf{Q}\times\mathbf{Q}$である．したがって，$\mathbf{Z}\times\mathbf{Z}\subseteq\mathbf{Q}\times\mathbf{Q}$．

> これはもっと一般的な状況の特別な場合である．もし$A\subseteq S$かつ$B\subseteq T$ならば，このとき$A\times B\subseteq S\times T$である．

8・4 $\mathbf{Z}\times\mathbf{Z}$を$\mathbf{R}\times\mathbf{R}$という無限のシートの上の整数格子と解釈することができる．

8・5

	(0,0)	(0,1)	(1,0)	(1,1)
(0,0)	(0,0)	(0,1)	(1,0)	(1,1)
(0,1)	(0,1)	(0,0)	(1,1)	(1,0)
(1,0)	(1,0)	(1,1)	(0,0)	(0,1)
(1,1)	(1,1)	(1,0)	(0,1)	(0,0)

8・6 $g_1,g_2\in G, h_1,h_2\in H$とする．$G$と$H$はアーベル群であるので，$g_1g_2=g_2g_1$，$h_1h_2=h_2h_1$である．今，$(g_1,h_1)(g_2,h_2)=(g_1g_2,h_1h_2)=(g_2g_1,h_2h_1)=(g_2,h_2)(g_1,h_1)$を考えると，$G\times H$がアーベル群であることがわかる．

8・7 Gはアーベル群ではないので，$g_1g_2\neq g_2g_1$であるような元$g_1,g_2\in G$が存在する．$h_1,h_2\in H$とする．このとき$(g_1,h_1)(g_2,h_2)=(g_1g_2,h_1h_2)$かつ$(g_2,h_2)(g_1,h_1)=(g_2g_1,h_2h_1)$であり，$g_1g_2\neq g_2g_1$であるので，$(g_1g_2,h_1h_2)\neq(g_2g_1,h_2h_1)$である．したがって，$(g_1,h_1)(g_2,h_2)\neq(g_2,h_2)(g_1,h_1)$であるので，$G\times H$はアーベル群ではない．

8・8

	(0,0)	(0,1)	(0,2)	(1,0)	(1,1)	(1,2)
(0,0)	(0,0)	(0,1)	(0,2)	(1,0)	(1,1)	(1,2)
(0,1)	(0,1)	(0,2)	(0,0)	(1,1)	(1,2)	(1,0)
(0,2)	(0,2)	(0,0)	(0,1)	(1,2)	(1,0)	(1,1)
(1,0)	(1,0)	(1,1)	(1,2)	(0,0)	(0,1)	(0,2)
(1,1)	(1,1)	(1,2)	(1,0)	(0,1)	(0,2)	(0,0)
(1,2)	(1,2)	(1,0)	(1,1)	(0,2)	(0,0)	(0,1)

厳密には $\mathbf{Z}_2 \times \mathbf{Z}_3$ は $\mathbf{Z}_3 \times \mathbf{Z}_2$ と同じ群ではない．

8・9 $(1,1)^2=(2,0)$, $(1,1)^3=(0,1)$, $(1,1)^4=(1,0)$, $(1,1)^5=(2,1)$, $(1,1)^6=(0,0)$ であるので，$(1,1)$ は生成元である．また $(2,1)$ が生成元であることを確認することができる．$\mathbf{Z}_3 \times \mathbf{Z}_2$ のすべての他の元は少なくとも一つの 0 をもっているので，これらの元の巾もまた少なくとも一つの 0 をもっている．よって，$\mathbf{Z}_3 \times \mathbf{Z}_2$ は $(1,1)$, $(2,1)$ 以外に生成元をもたない．

8・10 $G \times H$ において，$(x,y)^n = (x^n, y^n)$ であり，(x,y) は位数 n であるので，$(x,y)^n = (e_G, e_H)$ である．このとき，$(x^n, y^n)=(e_G, e_H)$ であるので，$x^n = e_G$ かつ $y^n = e_H$ である．したがって，G の x の位数は n を割り切り，H の y の位数は n を割り切る．

9章

9・1 $f(0)=f(\pi)$ であるので，f は単射ではない．そして $\sin x = 2$ であるような $x \in \mathbf{R}$ は存在しないので，f は全射ではない．

9・2 $f(x)=e^x$ は単射であるが全射ではない関数 $f: \mathbf{R} \to \mathbf{R}$ の一つの例である．もし $f(x)=f(y)$ であるとすると，$e^x = e^y$ であり，自然対数を取って，$x=y$ を得るので，f は単射である．しかしながら，$f(x)=0$ であるような $x \in \mathbf{R}$ は存在しないので，f は全射ではない．

9・3 $f(x)=x^3-x$ は全射であるが，単射ではない関数 $f: \mathbf{R} \to \mathbf{R}$ の一つの例である．$x \in \mathbf{R}$ に対して，方程式 $f(x)=c$ つまり $x^3-x=c$ はいつも解くことができるので（3 次関数のグラフを考えよ），f は全射である．もしくは別解として，x^3-x-c は 2 次式と 1 次式の積に分解される．したがって，方程式 $x^3-x-c=0$ には一つの実根または三つの実根があるはずである．しかしながら，$f(1)=1^3-1=0$ かつ $f(0)=0^3-0=0$ から $f(0)=f(1)$ であるので，f は単射ではない．

9・4 a) 関数．$f(-1)=f(1)$ であるので単射ではない．-1 に写される元はないので，全射ではない．

b) 関数．**単射性**：もし $f(x)=f(y)$ とすると，$x^3=y^3$ となり，$x^3-y^3=(x-y)(x^2+xy+y^2)=0$ となるので，$x=y$ または $x^2+xy+y^2=0$ となる．しかしながら，$x^2+xy+y^2=\left(x+\frac{1}{2}y\right)^2+\frac{3}{4}y^2$ となり，これは二つの平方数の和で，どちらの平方数も 0 であるとき，すなわち $x=0$, $y=0$ のときのみ 0 である．よって，どちらの場合も $x=y$ である．

全射性：$x \in \mathbf{R}$ に対して，$x^{1/3} \in \mathbf{R}$ であり，$f(x^{1/3})=x$ である．

c) f は $x=0$ で定義されていないので，関数ではない．

d) 関数．$f(0)=f(2\pi)$ であるので，単射ではない．2 に写される元はないので，全射ではない．

e) f は $x=\frac{1}{2}\pi$ で定義されていないので，関数ではない．

f) 関数. 演習問題 9・2 の答えを見よ.

g) 関数. $f(-1)=f(1)$ であるので単射ではない. -1 に写される元はないので, 全射ではない.

h) 関数. $f(1.1)=f(1.2)=1$ であるので, 単射ではない. 0.5 に写される元はないので, 全射ではない.

i) f は $x=-1$ で定義されていないので, 関数ではない.

j) 関数. **単射性**: $f(x)=f(y)$ とすると, $x+1=y+1$ であり, $x=y$ となる.
全射性: $a\in\mathbf{R}$ に対して, $f(a-1)=a$ である.

k) f は $x=2$ で定義されていないので, 関数ではない.

l) 関数ではない. 与えられた実数より大きな最小の実数は存在しない.

9・5 単射性: $f(x)=f(y)$ とすると, $\sqrt{x}=\sqrt{y}$ である. 両辺の平方を取って, $x=y$ であるので, f は単射である.
全射性: y を余域の任意の元とすると, このとき $f(y^2)=y$ となるので, f は全射である. f は単射かつ全射であるので, 全単射である.

9・6 単射性: $f(x)=f(y)$ と仮定する. このとき, $1/x=1/y$ であるので, $x=y$ である.
全射性: もし y を余域の任意の元とすると, このとき $y\neq 0$ であるので, $1/y$ は領域の元であり, $f(1/y)=y$ となる. したがって, f は単射かつ全射であるので, 全単射である.

9・7 全射性: m を偶数とすると, $m=2n$ ($n>0$) と書ける. そのような n に対して, $f(n)=m$ である. もし $m\in\mathbf{N}$ を奇数とすると, $m-1\geq 0$ であり, $m-1$ は偶数であるので, $(1-m)/2$ は整数 $n\leq 0$ である. そのような n に対して, $f(n)=m$ となる.
単射性: $f(m)=f(n)$ ($m>0$, $n>0$) とすると $2m=2n$ であるので, $m=n$ である. $f(m)=f(n)$ ($m\leq 0$, $n\leq 0$) とすると, $1-2m=1-2n$ であるので, $m=n$ である. そして, $f(m)=f(n)$ (たとえば $m\leq 0$, $n>0$) とすると, $1-2m=2n$ となる. しかし左辺は奇数で, 右辺は偶数であり, これは不可能である. f は単射かつ全射であるので, 全単射である.

9・8 a) ここで関数というのは関数 $f: \mathbf{R}\to\mathbf{R}$ を意味しており, グラフというのは高校数学で習った関数のグラフのことを意味していることが, 暗黙の了解として仮定されている. これらの仮定の下, 関数は, もし x 軸と平行なすべての直線がそのグラフとたかだか 1 回だけ交わるならば, 単射である.

b) 関数は, もし x 軸と平行なすべての直線が少なくとも 1 回グラフと交わるならば, 全射である.

c) 関数は, もし x 軸と平行なすべての直線が正確に 1 回グラフと交わるならば, 全

9・9 a) 誤り．f は $f(0)=f(1)$ であるので単射ではなく，1 に写される元はないので，全射ではない．
b) 正しい．
c) 正しい．定義を見よ．
d) 正しい．$(x,y), (p,q) \in \mathbf{R} \times \mathbf{R}$ に対して，もし $f((x,y))=f((p,q))$ ならば，$(y,x)=(q,p)$ で，$x=p, y=q$ となり，それゆえ $(x,y)=(p,q)$ となるので，f は単射である．また $\mathbf{R} \times \mathbf{R}$ の (p,q) が与えられたとき，(q,p) は (p,q) に写されるので，f は全射である．

9・10 a) もし，$p_1(x)=x$ かつ $p_2(x)=x+1$ とすると，$f(p_1)=f(p_2)$ であるので，f は単射ではない．多項式 $p(x)$ が与えられたとき，$f\left(\int_0^x p(t)dt\right)=p(x)$ であるので，f は全射である．
b) 関数ではない．積分定数があるので，$f(p)$ は一意に定義されない．
c) もし $f(p_1)=f(p_2)$ とすると，$\int_0^x p_1(t)dt = \int_0^x p_2(t)dt$ で，微分すると $p_1=p_2$ となるので，単射である．積分して多項式 1 となるものは存在しないので，全射ではない．
d) **単射性**：$f(p_1)=f(p_2)$ とすると，$xp_1(x)=xp_2(x)$ であるので，$p_1(x)=p_2(x)$，つまり $p_1=p_2$ となる．$f(x)=xp(x)=1$ という条件を満たす多項式 p は存在しないので，全射ではない．

9・11 全射性：$y \in G$ とする．このとき $f(yg^{-1})=(yg^{-1})g=y(gg^{-1})=ye=y$ であるので，f は全射である．
単射性：もし $f(x)=f(y)$ とすると，$xg=yg$ であり，簡約法則（定理 14 の 4）によって，$x=y$ であるので，単射である．したがって，f は全単射である．

> この関数は有限群に対して，群演算表の一つの列にあるすべての元は異なっているということを示している．同様の全単射 $f: G \to G$ で $f(x)=gx$ なるものは行に対して同様のことが成り立つことを示している．

10 章

10・1 $y \in A$ が与えられたとき，$y=I_A(y)=g(f(y))$ であるので，g は全射である．$f(x)=f(y)$ とすると，$g(f(x))=g(f(y))$ であるので，$(g \circ f)(x)=(g \circ f)(y)$ となる．したがって，$I_A(x)=I_A(y)$ であるので，$x=y$ である．したがって，f は単射である．

10・2 全単射は b と j のみである．
b) 逆元は $f^{-1}: \mathbf{R} \to \mathbf{R}, \ f^{-1}(x)=x^{1/3}$ である．
j) 逆元は $f^{-1}: \mathbf{R} \to \mathbf{R}, \ f^{-1}(x)=x-1$ である．

10・3 まず $f \circ g$: $\mathbf{N} \to \mathbf{N}$ を考える．偶数 n に対して，$f(g(n))=f(n/2)=2(n/2)=n$ である．奇数 n に対して，$f(g(n))=f((1-n)/2)=1-2((1-n)/2)=n$ である．次に $g \circ f$: $\mathbf{Z} \to \mathbf{Z}$ を考える．$n>0$ に対して，$g(f(n))=g(2n)=(2n)/2=n$ であり，$n \leq 0$ に対して，$g(f(n))=g(1-2n)=(1-(1-2n))/2=n$ である．よって，定理 29 の後の定義 (p.72) によって，g: $\mathbf{N} \to \mathbf{Z}$ は f: $\mathbf{Z} \to \mathbf{N}$ の逆関数である．

> これは f: $\mathbf{Z} \to \mathbf{N}$ が全単射であることを証明している演習問題 9・7 の答えで与えられているものよりも，もっと効率的な方法になっている．

10・4 a) 誤り．$g^{-1} \circ f^{-1}$ になるはずである．
b) 正しい．定義を見よ．
c) 正しい．定義を見よ．
d) 正しい．定理 26 を見よ．
e) 誤り．f: $\mathbf{Z} \to \mathbf{Z}$, $f(n)=2n$ は単射であるが，全射ではない．

10・5 $f, g \in H$ とする．このとき，$f \circ g(X)=f(g(X))=f(X)=X$ であるので，$f \circ g \in H$ であり，H は閉じている．$e_B(X)=X$ であるので，$e_B \in H$ である．$f \in H$, f^{-1} を f の B における逆元とする．このとき，$f^{-1}(X)=f^{-1}(f(X))=f^{-1} \circ f(X)=e_B(X)=X$ であるので，$f^{-1} \in H$ である．よって，H は B の部分群である．

11章

11・1 $\mathbf{Z}_2 \times \mathbf{Z}_2$ は $\mathbf{Z}_4$ と同型ではない．$\mathbf{Z}_2 \times \mathbf{Z}_2$ において，恒等元以外のすべての元は位数 2 である一方で，$\mathbf{Z}_4$ は位数 4 の元をもった巡回群である．

11・2 $\mathbf{Z}_2 \times \mathbf{Z}_2$ は V と同型である．$f((0,0))=I$, $f((1,0))=X$, $f((0,1))=Y$, $f((1,1))=H$ によって与えられる全単射 f: $\mathbf{Z}_2 \times \mathbf{Z}_2 \to V$ は同型になる．$f((0,1)+(1,1))=f(1,0)=X$, $f(0,1)f(1,1)=YH=X$ のように，それぞれの対を考え，どちらも同じ結果であることを示すことで，これが同型になっていることをチェックすればよい．

11・3 もし二つの群 G と H が同型であるなら，元 $g \in G$ は，その像 $f(g)$ が H の生成元であるならば，かつそのときに限り G の生成元になる．

> これは実際，演習問題 11・5 の結果から従うことに注意しよう．

$\mathbf{Z}_6$ にはちょうど二つの生成元，すなわち 1 と 5 が存在する．これらのどちらかは $(1,1)$ に写る．この選択で，二つの同型ができる．

11・4 **単射性**: $f(x)=f(y)$ とすると，$g^{-1}xg=g^{-1}yg$ であり，したがって，$g(g^{-1}xg)g^{-1}=g(g^{-1}yg)g^{-1}$ となるので，$x=y$ となる．よって f は単射である．
全射性: $x \in G$ を取り，元 $gxg^{-1} \in G$ を考える．このとき，$f(gxg^{-1})=g^{-1}(gxg^{-1})g=$

x である.

最後に, $f(xy)=g^{-1}xyg=g^{-1}xgg^{-1}yg=f(x)f(y)$ であるので, $f: G \to G$ は同型である.

11・5 g の位数は n であるので, $g^n=e_G$ である. よって, $f(g^n)=f(e_G)=e_H$ である. しかし, $f(g^n)=f(g)^n=h^n$ であるので, $h^n=e_H$ である. $h^r=e_H$ と仮定する. このとき $f(g^r)=f(g)^r=h^r=e_H=f(e_G)$ となり, f は単射であるので, $g^r=e_G$ となる. したがって, n は g の位数であるので, $r \geq n$ である. したがって, n は $h^n=e_H$ であるような最小の正整数である. よって, h の位数は n である.

> 二つの群が同型でないことを示すよい方法は, 二つの群の中の同じ位数をもった元の数が異なっていることを示すことである. これはそれぞれの群の中の, 方程式 $x^n=e$ の解達を用いた §11・4 と関係している.

11・6 $f(x)=e^x$ によって, $f: \mathbf{R} \to \mathbf{R}^+$ を定義する. これは $g(x)=\ln x$ なる $g: \mathbf{R}^+ \to \mathbf{R}$ が, すべての $x \in \mathbf{R}$ に対して $\ln(e^x)=x$ であり, すべての $x \in \mathbf{R}^+$ に対して, $e^{\ln x}=x$ という性質を満たしているので, 定理 29 を用いると全単射であることがわかる. そして, $f(x+y)=e^{x+y}=e^x e^y=f(x)f(y)$ であるので, $f: \mathbf{R} \to \mathbf{R}^+$ は同型である.

11・7 $f(n)=3n$ によって, $f: \mathbf{Z} \to 3\mathbf{Z}$ を定義する.

単射性 $f(m)=f(n)$ とすると, $3m=3n$ であるので, $m=n$ である.

全射性 $m \in 3\mathbf{Z}$ とすると, ある $n \in \mathbf{Z}$ に対して, $m=3n$ と書ける. そして, そのような n に対して, $f(n)=3n=m$ である. 最後に, $f(m+n)=3(m+n)=3m+3n=f(m)+f(n)$ である. したがって, $f: \mathbf{Z} \to 3\mathbf{Z}$ は同型であり, 群は同型である.

11・8 G を非アーベル群とする. このとき, $x, y \in G$ で $xy \neq yx$ なるものが存在する. H をアーベル群とする. 同型 $f: G \to H$ が存在すると仮定し, $f(x)=X$, $f(y)=Y$ とする. このとき, $f(xy)=f(x)f(y)=XY=YX=f(y)f(x)=f(yx)$ であるので, xy と yx は (これらは異なっているけれども) 同じ像をもっている. しかし, f は同型であるので, 全単射であり, それゆえ単射である. よって, 異なる元は異なる像をもっている. よって, 仮定は成り立たず, 同型は存在しない.

11・9 $f: G \times H \to H \times G$ を $f((g, h))=(h, g)$ と定義する.

単射性: $f((g_1, h_1))=f((g_2, h_2))$ とすると $(h_1, g_1)=(h_2, g_2)$ であり, $h_1=h_2$, $g_1=g_2$ である.

全射性: (h, g) を $H \times G$ の任意の元とすると, $f((g, h))=(h, g)$ である.

最後に, $f((g_1, h_1))f((g_2, h_2))=(h_1, g_1)(h_2, g_2)=(h_1 h_2, g_1 g_2)$ であり, $f((g_1, h_1)(g_2, h_2))=f((g_1 g_2, h_1 h_2))=(h_1 h_2, g_1 g_2)$ である. よって $f((g_1, h_1))f((g_2, h_2))=f((g_1, h_1)(g_2, h_2))$ となる. したがって, f は同型であり, $G \times H \cong H \times G$ である.

11・10 $f: \mathbf{Z}_{mn} \to \mathbf{Z}_m \times \mathbf{Z}_n$ を $f([a]_{mn}) = ([a]_m, [a]_n)$ で定義する.

well-defined $[a]_{mn} = [b]_{mn}$ とすると, $a \equiv b \pmod{mn}$ である. よって, mn は $a-b$ を割り切る. したがって, m は $a-b$ を割り切り, n は $a-b$ を割り切る. したがって, $a \equiv b \pmod{m}$ かつ $a \equiv b \pmod{n}$ であり, $[a]_m = [b]_m$ かつ $[a]_n = [b]_n$ である. したがって, $([a]_m, [a]_n) = ([b]_m, [b]_n)$ である.

単射性: $f([a]_{mn}) = f([b]_{mn})$ とすると, $([a]_m, [a]_n) = ([b]_m, [b]_n)$ である. よって, $[a]_m = [b]_m$ かつ $[a]_n = [b]_n$ である. それゆえ, $a \equiv b \pmod{m}$ かつ $a \equiv b \pmod{n}$ である. よって, m は $a-b$ を割り切り, n は $a-b$ を割り切る. したがって, m と n は互いに素であるので, 定理3から, mn は $a-b$ を割り切る. したがって, $a \equiv b \pmod{mn}$ であり, $[a]_{mn} = [b]_{mn}$ となる.

全射性: $\mathbf{Z}_{mn}$ と $\mathbf{Z}_m \times \mathbf{Z}_n$ は同じ元の数をもっている. したがって, 定理26により, f は全単射である.

最後に,
$$\begin{aligned} f([a]_{mn} + [b]_{mn}) &= ([a+b]_{mn}) \\ &= ([a+b]_m, [a+b]_n) \\ &= ([a]_m + [b]_m, [a]_n + [b]_n) \\ &= ([a]_m, [a]_n) + ([b]_m, [b]_n) \\ &= f([a]_{mn}) + f([b]_{mn}) \end{aligned}$$

したがって, f は同型であり, $\mathbf{Z}_{mn} \cong \mathbf{Z}_m \times \mathbf{Z}_n$ となる.

11・11 演習問題11・10の答えにおいて, $f: \mathbf{Z}_{mn} \to \mathbf{Z}_m \times \mathbf{Z}_n$ を $f([a]_{mn}) = ([a]_{mn}, [a]_{mn})$ で定義すると, f は全射であることが証明された. これは任意の $[a]_m \in \mathbf{Z}_m$ と $[b]_n \in \mathbf{Z}_n$ に対して, $f([x]_{mn}) = ([a]_m, [b]_n)$ であるような元 $[x]_{mn} \in \mathbf{Z}_{mn}$ が存在するということを意味している. したがって, $([x]_m, [x]_n) = ([a]_m, [b]_n)$, よって $[x]_m = [a]_m$ かつ $[x]_n = [b]_n$ となり, したがって, $x \equiv a \pmod{m}$ かつ $x \equiv b \pmod{n}$ となる.

11・12 G と G' を同型な群とし, H を G の部分群とする. $f: G \to G'$ を同型とし, $H' = \{f(h) : h \in H\}$ を G' における H の像とする. $x, y \in H'$ とする. このとき, H' の定義から $f(a) = x$, $f(b) = y$ なる $a, b \in H$ が存在する. このとき, $xy = f(a)f(b) = f(ab)$ である. しかし, H は部分群であるので, $ab \in H$ であり, H' の定義により, $f(ab) \in H'$ である. したがって, $xy \in H'$ である. $e \in H$ であるので, $f(e)$ (G' の恒等元) は H' の要素である. 最後に, $x = f(a) \in H'$ と仮定する. このとき, H は G の部分群であるので, $a^{-1} \in H$ であり, よって $f(a^{-1}) \in H'$ である. しかし定理34から, $f(a^{-1}) = (f(a))^{-1}$ であるので, $(f(a))^{-1} = x^{-1} \in H'$ である. よって, H' は G' の部分群である.

f の全単射性は使っていないことに注意する．

11・13 $f: G \to H$ を同型とする．g を巡回群 G の生成元とし，$f(g)=h$ とする．準備として，すべての $r \in \mathbf{Z}$ に対して，$f(g^r)=h^r$ が成り立つことを証明する．任意の正整数 r に対して，帰納法によって，

$$f(g^r) = \overbrace{f(g)f(g)\cdots f(g)}^{r 個} = h^r$$

を証明することができる．

次に s を負整数と仮定する．よって $-s$ は正整数である．このとき，$f(g^{-s})=h^{-s}$ である．したがって，$f(g^s)f(g^{-s})=f(g^s)h^{-s}$ である．しかし，$f(g^s)f(g^{-s})=f(g^s g^{-s})=f(e_G)=e_H$ であるので，$f(g^s)h^{-s}=e_H$ である．したがって，$f(g^s)$ は h^{-s} の逆元であるので，$f(g^s)=h^s$ となる．最後に，$f(g^0)=f(e_G)=e_H=h^0$ であるので，すべての $r \in \mathbf{Z}$ に対して，$f(g^r)=h^r$ となる．

f は全射であるので，与えられた $y \in H$ に対して，ある $x \in G$ で $f(x)=y$ であるようなものが存在する．$G=\langle g \rangle$ であるので，ある $n \in \mathbf{Z}$ に対して，$x=g^n$ となる．よって，$y=f(x)=f(g^n)=h^n$ となる．したがって，h は H の生成元であり，$H=\langle h \rangle$ である．

f の単射性は使っていないことに注意する．

11・14 $f, g \in A$ とする．このとき，f と g は全単射である．定理 33 により，全単射全体の集合は群を形成する．あと示すべきことは，同型全体の集合が全単射全体の群の部分群になることである．$fg(xy)=f(g(xy))=f(g(x)g(y))=f(g(x))f(g(y))=fg(x)fg(y)$ であるので，合成 fg は同型である．恒等関数 I は $I(xy)=xy=I(x)I(y)$ であるので同型である．最後に，$f(x)=X, f(y)=Y$ と仮定する．このとき，$f^{-1}(XY)=f^{-1}(f(x)f(y))=f^{-1}(f(xy))=(f^{-1}f)(xy)=xy=f^{-1}(X)f^{-1}(Y)$ であるので，f^{-1} は同型である．したがって，定理 20 により，同型全体の集合は全単射全体の群の部分群であり，群である．

11・15 $f(xy)=(xy)^s=x^s y^s=f(x)f(y)$

11・16 ならば $s=\pm 1$ と仮定する．このとき，すべての $a \in \mathbf{Z}$ に対して，$f(a)=\pm a$ である．

単射性: $f(a)=f(b)$ とすると，$sa=sb$ となるので，$a=b$ となり，f は単射である．

全射性: $a \in \mathbf{Z}$ に対して，もし $s=1$ ならば，$f(a)=a$ であり，もし $s=-1$ ならば，$f(-a)=a$ であるので，f は全射である．

したがって，f は全単射である．

最後に, 演習問題 11・15 で行ったように, $f(a+b)=s(a+b)=sa+sb=f(a)+f(b)$ である. よって, f は同型である.

そのときに限り f が同型ならば, f は全単射であるので, ある a に対して, $f(a)=1$ である. したがって, $sa=1$ となる. この解は $s=1, a=1$ と $s=-1, a=-1$ のみである. したがって, $s=\pm 1$ である.

11・19 ならば **全射性** s と n は互いに素であるので, 定理 1 により, $na+sb=1$ なる整数 a, b が存在する. したがって, $sb\equiv 1\pmod{n}$ である. $r\in\mathbf{Z}$ とする. このとき, $rsb\equiv r\pmod{n}$ であるので, $f([rb])=[srb]=[r]$ が従う. したがって, f は全射である.

単射性: 定理 26 から, f は単射である. したがって, f は全単射である. 最後に, 演習問題 11・15 の結果を用いて, f は同型であることがわかる.

そのときに限り f は同型であるので, f は全単射, それゆえ全射である. したがって, ある $[a]\in\mathbf{Z}_n$ に対して, $f([a])=[1]$ となる. したがって, $[sa]=[1]$ であるので, n は $1-as$ を割り切り, ある整数 b に対して, $1-as=bn$ となる. したがって, $as+bn=1$ であるので, 定理 1 により, n と s は互いに素である.

11・18 $(\mathbf{Z}, +)$ の自己同型は $(\mathbf{Z}, +)$ から自分自身への同型である. $f\in Aut(\mathbf{Z})$ であり, $f(1)=s$ と仮定する. このとき, f は同型であるので,

$$f(a) = \overbrace{f(1) + f(1) + \cdots + f(1)}^{a\text{個}} = as$$

演習問題 11・16 から $s=\pm 1$ であるので, f は二つの関数 f_1, f_2, つまりすべての $a\in\mathbf{Z}$ に対して, $f_1(a)=a$ と, すべての $a\in\mathbf{Z}$ に対して, $f_2(a)=-a$ のどちらかでなければならない. しかしこれらはどちらも異なっており, どちらも $\mathbf{Z}$ の自己同型である. したがって, $Aut(\mathbf{Z})$ は位数 2 の群であり, それゆえ $Aut(\mathbf{Z}, +)\cong\mathbf{Z}_2$ となる.

11・19 第一の部分 U_n を乗法により, 群となることを示す. 乗法が U_n 上で閉じていることを示すために, $[s], [t]\in U_n$ とする. n と s は互いに素であるので, 定理 1 により, $as+bn=1$ なる整数 a, b が存在し, n と t が互いに素であるので, $ct+dn=1$ なる整数 c と d が存在する. これらを掛けて, $(ac)st+n(asd+btc+bdn)=1$ となり, よってもう一度定理 1 により, n と st は互いに素である. したがって, $[st]\in U_n$ である. しかし, $[st]=[s][t]$ であるので, $[s][t]\in U_n$ となる.

結合性: 演算が結合的であること. 証明は定理 13 の証明の対応する部分と同じようになされる.

恒等元: 1 と n は互いに素であるので, $[1]\in U_n$ である. 恒等元は $[1]$ である. なぜなら, 任意の $[s]\in U_n$ に対して, $[s][1]=[s1]=[s]$ であり, $[1][s]=[1s]=[s]$ であるからである.

逆元：最後に，$[s] \in U_n$ と仮定する．このとき，n と s は互いに素であるので，$as+bn=1$ なる整数 a, b が存在する．したがって，$[a]$ は $[s]$ の逆元である．なぜなら，$[a][s]=[as]=[1-bn]=[1]$ かつ $[s][a]=[sa]=[1-bn]=[1]$ が成り立つからである．よって，U_n は乗法により，群となる．

第二の部分 n と互いに素であるそれぞれの整数 s に対して，$f_s: \mathbf{Z}_n \to \mathbf{Z}_n$ を $[a] \in \mathbf{Z}_n$ に対して，$f_s([a])=[sa]$ なる関数とする．演習問題 11・17 によって，f_s は $\mathbf{Z}_n$ の自己同型である．$\phi: U_n \to Aut(\mathbf{Z}_n)$ を，すべての $[s] \in U_n$ に対して $\phi([s])=f_s$ として定義する．

well-defined：$[s]=[t]$ とすると，n は $s-t$ を割り切るので，すべての a に対して，n は $a(s-t)$ を割り切る．したがって，すべての a に対して，$[sa]=[ta]$ であるので，すべての $[a]$ に対して，$f_s([a])=f_t([a])$ である．したがって，$f_s=f_t$ である．

単射性：$\phi([s])=\phi([t])$ とすると，$f_s=f_t$ であるので，$f_s([1])=f_t([1])$ である．したがって，$[s]=[t]$ である．

全射性：$f \in Aut(\mathbf{Z}_n)$ とする．このとき，ある $[s] \in \mathbf{Z}_n$ に対して，$f([1])=[s]$ である．f は同型であるので，すべての a に対して，

$$f([a]) = \overbrace{f([1]) + f([1]) + \cdots + f([1])}^{a \text{ 個}} = [sa]$$

である．したがって，演習問題 11・17 により，s と n は互いに素である．したがって，$[s] \in U_n$ に対して，$f=f_s=\phi([s])$ である．

最後に，すべての a に対して，$f_{st}([a])=[sta]=f_s([ta])=f_s f_t([a])$ である．したがって，$f_{st}=f_s f_t$ であり，それゆえ $\phi([s][t])=\phi([st])=f_{st}=f_s f_t=\phi([s])\phi([t])$ である．したがって，ϕ は同型であり，$Aut(\mathbf{Z}_n) \cong U_n$ である．

11・20 $18=2 \times 3 \times 3$ である．定理 38 から，群 $\mathbf{Z}_2 \times \mathbf{Z}_3 \times \mathbf{Z}_3$ と $\mathbf{Z}_2 \times \mathbf{Z}_9$ は異なっており，位数 18 の任意のアーベル群はこれらのどちらかと同型である．$\mathbf{Z}_2 \times \mathbf{Z}_3 \times \mathbf{Z}_3 \cong \mathbf{Z}_3 \times \mathbf{Z}_6$ であり，$\mathbf{Z}_2 \times \mathbf{Z}_9 \cong \mathbf{Z}_{18}$ である．よって位数 18 のアーベル群は同型を除いて二つあり，$\mathbf{Z}_3 \times \mathbf{Z}_6$ と $\mathbf{Z}_{18}$ のどちらかである．

11・21 $36=2 \times 2 \times 3 \times 3$ である．定理 38 から，群 $\mathbf{Z}_2 \times \mathbf{Z}_2 \times \mathbf{Z}_3 \times \mathbf{Z}_3$, $\mathbf{Z}_4 \times \mathbf{Z}_3 \times \mathbf{Z}_3$, $\mathbf{Z}_2 \times \mathbf{Z}_2 \times \mathbf{Z}_9$, $\mathbf{Z}_4 \times \mathbf{Z}_9$ はすべて異なっており，位数 36 の任意のアーベル群はこれらのどれかと同型である．$\mathbf{Z}_2 \times \mathbf{Z}_2 \times \mathbf{Z}_3 \times \mathbf{Z}_3 \cong \mathbf{Z}_6 \times \mathbf{Z}_6$, $\mathbf{Z}_4 \times \mathbf{Z}_3 \times \mathbf{Z}_3 \cong \mathbf{Z}_3 \times \mathbf{Z}_{12}$, $\mathbf{Z}_2 \times \mathbf{Z}_2 \times \mathbf{Z}_9 \cong \mathbf{Z}_2 \times \mathbf{Z}_{18}$, $\mathbf{Z}_4 \times \mathbf{Z}_9 \cong \mathbf{Z}_{36}$ である．よって，位数 36 のアーベル群は同型を除いて四つあり，$\mathbf{Z}_6 \times \mathbf{Z}_6$, $\mathbf{Z}_3 \times \mathbf{Z}_{12}$, $\mathbf{Z}_2 \times \mathbf{Z}_{18}$, $\mathbf{Z}_{36}$ のどれかと同型である．

11・22 $180=2 \times 2 \times 3 \times 3 \times 5$ である．定理 38 から，群 $\mathbf{Z}_2 \times \mathbf{Z}_2 \times \mathbf{Z}_3 \times \mathbf{Z}_3 \times \mathbf{Z}_5$, $\mathbf{Z}_4 \times \mathbf{Z}_3 \times \mathbf{Z}_3 \times \mathbf{Z}_5$, $\mathbf{Z}_2 \times \mathbf{Z}_2 \times \mathbf{Z}_9 \times \mathbf{Z}_5$, $\mathbf{Z}_4 \times \mathbf{Z}_9 \times \mathbf{Z}_5$ はすべて異なっており，位数 180 の

任意のアーベル群はこれらのどれかと同型である．$\mathbf{Z}_2 \times \mathbf{Z}_2 \times \mathbf{Z}_3 \times \mathbf{Z}_3 \times \mathbf{Z}_5 \cong \mathbf{Z}_6 \times \mathbf{Z}_{30}$, $\mathbf{Z}_4 \times \mathbf{Z}_3 \times \mathbf{Z}_3 \times \mathbf{Z}_5 \cong \mathbf{Z}_3 \times \mathbf{Z}_{60}$, $\mathbf{Z}_2 \times \mathbf{Z}_2 \times \mathbf{Z}_9 \times \mathbf{Z}_5 \cong \mathbf{Z}_2 \times \mathbf{Z}_{90}$, $\mathbf{Z}_4 \times \mathbf{Z}_9 \times \mathbf{Z}_5 \cong \mathbf{Z}_{180}$ である．よって，位数 180 のアーベル群は同型を除いて四つあり，$\mathbf{Z}_6 \times \mathbf{Z}_{30}$, $\mathbf{Z}_3 \times \mathbf{Z}_{60}$, $\mathbf{Z}_2 \times \mathbf{Z}_{90}$, $\mathbf{Z}_{180}$ のどれかと同型である．

12章

12・1
$$ab = \begin{pmatrix} 1 & 2 & 3 & 4 & 5 \\ 3 & 4 & 1 & 2 & 5 \end{pmatrix}, \quad ba = \begin{pmatrix} 1 & 2 & 3 & 4 & 5 \\ 1 & 4 & 5 & 2 & 3 \end{pmatrix},$$

$$a^2 b = \begin{pmatrix} 1 & 2 & 3 & 4 & 5 \\ 4 & 1 & 5 & 3 & 2 \end{pmatrix}, \quad ac^{-1} = \begin{pmatrix} 1 & 2 & 3 & 4 & 5 \\ 2 & 4 & 3 & 1 & 5 \end{pmatrix},$$

$$(ac)^{-1} = \begin{pmatrix} 1 & 2 & 3 & 4 & 5 \\ 4 & 1 & 3 & 2 & 5 \end{pmatrix}, \quad c^{-1} ac = \begin{pmatrix} 1 & 2 & 3 & 4 & 5 \\ 3 & 4 & 2 & 5 & 1 \end{pmatrix}$$

12・2
$$x = a^{-1} b = \begin{pmatrix} 1 & 2 & 3 & 4 & 5 \\ 5 & 2 & 3 & 1 & 4 \end{pmatrix}, \quad x = a^{-1} c b^{-1} = \begin{pmatrix} 1 & 2 & 3 & 4 & 5 \\ 4 & 1 & 2 & 5 & 3 \end{pmatrix}$$

12・3 $8, 4, 8$

12・4 $3, 5, 2$. 定理 40 を用いて，偶数，奇数，奇数

12・5 奇数，奇数．

12・6 $(135)(24)$, (1342), $(14)(25)$

12・7 a) $\begin{pmatrix} 1 & 2 & 3 & 4 & 5 & 6 \\ 2 & 3 & 1 & 6 & 5 & 4 \end{pmatrix}$, b) $\begin{pmatrix} 1 & 2 & 3 & 4 & 5 & 6 \\ 2 & 3 & 4 & 5 & 6 & 1 \end{pmatrix}$,

c) $\begin{pmatrix} 1 & 2 & 3 & 4 & 5 & 6 \\ 2 & 1 & 4 & 6 & 5 & 3 \end{pmatrix}$

12・8 a) (1473), b) (1465732), c) $(14)(23)$, d) (123456)

12・9 演習問題 5・4 に対する解答と同じ方法で，長方形を置く．頂点を，右上の角にある頂点を 1，それから時計回りで頂点に 2, 3, 4 とラベル付けする．f を長方形の対称性全体のなす群から S_4 への関数で，

$$f(\phi) = \begin{pmatrix} 1 & 2 & 3 & 4 \\ \phi(1) & \phi(2) & \phi(3) & \phi(4) \end{pmatrix}$$

であるものとして定義する．このとき，演習問題 5・4 に対する答えの表記を用いて，$f(I) = e$, $f(X) = (12)(34)$, $f(Y) = (14)(23)$, $f(R) = (13)(24)$ となる．

	e	$(12)(34)$	$(14)(23)$	$(13)(24)$
e	e	$(12)(34)$	$(14)(23)$	$(13)(24)$
$(12)(34)$	$(12)(34)$	e	$(13)(24)$	$(14)(23)$
$(14)(23)$	$(14)(23)$	$(13)(24)$	e	$(12)(34)$
$(13)(24)$	$(13)(24)$	$(14)(23)$	$(12)(34)$	e

12・10 $\mathbf{Z}_4 \times S_3$ は二つの位数 3 の元,すなわち $(0,(123))$ と $(0,(132))$ をもっている.さらに,これらは位数 3 の元すべてである.というのは,演習問題 8・10 の結果を用いて,$(x,y) \in \mathbf{Z}_4 \times S_3$ が位数 3 をもっているとすると,$\mathbf{Z}_4$ の x の位数は 1 か 3 であるので,1 となり,S_3 の y の位数も 1 か 3 であるので,3 となる.一方で,S_4 は八つの位数 3 の元,(123),(132),(124),(142),(134),(143),(234),(243) をもっている.同様に,$\mathbf{Z}_2 \times \mathbf{Z}_2 \times S_3$ の位数 3 の元は $(0,0,(123))$,$(0,0,(132))$ の二つである.したがって,演習問題 11・5 の結果を用いて,$S_4 \not\cong \mathbf{Z}_4 \times S_3$ と $S_4 \not\cong \mathbf{Z}_2 \times \mathbf{Z}_2 \times S_3$ がわかる.

12・11 $x = (a_1 a_2 \cdots a_n)$ を長さ n とする.このとき,$x^2 = (a_1 a_3 \cdots)$,$x^3 = (a_1 a_4 \cdots)$,$\cdots$,$x^{n-1} = (a_1 a_n \cdots)$ はすべて異なっており,$x^n = e$ である.したがって,n は x の巾が恒等元になる最小の正整数であり,x の位数は n である.

12・12 $a = a_n a_{n-1} \cdots a_1$ を長さがそれぞれ $\alpha_1, \alpha_2, \cdots, \alpha_n$ である互いに素な巡回置換 $\alpha_1, \cdots, \alpha_n$ でつくられる置換,$l = $ 最小公倍数 $(\alpha_1, \alpha_2, \cdots, \alpha_n)$ とする.このとき,互いに素なすべての巡回置換は可換であり,それぞれの巡回置換の位数は l を割り切るので,$a^l = e$ である.$a^r = e$ と仮定する.このとき,互いに素な巡回置換は可換であるので,$e = a^r = a_n^r a_{n-1}^r \cdots a_1^r$ となる.ある $i \in \{1, 2, \cdots, n\}$ に対して,$a_i^r \neq e$ と仮定する.このとき,ある記号 x で $a_i^r(x) \neq x$ なるものが存在する.しかし巡回置換は互いに素であり,他の巡回置換で x に影響を及ぼすものは存在しないので,$a^r(x) \neq x$ である.これは $a^r = e$ であることに矛盾する.したがって,すべての $i = 1, 2, \cdots, n$ に対して,$a_i^r = e$ となる.よって,r は $\alpha_1, \alpha_2, \cdots, \alpha_n$ のそれぞれに対する倍数になっているので $l \leq r$ であり,a の位数は l である.

12・13 §12・6 の最初の結果から,すべての置換 $x \in S_n$ は互換の積として書くことができる.しかし,任意の互換 (ab) は $(ab) = (1a)(1b)(1a)$ という形の積として書くことができる.これらの二つの結果を結び付けて,すべての置換 $x \in S_n$ は互換 $(12), (13), \cdots, (1n)$ の積として書くことができる.

12・14 $a = (12 \cdots n-1)$,$b = (n-1\, n)$ とする.直接の計算により,$aba^{-1} = (1n)$,$a^2 b a^{-2} = (2n)$ であることと,一般的に,帰納法による証明により,$a^i b a^{-i} = (in)$ であることがわかる.このとき,われわれは演習問題 12・13 の結果を用いることができる.

12・15　well-defined: 関数 f は well-defined である．なぜなら x は A_n の要素であるということから偶置換で，(12) は奇置換であるから，それらの積は定理 40 により奇置換であり，したがって $S_n - A_n$ の要素であるからである．それゆえ写像は well-defined である．

単射性: $f(x) = f(y)$ と仮定する．このとき $(12)x = (12)y$ である．したがって，(12) を掛けると $x = y$ となるので，f は単射である．

全射性: $y \in S_n - A_n$ とする．このとき y は奇置換であるので，$(12)y$ は偶置換である．$f((12)y) = (12)((12)y) = ((12)(12))y = y$ であるので，f は全射である．

それゆえ，f は全単射であるので，A_n と $S_n - A_n$ の元の数は同じである．しかし，A_n と $S_n - A_n$ は互いに素であり，その和は S_n（$n!$ 個の元をもっている）である．よって，A_n の元の数は $\frac{1}{2}n!$ である．

13章

13・1　図を用いて，証明を実行することができる．
$$(ba)^2 = (ba)(ba) = b(aba) = bb = e$$
である．また，
$$(ba^i)^2 = (ba^i)(ba^i) = b(a^i b a^i) = b(a^{i-1}(aba)a^{i-1}) = b(a^{i-1}ba^{i-1}) = \cdots = bb = e$$
である．

13・2　a) $a(ba) = aba = b$,　b) $a^{-1} = a^{n-1}$

c) 演習問題 13・1 から，$(ba)^2 = e$ であるので，$(ba)^{-1} = ba$ である．

d) $bab^{-1}a^{-1} = b(aba)a^{-1}a^{-1} = bba^{-2} = a^{n-2}$

e) $(ba)(ba^2) = b(aba)a = bba = a$

13・3　証明は帰納法による．最初のステップは $ab = ab(aa^{-1}) = (aba)a^{-1} = ba^{-1} = ba^{n-1}$ であるので，$i = 1$ に対して成り立つことに注意する．$a^i b = ba^{n-i}$ が $i = k$ に対して成り立つと仮定する．そのとき，$a^k b = ba^{n-k}$ であり $a^{k+1}b = a(a^k b) = a(ba^{n-k}) = (ab)a^{n-k} = (ba^{-1})a^{n-k} = ba^{n-(k+1)}$ となる．よって，もし主張が k に対して成り立つならば，$k+1$ に対してもまた成り立つ．したがって，数学的帰納法の原理によって，主張はすべての $i \geq 1$ に対して成り立つので，$i \in \{1, 2, 3, \cdots, n-1\}$ に対して成り立つ．

13・4　答えは n が偶数であるか奇数であるかに依存する．n が奇数のとき，位数 2 の n 個の部分群が存在する．それらは $i \in \{0, 1, \cdots, n-1\}$ に対して $\{e, ba^i\}$ という形である．n が偶数のとき，部分群は $\{e, a^{n/2}\}$ となる．

13・5　$ba^i = ba^j$ であるとすると，簡約法則（定理 14 の 4）により，$a^i = a^j$ である．したがって，$e = a^{j-i}$ であるので，$j = i$ である．$ba^i = a^j$ とすると，$b = a^{j-i}$ であるので，b は a の冪になる．これは矛盾であるので，任意の i, j に対して，$ba^i \neq a^j$ である．

13・6 位数3の8個の元が存在する．これらは回転 $X, Y, Z, T, X^2, Y^2, Z^2, T^2$ である．$X^3=Y^3=Z^3=T^3=I$ であることに注意する．反対側の辺の中点のまわりの3個の半回転は位数が2であるので，$A^2=B^2=C^2=I$ である．以上で12個の回転対称性 $I, A, B, C, X, Y, Z, T, X^2, Y^2, Z^2, T^2$ がある．G の真の部分群は $\{I, A\}$, $\{I, B\}$, $\{I, C\}$, $\{I, A, B, C\}$, $\{I, X, X^2\}$, $\{I, Y, Y^2\}$, $\{I, Z, Z^2\}$, $\{I, T, T^2\}$ である．部分群が I, A, X を含んでいると仮定する．このときまた $X^2, AX=Z, XA=T$ も含んでおり，それゆえ Z^2 と T^2 も含んでいる．もうすでに6個より多くの元を含んでいる．実際，この部分群は全体の群でなければならないことがわかる．このことは I, A, X というような $\{A, B, C\}$ の中から一つ，$\{X, Y, Z, T, X^2, Y^2, Z^2, T^2\}$ の中から一つ，取ってできる $\{I, *, *\}$ という三つの回転対称性からなる集合を部分群が含んでいると仮定しても，上記と同様にして，その部分群は全体の群にならなければならないことが示される．

図13・7のように頂点を $1, 2, 3, 4$ とラベル付けし，$f: G \to S_4$ を

$$f(\phi) = \begin{pmatrix} 1 & 2 & 3 & 4 \\ \phi(1) & \phi(2) & \phi(3) & \phi(4) \end{pmatrix}$$

として定義する．

このとき，$f(I)=e, f(A)=(12)(34), f(B)=(13)(24), f(C)=(14)(23), f(X)=(234), f(Y)=(143), f(Z)=(124), f(T)=(132), f(X^2)=(243), f(Y^2)=(134), f(Z^2)=(142), f(T^2)=(123)$ となる．これらすべての置換は偶置換である．これらは12個あり，A_4 の位数は12であるので，それらは A_4 全体を構成しており，例12・3・4のように $G \cong A_4$ となる．

13・7 $B = A \cap C_n (= \{e, a^s, a^{2s}, a^{(d-1)s}\})$ とする．このとき，われわれは $A = B \cup ba^m B$ を示す必要がある．

$B \subseteq A$ かつ $ba^m \in A$ であるので $B \cup ba^m B \subseteq A$ は明らかである．$A \subseteq B \cup ba^m B$ を証明するために，$x \in A$ とする．$x \in B$ とすると，$x \in B \cup ba^m B$ であるので，$x \notin B$ と仮定する．このとき $x \notin C_n$ である．このとき $bx \in C_n$ である．したがって，$a^m \in C_n$ であるので，$a^{-m}bx \in C_n$ である．しかし，$a^{-m}b = (ba^m)^{-1} \in A$ である．よって，$x \in A$ であるので，$a^{-m}bx \in A$ である．したがって，$a^{-m}bx \in A \cap C_n = B$ である．それゆえ，$x = (ba^m)(a^{-m}bx) \in ba^m B$ である．

14章

14・1 $\{e, a^2\}$ の左剰余類は $\{e, a^2\}$, $\{a, a^3\}$, $\{b, ba^2\}$, $\{ba, ba^3\}$ となる．右剰余類は $\{e, a^2\}$, $\{a, a^3\}$, $\{b, ba^2\}$, $\{ba, ba^3\}$ となる．$\{e, b\}$ の左剰余類は $\{e, b\}$, $\{a^2, ba^2\}$, $\{a, ba^3\}$, $\{a^3, ba\}$ となる．右剰余類は $\{e, b\}$, $\{a^2, ba^2\}$, $\{a, ba\}$, $\{a^3, ba^3\}$ となる．一つ目の場合には左剰余類全体と右剰余類全体は同一となる．二つ目

の場合には，それらは異なっている．

14・2 最初に $\mathbf{Z}_2 \times \mathbf{Z}_3$ の位数は 6 であり，$\mathbf{Z}_2 \times \{0\}$ の位数は 2 であるので，三つの剰余類があることに注意する．$\mathbf{Z}_2 \times \{0\}$ の元は $(0,0)$，$(1,0)$ である．$\mathbf{Z}_2 \times \mathbf{Z}_3$ の元は $(0,0)$，$(1,0)$，$(0,1)$，$(1,1)$，$(0,2)$，$(1,2)$ である．

$\mathbf{Z}_2 \times \{0\}$ の剰余類は次で与えられる．

$$(0,0) + \mathbf{Z}_2 \times \{0\} = \mathbf{Z}_2 \times \{0\}$$
$$(1,0) + \mathbf{Z}_2 \times \{0\} = \mathbf{Z}_2 \times \{0\}$$
$$(0,1) + \mathbf{Z}_2 \times \{0\} = \mathbf{Z}_2 \times \{1\}$$
$$(1,1) + \mathbf{Z}_2 \times \{0\} = \mathbf{Z}_2 \times \{1\}$$
$$(0,2) + \mathbf{Z}_2 \times \{0\} = \mathbf{Z}_2 \times \{2\}$$
$$(1,2) + \mathbf{Z}_2 \times \{0\} = \mathbf{Z}_2 \times \{2\}$$

下記は，最後の剰余類に対する計算を詳細に書いたものである．

$(1,2) + \mathbf{Z}_2 \times \{0\} = (1,2) + \{(0,0), (1,0)\} = \{(1,2), (0,2)\} = \mathbf{Z}_2 \times \{2\}$

14・3 $4\mathbf{Z}$ の左剰余類は $4\mathbf{Z}$，$1+4\mathbf{Z}$，$2+4\mathbf{Z}$，$3+4\mathbf{Z}$ である．

14・4 $f: \{\text{左剰余類全体}\} \to \{\text{右剰余類全体}\}$ をすべての $x \in G$ に対して，$f(xH) = (Hx^{-1})$ で定義する．

> 読者は f が well-defined であることを示す必要がある．すなわち，xH と yH が同じ剰余類ならば，そのときそれらは同じ像に写ること，すなわち，$Hx^{-1} = Hy^{-1}$ を示す必要がある．

well-defined: $xH = yH$ とすると，定理 45 の 1 により，$x^{-1}y \in H$ である．しかし，われわれは右剰余類に対しても似たような定理を証明することができる．すなわち，右剰余類 Hx と Hy が等しくなるのに必要な，かつ十分な条件は $xy^{-1} \in H$ であることである．したがって，この定理を用いて，剰余類 Hx^{-1} と Hy^{-1} が等しくなるのに必要な，かつ十分な条件は，$x^{-1}(y^{-1})^{-1} \in H$ である．しかし $x^{-1}(y^{-1})^{-1} = x^{-1}y$ であるので，その条件達は同一である．したがって，$xH = yH$ ならば，$Hx^{-1} = Hy^{-1}$ である．したがって，f は well-defined である．

単射性: $f(xH) = f(yH)$ ならば $Hx^{-1} = Hy^{-1}$ である．したがって，上記のように，$x^{-1}(y^{-1})^{-1} \in H$ であるので，$x^{-1}y \in H$ である．しかしこのとき，定理 45 の 1 により $xH = yH$ がわかる．したがって，f は単射である．

全射性: Hx を H の右剰余類とする．このとき，$f(x^{-1}H) = H(x^{-1})^{-1} = Hx$ であるので，f は全射である．したがって，f は全単射である．

14・5 すべての剰余類は $x + \mathbf{Z}$ $(0 \leq x < 1)$ という形になっている．

14・6 固定された点 $(h, k) \in \mathbf{R} \times \mathbf{R}$ を含む剰余類の元 (x, y) は $(x, y) = (h, k) +$

($\lambda a, \lambda b$) ($\lambda \in \mathbf{R}$) という形になっている．これは $(x,y)=(h,k)+\lambda(a,b)$ というように，(h,k) を通り，方向が (a,b) である直線のパラメータ付けられた形で書かれる．

14・7 $x \in yH$ と仮定する．このとき，ある $h \in H$ に対して，$x=yh$ となるので，$y^{-1}x = h \in H$ である．次に，定理 45 の 1 の "ならば" 部分を x と y の役割を逆にして適用する．それにより，$yH=xH$ であり，結果は証明される．

14・8 $2, 6, 7, 11$ が生成元である．

14・9 a) 正しい．剰余類の定義を見よ．
b) 誤り．例 14・6・2 を見よ．
c) 誤り．例 14・6・2 を見よ．
d) 正しい．定理 46.

14・10 H と K の位数をそれぞれ h, k とする．$H \cap K$ は H の部分群であり，K の部分群でもあるので，$H \cap K$ の位数は定理 47 により，h と k によって割り切れる．しかし h と k は互いに素であるので，$H \cap K$ の位数は 1 を割り切る．したがって，$H \cap K = \{e\}$ である．

14・11 $H \cap K$ は H の部分群であり，K の部分群でもあるので，$H \cap K$ の位数は定理 47 により，56 と 63 を割り切る．したがって，$H \cap K$ の位数は 1 か 7 である．第一の場合には，$H \cap K = \{e\}$ となり，巡回群である．第二の場合には，7 は素数であるので，定理 49 により，$H \cap K$ は巡回群である．

15 章

15・1 11 は素数であるので，位数 11 の唯一の群は C_{11} である．

15・2 元の位数はその群の位数である 9 を割り切らなければならないので，恒等元以外，これらの位数は 3 か 9 である．

最初に位数 9 の元が存在すると仮定する．このとき，$G \cong C_9$ である．

次に，G の恒等元でないすべての元が位数 3 をもっていると仮定する．これらの元の一つを a とし，$\{e, a, a^2\} \in G$ であるとする．b を e, a, a^2 と異なる G の元と仮定する．今，われわれは $e, a, a^2, b, ba, ba^2, b^2, b^2a, b^2a^2$ がすべて異なっているということを主張する．というのは，$b^i a^j = b^k a^l$ ($i, j, k, l \in \{0, 1, 2\}$) と仮定する．このとき，$a^{l-j} = b^{i-k}$ である．よって，$a^p = b^q$，ただし $p, q \in \{0, 1, 2\}$，$p \equiv l-j \pmod 3$，$q \equiv i-k \pmod 3$ となる．しかし，$b \neq e$，$b \neq a$，$b \neq a^2$ であるので，($b^4 = b$ であることを用いて)，$b^2 \neq e$，$b^2 \neq a$，$b^2 \neq a^2$ となる．したがって，$i = k$ であり，またそれゆえ $l = j$ である．したがって，$e, a, a^2, b, ba, ba^2, b^2, b^2a, b^2a^2$ の九つはすべて異なっている．

次に，元 ab を考えよう．これは上の九つの元の中の，どれか一つでなければならない．そして，それは単に ba, ba^2, b^2a, b^2a^2 の中のどれかと等しくなることができる．

場合 1: $ab = ba$　　群 G はアーベル群であり，$G \cong C_3 \times C_3$ である．

場合 2: $ab=ba^2=ba^{-1}$　このとき，$(ab)^2=(ab)(ab)=(ba^{-1})(ab)=b^2$ であり，$(ab)^3=(ab)(ab)^2=(ab)b^2=ab^3=a$ である．これは ab の位数が 3 であることに矛盾する．

場合 3: $ab=b^2a=b^{-1}a$　このとき，$(ab)^2=(ab)(ab)=(ab)(b^{-1}a)=a^2$ であり，$(ab)^3=(ab)^2(ab)=a^2(ab)=a^3b=b$ である．これは ab の位数が 3 であることに矛盾する．

場合 4: $ab=b^2a^2=b^{-1}a^{-1}$　このとき，$(ab)^2=(ab)(ab)=(ab)(b^{-1}a^{-1})=e$ であり，これは ab の位数が 2 であることを示しており，ab の位数が 3 であることに矛盾する．

したがって，位数 9 の群は C_9 と $C_3 \times C_3$ のみである．

15・3　元の位数はその群の位数 10 を割り切らなければならないので，恒等元以外，その位数は 2, 5, 10 のどれかである．

まず位数 10 の元が存在すると仮定する．このとき $G \cong C_{10}$ である．

次に，G が位数 10 の元をもたないと仮定する．このとき，位数 5 の元が存在しなければならない．というのは，もし存在しないとすると，恒等元以外のすべての元の位数が 2 となり，定理 37 により G の位数は 2 の巾になってしまう．よって a を位数 5 の元とする．

もし $b \in \{e, a, a^2, a^3, a^4\}$ とすると，$e, a, a^2, a^3, a^4, b, ba, ba^2, ba^3, ba^4$ は G の異なるすべての元になっている．しかし，b は a の巾ではないので，$b^2 \neq ba, ba^2, ba^3, ba^4$ である．b^2 は a, a^2, a^3, a^4 のどれにもなれない．なぜなら，もしなったとすると，b が位数 10 になってしまう．以上より，$b^2=e$ である．

次にすることは，積 ab の結果を決めることである．明らかに，$ab \neq e, a, a^2, a^3, a^4, b$ である．また $ab \neq ba$ である．なぜなら，もし $ab=ba$ とすると G はアーベル群になり，定理 19 の 1 により，ab は位数 10 の元になってしまう．よって，考えられる 3 通りの場合がある．$ab=ba^2$, $ab=ba^3$, $ab=ba^4$ である．

場合 1: $ab=ba^2$　このとき，$(ab)^2=(ab)(ab)=(ab)(ba^2)=a^3$, $(ab)^3=(ab)^2(ab)=ba^2a^3=b$, $(ab)^4=(ab)^2(ab)^2=a^6=a$, $(ab)^5=(ab)^3(ab)^2=ba^3$ である．これは ab の位数が 2 または 5 であることに矛盾する．

場合 2: $ab=ba^3$　このとき，$(ab)^2=(ab)(ab)=(ab)(ba^3)=a^4$, $(ab)^3=(ab)^2(ab)=a^4(ab)=b$, $(ab)^4=(ab)^2(ab)^2=a^8=a^3$, $(ab)^5=(ab)^3(ab)^2=ba^4$ である．これは ab の位数が 2 または 5 であることに矛盾する．

場合 3: $ab=ba^4$　このとき，$a^5=b^2=e$ であり，$aba=b$ である．よって $G \cong D_5$ となる．

したがって，位数 10 の群は C_{10} と D_5 のみである．

16章

16・1 a) $ab-ab=0$ であるので, $(a,b)\sim(a,b)$ である. よって $\sim$ は反射的である. $(a,b)\sim(c,d)$ とすると, $ad-bc=0$ である. よって $bc-ad=0$ となり, $(c,d)\sim(a,b)$ となる. したがって, $\sim$ は対称的である. 最後に, $(a,b)\sim(c,d)$ かつ $(c,d)\sim(e,f)$ とすると, このとき $ad-bc=0$, $cf-de=0$ となるので, $adf-bde=d(af-be)=0$ となる. $d\neq 0$ と仮定する. このとき, $af-be=0$ となる. 次に, $d=0$ と仮定する. このとき, $b=0$ か $c=0$ のどちらかは成り立ち, $f=0$ か $c=0$ のどちらかは成り立つ. しかし, $(0,0)$ は元の集合にはないので, $c\neq 0$ である. したがって, $b=0$ かつ $f=0$ であり, また $af-be=0$ を得る. したがって, どちらの場合も $af-be=0$ であるので, $(a,b)\sim(e,f)$ となり, $\sim$ は推移的である. したがって, $\sim$ は同値関係である. もし, (x,y) が (a,b) と同じ同値類にあるとすると, $ay-bx=0$ である. したがって, 原点と (x,y) を通る直線は, 原点と (a,b) を通る直線と同じ直線である. したがって, 同値類は原点を通る直線で, その直線から原点を除いたもので与えられる.

b) これは上記の a) と同様である. 同値類は $\mathbf{Q}$ の元達で与えられる.

c) $x\equiv y\pmod 2$ ならば, かつそのときに限り $x\sim y$ であることに注意する. $x\equiv x\pmod 2$ であるので, $x\sim x$ である. よって $\sim$ は反射的である. $x\sim y$ とすると, $x\equiv y\pmod 2$ であるので, $y\equiv x\pmod 2$ となる. よって $y\sim x$ となり, $\sim$ は対称的である. 最後に, $x\sim y$ かつ $y\sim z$ とすると, $x\equiv y\pmod 2$ かつ $y\equiv z\pmod 2$ である. したがって, $x\equiv z\pmod 2$ となるので, $\sim$ は推移的である. 同値類は偶数の集合と奇数の集合で与えられる.

d) $2x+y\equiv 0\pmod 3$ ならば, かつそのときに限り $x\sim y$ であることと, $x\equiv y\pmod 3$ ならば, かつそのときに限り $2x+y\equiv 0\pmod 3$ であることに注意する. このとき, $\sim$ が同値関係であることの証明は, 上記の c の証明において, 全体的に 2 を 3 に置き換えたものと同様である. 同値類は, 3 を法とする剰余類達で与えられる.

e) $|x|=|x|$ であるので, $\sim$ は反射的である. $x\sim y$ とすると, $|x|=|y|$ である. よって $|y|=|x|$ となり, $y\sim x$ である. よって $\sim$ は対称的である. 最後に, $x\sim y$ かつ $y\sim z$ とすると, $|x|=|y|$ かつ $|y|=|z|$ である. よって, $|x|=|z|$ となり, $x\sim z$ となり, $\sim$ は推移的である. 同値類は集合 $\{\pm n:n\in\mathbf{Z}\}$ で与えられる.

16・2 a) 同値関係ではない. なぜなら, $1\sim 0$ であるが -1 は完全平方ではないので $0\not\sim 1$ である.

b) 同値関係ではない. なぜなら, $0\times 0\not> 0$ であるので, $0\not\sim 0$ だからである.

c) 同値関係である. 明らかにすべての同値関係の条件を満たしている. 唯一の同値類は $\mathbf{N}$ (つまりそれ自身) である.

d) 同値関係ではない. なぜなら $1\sim 0$ かつ $0\sim -1$ であるが, $1\not\sim -1$ だからである.

e) 同値関係ではない．なぜなら $0 \sim \frac{1}{2}$ かつ $\frac{1}{2} \sim 1$ であるが，$0 \not\sim 1$ だからである．
f) 同値関係ではない．なぜなら $1 \sim 2$ かつ $2 \sim 3$ であるが，$1 \not\sim 3$ だからである．
g) もし読者が"直線は自分自身と平行である"ということ，つまり"$l \sim l$（反射的）である"ということを認めるならば，同値関係である．$l \sim m$ とすると，l は m と平行であるので，m は l と平行である．よって $m \sim l$ となり，$\sim$ は対称的である．$l \sim m$ かつ $m \sim n$ とすると，l は m と平行で，m は n と平行になるので，l は n と平行である．よって，$\sim$ は推移的であり，$\sim$ は同値関係である．同値類は平面上の平行な直線の集合達で与えられる．
h) 同値関係ではない．なぜなら $(1,1) \not\prec (1,1)$ だからである．
i) もし読者が"三角形は自分自身と相似である"ということ，つまり"$A \sim A$（反射的）である"ということを認めるならば，同値関係である．$A \sim B$ とすると，A は B と相似であるので，B は A と相似である．よって $B \sim A$ となり，$\sim$ は対称的である．$A \sim B$ かつ $B \sim C$ とすると，A は B と相似で，B は C と相似になるので，A は C と相似である．よって，$\sim$ は推移的であり，$\sim$ は同値関係である．同値類は相似な三角形達からなる集合達で与えられる．
j) 同値関係である．解答は上記の i) の解答において，相似を"合同"と置き換えたものと同じである．
k) 同値関係ではない．なぜなら，l は自分自身と直交していないからである．

17 章

17・1 a) $AB = \{ae, aba, be, bba\} = \{a, b\}$

a と b が繰返されているので，二つの元のみが存在することに注意せよ．

b) $AB = \{e, a, a^2, ba^2, b, ba\}$
c) $AB = \{a, a^2, e, b, ba, ba^2\}$
d) $AB = \{b, ba, ba^2\}$.

17・2 $HA = \{a, ba, a^3, ba^3\}$, $HB = \{ba, ba^3\}$, $AB = \{b, ba^2, a^2, e\}$, $AH = \{a, a^3, ba, ba^3\}$, $BH = \{ba, ba^3\}$, $BA = \{ba^2, a^2, b, e\}$

17・3 $aH = \{a, a^2, e\}$, $Hb = \{b, ba^2, ba\}$

17・4 群 $\mathbf{Z}_6 \times \mathbf{Z}_4$ は 24 個の元をもっている．そして，$(2, 2)$ によって生成される群，すなわち $\langle (2,2) \rangle = \{(2,2), (4,0), (0,2), (2,0), (4,2), (0,0)\}$ は 6 個の元をもっている．よって $\langle (2,2) \rangle$ は 4 個の剰余類をもっているので，剰余群 $(\mathbf{Z}_6 \times \mathbf{Z}_4)/\langle (2,2) \rangle$ は 4 個の元をもっている．われわれはこれら剰余群の元を，$\langle (2,2) \rangle$，$(1, 0) + \langle (2,2) \rangle$，$(0, 1) + \langle (2,2) \rangle$，$(1, 1) + \langle (2,2) \rangle$ と書くことができる．剰余群において，恒等元 $\langle (2,2) \rangle$ 以外の元の位数は 2 であるので，$(\mathbf{Z}_6 \times \mathbf{Z}_4)/\langle (2,2) \rangle \cong \mathbf{Z}_2 \times \mathbf{Z}_2$

となる.

17・5 群 $\mathbf{Z}_6 \times \mathbf{Z}_4$ は 24 個の元をもっている.そして,$(3,2)$ によって生成される部分群,すなわち $\langle(3,2)\rangle = \{(3,2),\ (0,0)\}$ は 2 個の元をもっている.したがって,$\langle(3,2)\rangle$ は 12 個の剰余類をもっているので,剰余群 $(\mathbf{Z}_6 \times \mathbf{Z}_4)/\langle(3,2)\rangle$ は 12 個の元をもっている.われわれはこれら剰余群の元を,$\langle(3,2)\rangle$,$(1,0)+\langle(3,2)\rangle$,$(2,0)+\langle(3,2)\rangle$,$(3,0)+\langle(3,2)\rangle$,$(4,0)+\langle(3,2)\rangle$,$(5,0)+\langle(3,2)\rangle$,$(0,1)+\langle(3,2)\rangle$,$(1,1)+\langle(3,2)\rangle$,$(2,1)+\langle(3,2)\rangle$,$(3,1)+\langle(3,2)\rangle$,$(4,1)+\langle(3,2)\rangle$,$(5,1)+\langle(3,2)\rangle$ と書くことができる.剰余群において,たとえば元 $(1,1)+\langle(3,2)\rangle$ は位数 12 をもっている.よって,群は結果的に群 $\mathbf{Z}_{12}$ になるので,$(\mathbf{Z}_6 \times \mathbf{Z}_4)/\langle(3,2)\rangle \cong \mathbf{Z}_{12}$ となる.

17・6 元 $a \in D_3$ と $b \in H$ を取る.このとき,$a^{-1}ba = a^2ba = ba^2$ であり,$ba^2 \notin \{e, b\}$ であるので,$\{e, b\}$ は正規部分群ではない.

17・7 a) 正しい.
b) 誤り.定理 47 のラグランジュの定理を見よ.

17・8 任意の $g \in Q_4$ に対して,$g^{-1}eg = g^{-1}g = e \in H$ である.次に $g^{-1}a^2g$ を考える.ただし $g = b^i a^j$ $(i=0,1,\ j=0,1,2,3)$ とする.われわれはこれが H に属していることを証明する必要がある.$a^2 = b^2$ であるので,$g^{-1}a^2g = g^{-1}b^2g$ である.しかし $g^{-1}b^2g = (b^i a^j)^{-1}b^2(b^i a^j) = a^{-j}b^{-i}b^2 b^i a^j = a^{-j}b^2 a^j = a^{-j}a^2 a^j = a^2$ である.したがって,$g^{-1}a^2g = a^2$ である.しかし,$a^2 \in H$ であるので,$g^{-1}a^2g \in H$ となる.

Q_4/H のすべての元は,それ自身の逆元になっている(なぜなら,Q_4 のすべての元の平方は e か a^2 のどちらかと等しくなり,したがって H に属するからである).そして Q_4/H の位数は 4 であるので,$Q_4/H \cong \mathbf{Z}_2 \times \mathbf{Z}_2$ となる.

17・9 ならば G における H のすべての右剰余類が,また G における H の左剰余類であると仮定する.このことから,$g \in G$ とすると,Hg は右剰余類であるので,左剰余類でもなければならない.しかし,これはどの左剰余類であろうか.$e \in H$ であるので,$eg \in Hg$ となり,$g \in Hg$ である.しかし,g は左剰余類 gH に属している.したがって,その左剰余類は gH でなければならないので,$gH = Hg$ となる.したがって,任意の $h \in H$ に対して,ある $h_1 \in H$ が存在し,$hg = gh_1$ となる.よって,$g^{-1}hg = h_1 \in H$ である.それゆえ,定理 58 により,H は正規部分群である.

そのときに限り H が G の正規部分群であると仮定し,Hx を与えられた元 $x \in G$ に対する G における H の右剰余類とする.

第一の部分 ($Hx \subseteq xH$ を示すこと):$y \in Hx$ とする.このとき,ある $h \in H$ に対して,$y = hx$ である.$x^{-1}y$ を考える.$y = hx$ であるので,$x^{-1}y = x^{-1}hx$ となり,H が正規部分群であることから,$x^{-1}hx \in x^{-1}Hx = H$ である.したがって,$x^{-1}y \in H$ となるので,ある $h_1 \in H$ に対して,$x^{-1}y = h_1$,つまり $y = xh_1$ となる.それゆえ,$y \in xH$ であり,

$Hx \subseteq xH$ である．

第二の部分（$xH \subseteq Hx$ を示すこと）：$y \in xH$ とする．このとき，ある $h \in H$ に対して，$y=xh$ である．yx^{-1} を考える．$y=xh$ であるので，$yx^{-1}=xhx^{-1}=g^{-1}hg$ である．ただし，$g=x^{-1}$ としている．しかし，H が正規部分群であることから，$g^{-1}hg \in H$ である．したがって，$yx^{-1} \in H$ となるので，ある $h_1 \in H$ に対して，$yx^{-1}=h_1$，つまり $y=h_1 x$ となる．それゆえ，$y \in Hx$ であり，$xH \subseteq Hx$ である．

したがって，$Hx \subseteq xH$ かつ $xH \subseteq Hx$ であるので，$Hx=xH$ である．したがって，G における H のすべての右剰余類が，また G における H の左剰余類になる．

18 章

18・1 A を G の部分群とし，f による A の像を B とする．$x, y \in B$ と仮定する．このとき，B は A の像であるので，$f(a)=x$，$f(b)=y$ なる $a, b \in A$ が存在する．このとき，$xy=f(a)f(b)$ となり，f は準同型であるので，$f(a)f(b)=f(ab)$ となる．それゆえ，$xy=f(ab)$ であるので，xy は f による A の像，すなわち B に入っている．

定理 60 により，$f(e_G)=e_H$ である．しかし，定理 20 により，$e_G \in A$ であるので，恒等元の像 e_H は B に入っている．$x \in B$ と仮定する．x を $a \in A$ の像，すなわち $f(a)=x$ とする．このとき，A は G の部分群であるので，$a^{-1} \in A$ である．このとき，$e_H = f(e_G) = f(a^{-1}a) = f(a^{-1})f(a) = f(a^{-1})x$ であるので，$e_H = f(a^{-1})x$ となる．同様に，$e_H = xf(a^{-1})$ となる．したがって，$f(a^{-1})$ は x の逆元であり，$a^{-1} \in A$ であるので，$f(a^{-1}) \in B$ である．

したがって，定理 20 により，B は H の部分群である．

18・2 g を G の生成元とし，$f(g)=h$ とする．演習問題 11・13 に対する答えの中に，すべての $r \in \mathbb{Z}$ に対して，$f(g^r)=h^r$ が成り立つことの証明が書かれてある（そこでの議論では，準同型 f が単射であることは用いていなかった）．

与えられた $y \in H$ に対して，f は全射であるので，ある $x \in G$ が存在して，$f(x)=y$ となる．$G=\langle g \rangle$ であるので，ある $n \in \mathbb{Z}$ に対して，$x=g^n$ となる．よって，$y=f(x)=f(g^n)=h^n$ となる．したがって，h は H の生成元であり，H は巡回群である．

18・3 $f(m)f(n)=a^m a^n = a^{m+n} = f(m+n)$ であるので，f は準同型である．

18・4 a) $f(x)f(y)=|x||y|=|xy|=f(xy)$ であるので，f は準同型である．その核は $|x|=1$ なる x で構成されている．すなわち，$\{1, -1\}$ である．
b) 準同型ではない．なぜなら，$f(3.7)+f(3.7)=3+3=6$，$f(3.7+3.7)=f(7.4)=7$ であるからである．
c) 準同型ではない．なぜなら，$f(1)+f(1)=(1+1)+(1+1)=4$，$f(1+1)=f(2)=2+1=3$ であるからである．
d) 準同型である．なぜなら，$f(x)f(y)=(1/x)(1/y)=(1/xy)=f(xy)$ である．その核

は $f(x)=1/x=1$ なる x で構成されている．すなわち，$\{1\}$ である．

18・5 $x,y\in G$ とする．このとき，$(gf)(xy)=g(f(xy))=g(f(x)f(y))=g(f(x))g(f(y))=(gf)(x)(gf)(y)$ であるので，gf は準同型である．

18・6 ならば $\ker f=\{e_G\}$ と仮定する．
$f(x)=f(y)$ とすると，定理62により，x と y は G における $\ker f$ の同じ剰余類に属する．しかし，x を含む剰余類は $x\ker f=x\{e_G\}=\{x\}$ である．それゆえ，$y\in\{x\}$ であるので，$y=x$ である．したがって，f は単射である．
そのときに限り f が単射であるとする．定理60により，$f(e_G)=e_H$ であるので，$e_G\in\ker f$ である．f は単射であるので，他に e_H に写される元は存在しない．したがって，$\ker f=\{e_G\}$ となる．

19章

19・1 $f: S_n \to (\{1,-1\},\times)$ を $f(x)=(-1)^{N(x)}$ として定義する．$f((12))=-1$ であり，$\mathrm{im}\,f=\{1,-1\}$ となるので，この関数は全射である．
準同型: 定理40を用いて，$f(xy)=(-1)^{N(xy)}=(-1)^{N(x)+N(y)}=(-1)^{N(x)}(-1)^{N(y)}=f(x)f(y)$ となるので，f は準同型である．

それから，f は準同型であり，A_n はその核であるので，A_n は S_n の正規部分群であり，$S_n/A_n\cong(\{1,-1\},\times)$ である．

19・2 $f:(\mathbf{C}^*,\times)\to(\mathbf{R}^+,\times)$ を $f(z)=|z|$ として定義する．この関数は，$x\in\mathbf{R}^+$ とすると，$f(x+0i)=x$ であるから，$\mathrm{im}\,f=\mathbf{R}^+$ となるので，全射である．
準同型: $f(z_1z_2)=|z_1z_2|=|z_1||z_2|=f(z_1)f(z_2)$ である．$\ker f=\mathbf{T}$ である．ただし，$\mathbf{T}=\{z\in\mathbf{C}^*:|z|=1\}$ であり，$\mathbf{C}^*$ の単位円部分群である．それゆえ，$(\mathbf{C}^*,\times)/\mathbf{T}\cong(\mathbf{R}^+,\times)$ となる．

19・3 f の像は $\mathbf{R}$ である．というのは，$k\in\mathbf{R}$ とすると，$f(k\mathbf{a}/\mathbf{a}\cdot\mathbf{a})=(k\mathbf{a}/\mathbf{a}\cdot\mathbf{a})\cdot\mathbf{a}=k\mathbf{a}\cdot\mathbf{a}/\mathbf{a}\cdot\mathbf{a}=k$ であるからである．
準同型: $f(\mathbf{x}+\mathbf{y})=\mathbf{a}\cdot(\mathbf{x}+\mathbf{y})=\mathbf{a}\cdot\mathbf{x}+\mathbf{a}\cdot\mathbf{y}=f(\mathbf{x})+f(\mathbf{y})$ となる．その核は $\mathbf{R}^3$ における，原点を通り，$\mathbf{a}$ と垂直な平面になる．この平面を $\Pi_\mathbf{a}$ と表す．第一同型定理は $\mathbf{R}^3/\Pi_\mathbf{a}\cong\mathbf{R}$ を示している．

19・4 $f:G\to\mathbf{Z}_2\times\mathbf{Z}_2$ を $f(a+bi)=([a]_2,[b]_2)$ として定義する．任意の $([a]_2,[b]_2)\in\mathbf{Z}_2\times\mathbf{Z}_2$ に対して，$f(a+bi)=([a]_2,[b]_2)$ であるので，f の像は $\mathbf{Z}_2\times\mathbf{Z}_2$ である．
準同型:
$$\begin{aligned}f((a+c)+(b+d)i)&=([a+c]_2,[b+d]_2)\\&=([a]_2+[c]_2,[b]_2+[d]_2)\\&=([a]_2,[b]_2)+([c]_2,[d]_2)\\&=f(a+bi)+f(c+di)\end{aligned}$$

$\ker f = \{a+bi : ([a]_2, [b]_2) = ([0]_2, [0]_2)\}$ である. すなわち, $a, b \in 2\mathbf{Z}$ ならば, かつそのときに限り $a+bi \in \ker f$ である. よって, H は準同型 f の核である.

したがって, 第一同型定理により, $G/H \cong \mathbf{Z}_2 \times \mathbf{Z}_2$ となる.

19・5 $f : \mathbf{Z}_{pq} \to \mathbf{Z}_p$ を $f([a]_{pq}) = [a]_p$ として定義する.

well-defined: $[a]_{pq} = [b]_{pq}$ とすると, pq は $a-b$ を割り切る. したがって, p は $a-b$ を割り切るので, $[a]_p = [b]_p$ となる. したがって, f は well-defined である.

与えられた $[a]_p \in \mathbf{Z}_p$ に対して, $f([a]_{pq}) = [a]_p$ であるので, f の像は $\mathbf{Z}_p$ である.

準同型:
$$\begin{aligned} f([a]_{pq} + [b]_{pq}) &= f([a+b]_{pq}) \\ &= [a+b]_p \\ &= [a]_p + [b]_p \\ &= f([a]_{pq}) + f([b]_{pq}) \end{aligned}$$

その核は $[a]_p = f([a]_{pq}) = [0]_p$ であるような元 $[a]_{pq}$ の集合, すなわち p によって割り切れる a に対する $[a]_{pq} \in \mathbf{Z}_{pq}$ 達からなる集合である. それゆえ, $\ker f = \{[0]_{pq}, [p]_{pq}, [2p]_{pq}, \cdots, [(q-1)p]_{pq}\}$ であるので, $\ker f = (p\mathbf{Z})_{pq}$ となる.

したがって, $\mathbf{Z}_{pq}/(p\mathbf{Z})_{pq} \cong \mathbf{Z}_p$ となる.

索　　引

あ　行

N.H. Abel　34
アーベル群　34
余　り　22
R　10
R*　10

位　数　37
　　――8までの群　127
　　元の――　39
if　4
im f　61, 158

well-defined　19

N　9
演　算　17
　　誘導された――　143
演算表　18

only if　4

か，き

可　換　17, 34
核　155
　　――による剰余群　156
　　準同型の――　153
かつそのときに限り　4
ker f　153
関　数　59
　　――の結合性　73
　　――の合成　69

簡約法則　37
奇置換　98, 99
逆関数　71
　　――の定義　72
逆　元　33
Q　10
Q*　10
Q$^+$　10
鏡　映　31, 111
共通部分　12
極小生成集合　85

く〜こ

空集合　13
偶置換　98, 99
群　30
　　――の直積　55
　　――の定義　32
　　対称性の――　110
群演算表　78, 96
桁　積　142
結合性
　　関数の――　73
結合的　17
元（要素）　9
　　――の位数　39
　　――の巾乗　38
合　成
　　関数の――　69
合成関数　69
交代群　107
合　同　24
恒等関数　61
恒等元　33
互　換　104

さ〜す

最小公倍数　29
最大公約数　28
座　標　55

C　10
C*　10
四元群　42
四元数群　131
自己同型群　90
自然数　9
実　数　10
自明な準同型　151
射影関数　64
写　像　59
集　合　9
十分な条件　5
主　張　2
10進法　6
巡回群　83
　　――の定義　50
巡回置換　102
巡回部分群　48
準同型　150
　　――の核　153
　　自明な――　151
準同型定理　158
証　明　1, 2
商　22
剰余群　140, 146
　　核による――　156
剰余類　26, 119
　　整数の――　24
初等整数論の基本定理　23
真の部分群　45

推移律　133

索引

せ, そ

正規部分群　145
正三角形
　　——の対称性　31
正十二角形
　　——の対称性　115
整　数　9, 21
　　——の剰余類　24
生成元　50
生成される部分群　48
生成集合　84
正整数　9
正多角形　114
正方形
　　——の対称性　111
整列原理　21
積
　　置換の——　99
Z　9
全　射　63
全射的　63
全単射　63
全単射的　63

素　数　23
素数位数　127

た　行

第一同型定理　155, 158
対称群　94
対称性　31, 50, 110
　　——の群　110
　　　正三角形の——　31
　　　正十二角形の——　115
　　　正方形の——　111
対称律　133
互いに素　13, 22, 103
単位円　125
単　射　62
単射的　62
値　域　61

置　換　91, 93
　　——の積　99
中国剰余定理　89
直　積　56, 57
　　群の——　55
直積群　56

D_n　114
定　義
　　逆関数の——　72
　　群の——　32
　　巡回群の——　50
　　デカルト積　55

同　型　78
同　値　5
同値関係　133
同値類　135
閉じている　19

な　行

ならば　4, 6

二項演算　16, 32
二面体群　32, 38, 110, 114
　　——の部分群　115

は　行

背理法　3
鳩ノ巣原理　66
反射律　133
反　例　7

左剰余類　119
必要な条件　5
等しい　11, 61

ファイバー　138
フェルマーの小定理　124
複素数　10
複素平面　125
部分群　44
　　x で生成される——　48
　　真の——　45
　　二面体群の——　115

部分集合　10
分　割　135

巾　47
巾　乗
　　元の——　38
偏　角　159
ベン図　11

法　24, 26
法 n に関する加法　26
法 n に関する乗法　26

み, む

右先演算　31
右剰余類　119

無限位数　37, 39, 48
無限巡回群　83
矛　盾　3
無理数　3

や〜わ

約　数　22

有限アーベル群　84, 87, 88
有限アーベル群の基本定理　89
有限位数　39, 48
有限集合
　　——の単射と全射　65
誘導された演算　143
有理数　3, 10

余　域　60
要素（元）　9

ラグランジュの定理　122
ラッセルの逆理　164

領　域　60

和集合　12
割り算アルゴリズム　21

田　上　　真
　　　　　　　　　　　1977 年　長崎県に生まれる
　　　　　　　　　　　1999 年　九州大学理学部数学科 卒
　　　　　　　　　　　2004 年　九州大学数理学府博士課程 修了
　　　　　　　　　　　現　九州工業大学大学院情報工学研究院 准教授
　　　　　　　　　　　専　門　代数的組合せ論
　　　　　　　　　　　博士（数理学）

第 1 版　第 1 刷 2019 年 1 月 21 日 発行

基礎数学　Ⅷ. 群　　論

Ⓒ 2 0 1 9

訳　　者　　田　上　　真
発 行 者　　小　澤　美 奈 子
発　　行　　株式会社 東京化学同人
東京都文京区千石 3 丁目 36-7(☎112-0011)
電話 (03) 3946-5311・FAX (03) 3946-5317
URL: http://www.tkd-pbl.com/

印　刷　中央印刷株式会社
製　本　株式会社 松岳社

ISBN 978-4-8079-1500-2
Printed in Japan
無断転載および複製物（コピー，電子データなど）の無断配布，配信を禁じます．

理工系学部学生のための数学の入門教科書
初歩的な概念からわかりやすく丁寧に記述

基礎数学 全8巻

I. 集合・数列・級数・微積分

山本芳嗣・住田 潮 著
A5判　240ページ　本体2400円

目次：集合・写像と数の体系／数列と級数／連続性／微分／積分／問題の解答

II. 多変数関数の微積分

山本芳嗣 著
A5判　176ページ　本体2000円

目次：位相，点列，極限，連続性／多変数関数の微分／多変数関数の積分／問題の解答

IV. 最適化理論

山本芳嗣 編著
A5判　約300ページ　2019年3月刊行予定

目次：連続最適化／離散最適化／困難問題と緩和法／評価・意思決定への応用／数学的補足

VIII. 群　　論

T. Barnard, H. Neill 著／田上 真 訳
A5判　212ページ　本体2200円

目次：証明／集合／二項演算／整数／群／部分群／巡回群／群の直積／関数／関数の合成／同型／置換／二面体群／剰余類／位数8までの群／同値関係／剰余群／準同型／第一同型定理／演習問題の解答

――――― 以下続刊 ―――――

III. 線 形 代 数　　V. 応 用 確 率 論
VI. 統　計　学　　VII. 複 素 解 析